软件测试技术及实战汇编

王柳人 ◎ 编著

清华大学出版社
北京

内 容 简 介

本书面向软件测试的实际应用,系统阐述了软件测试所涉及的基础理论、常用技术、过程管理和质量控制;重点讲解软件测试中的白盒测试技术、黑盒测试技术以及自动化测试技术;全面剖析了软件测试从单元测试阶段、集成测试阶段、系统测试阶段以及验收测试阶段等各个不同阶段比较成熟的技术及方法。

本书内容丰富,深入浅出,实用性强,可作为大中专院校计算机、软件工程、测试等相关专业师生自学的教材,也可作为有关软件测试的培训教材,对于从事软件测试工作的相关技术人员也有一定的参考价值。

图书在版编目(CIP)数据

软件测试技术及实战汇编/王柳人编著. —北京:清华大学出版社,2017
ISBN 978-7-302-48286-4

Ⅰ. ①软…　Ⅱ. ①王…　Ⅲ. ①软件—测试　Ⅳ. ①TP311.55

中国版本图书馆 CIP 数据核字(2017)第 209866 号

责任编辑:闫红梅　李　晔
封面设计:刘　键
责任校对:白　蕾
责任印制:李红英

出版发行:清华大学出版社
　　　　网　　　址:http://www.tup.com.cn,http://www.wqbook.com
　　　　地　　　址:北京清华大学学研大厦 A 座　　　邮　　编:100084
　　　　社 总 机:010-62770175　　　　　　　　　　邮　　购:010-62786544
　　　　投稿与读者服务:010-62776969,c-service@tup.tsinghua.edu.cn
　　　　质 量 反 馈:010-62772015,zhiliang@tup.tsinghua.edu.cn
　　　　课 件 下 载:http://www.tup.com.cn,010-62795954
印 装 者:清华大学印刷厂
经　　销:全国新华书店
开　　本:185mm×260mm　　　印　张:26　　　字　　数:630 千字
版　　次:2017 年 9 月第 1 版　　　　　　　　　印　　次:2017 年 9 月第 1 次印刷
印　　数:1～2000
定　　价:59.00 元

产品编号:069304-01

前　言

随着软件业的发展,测试的需求也越来越大,加上测试过程越来越智能化,软件测试由原来的人工测试向自动化测试方向发展,不仅可以大大地提高测试效率,还能使测试人员从反复枯燥的测试工作中解放出来,使得测试人员可以把精力放在系统测试的大局上。相信在未来的软件业,人工测试将逐渐消失,取而代之的是自动化测试,测试的智能化和测试的效率也将越来越高。软件产品的质量控制与质量管理正逐渐成为软件企业生存与发展的核心。

软件测试课程涉及软件测试的理论、方法、技术和工具,是一门实践性和技巧性很强的课程。本书从理论、方法、技术和工具方面进行了详尽的阐述。由基础理论到质量控制,到文档、工具的使用和案例分析,循序渐进地介绍软件测试涉及的各个方面的知识。从基本理论出发,逐步讲解软件测试的各类技术,随后从测试过程的角度介绍测试各个环节涉及的方法和技术,最后介绍有关软件质量及质量保证的知识。

全书共18章,两个附录,分4篇。

第一篇　软件测试基础。共7章,完整地介绍了软件测试基础知识概述、软件测试工作概述、黑盒测试技术、白盒测试技术、单元测试和集成测试、系统测试及验收测试。

第二篇　软件测试质量保证。共4章,介绍了软件过程能力评估和软件质量保证及软件缺陷和缺陷管理,软件配置管理等。

第三篇　软件测试工具。共3章,介绍了主流的软件测试工具,并进行对比。

第四篇　软件测试案例。共4章,介绍了4个经典案例,完整地介绍了测试的整个过程测试用例和测试方法的设计。

附录A　软件测试文档。介绍测试文档的写作、软件测试所需的常用模板。

附录B　软件测试习题及答案。

本书可作为高等院校计算机软件及测试相关专业软件测试课程教材,也可以作为软件测试人员和软件开发人员的参考书。

由于编写的时间仓促,教材中难免有漏洞和疏忽,敬请广大读者指正。

编　者

2017年5月

目　录

第 2 篇　软件质量保证

第 3 篇　软件测试工具

第 4 篇 软件测试案例

第 ① 篇　　　软件测试基础

本篇分为7章,第1章软件测试概述,第2章软件测试过程与策略,第3章黑盒测试方法,第4章白盒测试方法,第5章单元测试和集成测试,第6章系统测试,第7章验收测试。第1章主要讲述软件测试的发展历史及软件可靠性问题,重点讲述了软件缺陷的定义及软件测试的定义及原则,简要总结了软件测试与软件开发的关系。第2章主要讲述软件测试的复杂性和经济性;通过讲述软件测试的整个流程,从而了解单元测试、集成测试、确认测试、系统测试和验收测试等基本测试方法;通过比较分析,介绍了静态与动态测试、黑盒与白盒测试的基本策略。第3章首先介绍了黑盒测试方法概况,其次讲解等价类划分法、边界值分析法、决策表法、因果图法、场景法等设计测试用例的过程及各自的特点。第4章首先介绍白盒测试方法概况,其次讲解静态测试法、逻辑覆盖法、基本路径法、循环测试法等设计测试用例的过程及各自特点。第5章介绍单元测试基础、单元测试的内容与方法、单元测试过程、集成测试概况、集成策略、面向对象的集成测试、集成测试流程。第6章介绍系统测试概况,选取系统测试范畴中的功能测试、性能测试、本地化测试、可用性测试、配置测试进行详细讲解,介绍各种测试方法及其应用。第7章介绍验收测试概况、验收测试的常用策略、验收测试过程。

第1章

软件测试概述

1. 概述

本单元主要讲述软件测试的发展历史及软件可靠性问题,重点讲述软件缺陷的定义及软件测试的定义及原则,简要总结软件测试与软件开发的关系。通过本章的学习,读者能初步了解软件测试的基础理论及测试涉及的相关问题。

2. 教学重点与难点

1) 重点

(1) 软件测试的概念;

(2) 软件缺陷的定义;

(3) 软件测试在软件开发中的地位。

2) 难点

(1) 软件缺陷的理解;

(2) 软件测试的原则。

1.1 软件测试的发展

软件测试是伴随着软件的产生而产生的。在早期的软件开发过程中,软件规模都很小、复杂程度低,软件开发的过程混乱无序、相当随意,测试的含义比较狭窄,开发人员将测试等同于"调试",目的是纠正软件中已经知道的故障,常常由开发人员自己完成部分的工作,对测试的投入极少,测试介入软件开发过程的时间也较晚,常常是等到形成代码,甚至产品已经基本完成时才进行测试。

直到1957年,作为一种软件缺陷的测试活动,软件测试才开始与调试区别开来。人们在潜意识里仍将测试理解为"使自己确信产品能工作",测试活动始终后于开发,主要依靠"错误推测(Error Guessing)"来寻找软件中的缺陷。因此,大量软件交付后,仍存在很多问题,软件产品的质量无法保证。

到了20世纪80年代初期,软件和IT行业进入了大发展阶段,软件趋向大型化、高复杂度,软件的质量越来越重要。这个时候,一些软件测试的基础理论和实用技术开始形成,人们为软件开发设计了各种流程和管理方法,软件开发的方式也逐渐由混乱无序的开发过程过渡到结构化的开发过程,这一时期的工作以结构化分析与设计、结构化评审、结构化程序设计以及结构化测试为特征。人们还将"质量"的概念融入其中,软件测试定义发生了改变,测试不单纯是一个发现错误的过程,而且将测试作为软件质量保证(Software Quality Assurance SQA)的主要职能,包含软件质量评价的内容,Bill Hetzel 在《软件测试完全指南》(*Complete Guide of Software Testing*)一书中指出:"测试是以评价一个程序或者系统属性为目标的任何一种活动。测试是对软件质量的度量。"这个定义至今仍被引用。软件开发人员和测试人员开始坐在一起探讨软件工程和测试问题。1983 年,IEEE 提出的软件工程术语中给软件测试下的定义是:"使用人工或自动的手段来运行或测定某个软件系统的过程,其目的在于检验它是否满足规定的需求或弄清预期结果与实际结果之间的差别"。这个定义明确指出:软件测试的目的是为了检验软件系统是否满足需求。它再也不是一个一次性的,只是在开发后期实施的活动,而是与整个开发流程融合成一体。软件测试已成为一个专业,需要运用专门的方法和手段,需要专门人才和专家来承担。

20 世纪 90 年代后期,自动化的测试工具开始盛行。随着计算机和软件技术的飞速发展,软件测试技术研究也取得了很大突破,人们关注有效的过程管理对于软件测试的重要性,形成了各种测试模型、测试能力成熟度模型。

21 世纪初,软件测试的重要性越来越被人们接受,甚至出现了软件开发活动应该以测试为主导的思想,比如极限编程中倡导的测试驱动开发,随着软件测试分工的细化和成熟,软件企业注重自身核心竞争力的提升,促使大量的独立软件测试服务机构涌现出来,这些测试服务机构的运作机制日趋成熟,从单一的第三方认证评测逐步转向参与整个软件开发过程的测试服务,形成了一个成熟和广阔的市场区间。

1.2 软件可靠性

软件可靠性(software reliability)是软件产品在规定的条件下和规定的时间区间完成规定功能的能力。规定的条件是指直接与软件运行相关的使用该软件的计算机系统的状态和软件的输入条件,或统称为软件运行时的外部输入条件;规定的时间区间是指软件的实际运行时间区间;规定功能是指为提供给定的服务,软件产品所必须具备的功能。软件可靠性不但与软件存在的缺陷和(或)差错有关,而且与系统输入和系统使用有关。软件可靠性的概率度量称软件可靠度。

1983 年美国 IEEE 计算机学会对"软件可靠性"做出了明确定义,此后该定义被美国标准化研究所接受为国家标准,1989 年我国也接受该定义为国家标准。该定义包括两方面的含义:

(1) 在规定的条件下,在规定的时间内,软件不引起系统失效的概率;

(2) 在规定的时间周期内,在所述条件下程序执行所要求的功能的能力。

其中的概率是系统输入和系统使用的函数,也是软件中存在的故障的函数,系统输入将确定是否会遇到已存在的故障(如果故障存在)。

1.3　软件缺陷

　　软件开发是一项很复杂的工作,出现问题不可避免。特别是随着软件产业的不断发展,软件规模越来越大,复杂度越来越高,软件会存在各种各样的问题,而这需要通过软件测试来发现问题,并促使这些问题得到修正,从而使发布的软件能够满足质量要求。

1. 软件缺陷案例

【案例1】

360 存在严重后果缺陷导致系统崩溃

　　电脑中了木马,使用 360 安全卫士查出一个名为 Backdoor/Win32. Agent. cgg 的木马,文件位置为 C：\Windows\system32\shdocvw. dll。进行清理后看不到 Windows 任务栏和桌面图标,根本无法进入桌面,手工运行 Explorer. exe 也是一闪就关,后来查明是由于 360 在处理此木马时存在严重缺陷。360 安全卫士只是简单地删除了木马文件,没有进行相关的善后处理工作,致使系统关键进程 Explorer. exe 无法加载。

【案例2】

2011 年温州"7·23"动车事故

　　2011 年 7 月 23 日 20 时 30 分 05 秒,甬温线浙江省温州市境内,由北京南站开往福州站的 D301 次列车与杭州站开往福州南站的 D3115 次列车发生动车组列车追尾事故,造成 40 人死亡、172 人受伤,中断行车 32 小时 35 分,直接经济损失 19 371.65 万元。

　　上海铁路局局长安路生 28 日说,根据初步掌握的情况分析,"7·23"动车事故是由于温州南站信号设备在设计上存在严重缺陷,遭雷击发生故障后,导致本应显示为红灯的区间信号机错误显示为绿灯。

【案例3】

消失在太空

　　在制造火星气候轨道探测器时,一个 NASA 的工程小组使用的是英制单位,而不是预定的公制单位。这会造成探测器的推进器无法正常运作。正是因为这个 Bug,1999 年探测器从距离火星表面 130 英尺的高度垂直坠毁。此项工程成本耗费 3.27 亿美元,这还不包括损失的时间(该探测器从发射到抵达火星将近一年时间)。

2. 软件缺陷的定义

　　软件缺陷,常常又被叫做 Bug。所谓软件缺陷,即计算机软件或程序中存在的某种破坏正常运行能力的问题、错误,或者隐藏的功能缺陷。缺陷的存在会导致软件产品在某种程度上不能满足用户的需要。

　　IEEE 729—1983 对缺陷有一个标准的定义:从产品内部看,缺陷是软件产品开发或维护过程中存在的错误、毛病等各种问题;从产品外部看,缺陷是系统所需要实现的某种功能的失效或违背。

　　缺陷的表现形式不仅体现在功能的失效方面,还体现在其他方面。主要类型有:软件没有实现产品规格说明所要求的功能模块;软件中出现了产品规格说明指明不应该出现的错误；软件实现了产品规格说明没有提到的功能模块；软件没有实现虽然产品规格说明没有明确提及但应该实现的目标；软件难以理解，不容易使用，运行缓慢，或从测试员的角度看，最终用户会认为不好。

为什么会产生软件缺陷？如图 1.1 所示。

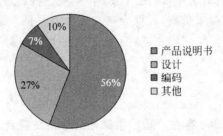

图 1.1　软件缺陷产生的原因分布

（1）需求不清晰，导致设计目标偏离客户的需求，从而引起功能或产品特征上的缺陷。

（2）系统结构非常复杂，而又无法设计成一个很好的层次结构或组件结构，结果导致意想不到的问题或系统维护、扩充上的困难；即使设计成良好的面向对象的系统，由于对象、类太多，很难完成对各种对象、类相互作用的组合测试，而隐藏着一些参数传递、方法调用、对象状态变化等方面问题。

（3）对程序逻辑路径或数据范围的边界考虑不够周全，漏掉某些边界条件，造成容量或边界错误。

（4）对一些实时应用，要进行精心设计和技术处理，保证精确的时间同步，否则容易引起时间上不协调，不一致性带来的问题。

（5）没有考虑系统崩溃后的自我恢复或数据的异地备份、灾难性恢复等问题，从而存在系统安全性、可靠性的隐患。

（6）系统运行环境的复杂，不仅用户使用的计算机环境千变万化，包括用户的各种操作方式或各种不同的输入数据，容易引起一些特定用户环境下的问题；在系统实际应用中，数据量很大，从而会引起强度或负载问题。

（7）由于通信端口多、存取和加密手段的矛盾性等，会造成系统的安全性或适用性等问题。

（8）新技术的采用，可能涉及技术或系统兼容的问题，事先没有考虑到。

软件在从需求、设计、编码、测试一直到交付用户公开使用后的过程中，都有可能产生和发现缺陷。随着整个开发过程的时间推移，更正缺陷或修复问题的费用呈几何级数增长，如图 1.2 所示。

缺陷的属性包括：

（1）缺陷标识（Identifier）。缺陷标识是标记某个缺陷的一组符号。每个缺陷必须有一个唯一的标识。

（2）缺陷类型（Type）。缺陷类型是根据缺陷的自然属性划分的缺陷种类。

（3）缺陷严重程度（Severity）。缺陷严重程度是指因缺陷引起的故障对软件产品的影响程度。

（4）缺陷优先级（Priority）。缺陷的优先级指缺陷必须被修复的紧急程度。

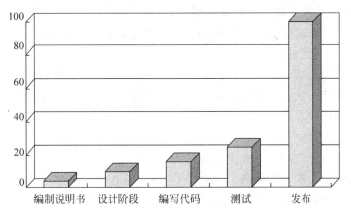

图 1.2 软件开发各阶段缺陷修复的费用

（5）缺陷状态（Status）。缺陷状态指缺陷通过一个跟踪修复过程的进展情况。

（6）缺陷起源（Origin）。缺陷来源指缺陷引起的故障或事件第一次被检测到的阶段。

（7）缺陷来源（Source）。缺陷来源指引起缺陷的起因。

（8）缺陷根源（Root Cause）。缺陷根源指发生错误的根本因素。

1.4 软件测试的定义及原则

1. 软件测试的定义

1979 年，Grenford J. Myers 在他的经典著作《软件测试艺术》（*The art of software testing*）中对软件测试做了如下定义：软件测试就是为了发现错误而执行程序或系统的过程。

2. 软件测试的原则

软件测试是一个极有创意以及挑战智力的任务。当根据图 1.3 所示的原则来进行测试时，测试设计和执行将比其他任何软件开发步骤更具有创造性。

（1）测试显示 bug 的存在。

测试应用程序只能显示在应用程序中存在一个或多个缺陷，但是，仅仅通过测试并不能证明应用程序没有错误。因此，设计测试用例使其尽可能多的找到缺陷是很重要的。

（2）穷举测试不可能。

除非受测试应用（UAT）具有非常简单的逻辑结构和有限的输入，进行所有测试数据和场景的组合是不可能的事。出于这个原因，风险评估和优先级被用于集中测试最重要的方面。

（3）尽早测试。

越早开始测试活动，就越可以更好地利用可用的时间。

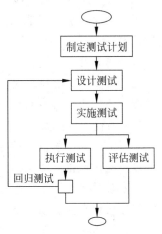

图 1.3 软件测试的原则

当最初的产品,例如要求或设计文件完成后,就可以开始测试了。测试阶段常会在开发周期的最后部分也就是开发完成之后遭到时间压缩。因此,尽早开始测试,我们可以针对开发生命周期的每个阶段进行测试的准备。

另一个关于尽早测试的重要的一点是,当缺陷在生命周期中更早地被发现时,它们更容易解决而且成本更低。改变不正确的要求比起必须改变一个大型系统中没有按照要求或设计来工作的功能要比成本低得多。

(4) 缺陷群。

在测试过程中,可以观察到,大多数报告的缺陷都与少数几个系统内的模块有关。即少量模块包含了系统中大部分的缺陷。这也是帕雷托法则(二八定律)在软件测试方面的实际应用:约 80% 的问题被发现在 20% 的模块中。

(5) 杀虫剂悖论。

如果一遍又一遍持续运行同一套测试,有可能那些测试用例就无法发现新的缺陷。因为随着系统的发展,许多以前报道的缺陷将会被修好,旧的测试用例就不再适用了。每当修复完缺陷或添加了新的功能后,就需要做回归测试,以确保新更改的软件不破坏该软件的任何其他部分。然而,这些回归测试用例也需要根据软件本身的变化做出改变,使其能够更加适用并找到新的缺陷。

(6) 测试是上下文相关的。

不同的测试方法、测试技术和测试类型是由应用程序的类型和性质来决定的。例如,运用于医疗设备上的软件应用程序相比游戏软件需要进行更多的测试。更重要的是医疗设备软件需要基于风险测试,需要符合医疗行业监管以及可能的特殊测试设计技术。出于同样的原因,一个非常受欢迎的网站,需要经过严格的性能试验以及功能性的测试,以确保性能不受服务器上的负载的影响。

(7) 有无谬误。

只是因为测试没有发现软件中的任何缺陷,并不意味着该软件是随时可以发布的。被执行的测试,是否真的找到了大多数缺陷,或者,是否根据顾客需求检查软件设计是否满足要求,在发布软件之前,还需要考虑很多其他因素。

(8) 软件测试是有风险的行为。

要把数量巨大的可能测试减少到可以控制的范围,针对风险做出明智的选择——哪些测试重要,哪些不重要。测试工作量与软件缺陷数量之间的关系如图 1.4 所示。

其他需要注意的是:

(1) 测试必须由独立的一方来完成。

测试不应由该开发软件的人或者团队来执行,因为它们趋向于维护程序的正确性。

(2) 最佳人员配置。

测试需要高度的创造性和责任感,需要将人员正确地分配到各个设计、实施和分析测试案例以及测试数据和测试结果的岗位上去。

(3) 除了有效条件之外,也要对无效的和意想不到的输入条件进行测试。

程序应该在无效情况下产生正确的消息并在有效情况下产生正确的结果。

(4) 保持测试过程中软件的静态。

在对程序进行测试用例集的执行过程中不能对程序进行修改。

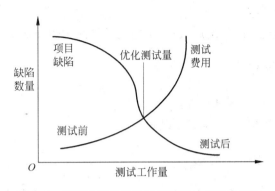

图 1.4　测试工作量与软件缺陷数量之间的关系

（5）尽可能提供预期的测试结果。

测试文档的必要组成部分包括了预期结果的说明,即使提供这样的结果可能是不切实际的。

1.5　软件测试与软件开发

根据"尽早测试""全面测试"和"全过程测试"的理念,软件测试应贯穿软件开发的整个生命周期。下面具体分析一下在软件开发的各个阶段都有哪些测试任务。

1.5.1　需求分析阶段

（1）参与到需求分析的活动中,充分理解用户的需求,参与需求文档的评审,以测试人员的角度对需求文档进行正确性和准确性两方面的检查。

（2）需求文档通过评审后,测试人员要根据需求文档和项目计划完成测试计划。

（3）根据需求文档和测试计划进行系统测试的准备工作,例如,分析系统测试的需求,设计系统测试的用例,准备系统测试的数据。当然,这个阶段所实现的测试用例是不完善的,只能涵盖某些内容,需要在执行系统测试前进一步完善。

在需求分析阶段,测试人员应充分发挥自己的能动性,要主动地工作,而不是被动地等待,要自己尝试着去熟悉实际业务,要尽量通过自己所能想到的方法来开展工作。

1.5.2　设计阶段

（1）参与设计文档的评审。

（2）设计文档通过评审后,测试人员可以根据设计文档进一步明确系统测试的需求,完善系统测试的用例和数据。

1.5.3　实现阶段

（1）协助开发人员完成单元测试和集成测试。单元测试和集成测试一般在开发环境中进行,以开发人员为主,测试人员为辅。

（2）参与代码评审。

（3）看到系统实际运行的情况后，进一步完善系统测试的准备工作。

1.5.4　测试阶段

（1）根据测试计划，搭建测试环境，完成系统测试。

（2）进行缺陷跟踪管理，提交测试总结报告。

1.5.5　运行和维护阶段

用户在使用系统时，通常会提出需求变更或提交缺陷，开发人员对系统进行相应的修改，测试人员负责对修改后的系统进行回归测试。

从上面的描述可以看出，在软件开发过程中，对需求文档、设计文档、测试计划和测试用例都要进行评审，这表明测试中的验证活动比重大大增加了；从需求分析阶段就开始进行系统测试的准备工作，这表明测试中的确认活动大大提前了。如图 1.5 所示，给出了软件测试与软件开发的对应关系。

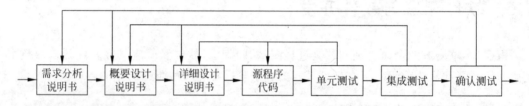

图 1.5　软件测试与软件开发的对应关系

课后习题

1. 什么是软件测试？软件测试的目的是什么？
2. 软件测试的基本原则有哪些？
3. 软件测试有什么局限性？
4. 简述软件测试发展历史及软件测试的现状。
5. 谈谈你对软件测试重要性的理解。
6. 如何区分软件测试与软件调试？

第2章 软件测试过程与策略

1. 概述

软件产品种类繁多,测试过程千变万化,为了能够找到系统中绝大部分的软件缺陷,必须构建各种行之有效的测试方法与策略。

本章通过详细分析,介绍软件测试的复杂性和经济性;通过讲述软件测试的整个流程,从而了解单元测试、集成测试、确认测试、系统测试和验收测试等基本测试方法;通过比较分析,介绍静态与动态测试、黑盒与白盒测试的基本策略。

2. 教学重点与难点

1) 重点

(1) 软件测试流程;

(2) 静态测试与动态测试;

(3) 黑盒测试与白盒测试。

2) 难点

(1) 软件测试流程;

(2) 黑盒测试与白盒测试。

人们对软件工程开发的常规认识中,认为开发程序是一个复杂而困难的过程,需要花费大量的人力、物力和时间,而测试一个程序则比较容易,不需要花费太多的精力。其实这是对软件工程开发过程理解上的一个误区。在实际的软件开发过程中,作为现代软件开发工业一个非常重要的组成部分,软件测试正扮演着越来越重要的角色。随着软件规模的不断扩大,如何在有限的条件下对被开发软件进行有效的测试正成为软件工程中一个非常关键的课题。

2.1 软件测试策略概述

软件测试策略是软件工程过程的一个软件测试的模板,也就是把特定的测试用例方法放置进去的一系列步骤。

软件测试策略包含的特征:

(1) 测试从模块层开始,然后扩大延伸到整个基于计算机的系统集合中。

（2）不同的测试技术适用于不同的时间点。

（3）测试是由软件的开发人员和（对于大型系统而言）独立的测试组来管理的。

（4）测试和调试是不同的活动，但是调试必须能够适应任何测试策略。

软件测试充分性准则：

（1）对任何软件都存在有限的充分测试集合。

（2）如果一个软件系统在一个测试数据集合上的测试是充分的，那么再多测试一些数据也应该是充分的。这一特性称为单调性。

（3）即使对软件所有成分都进行了充分的测试，也并不表明整个软件的测试已经充分，这一特性称为非复合性。

（4）即使对软件系统整体的测试是充分的，也并不意味软件系统中各个成分都已经充分地得到了测试。这个特性称为非分解性。

（5）软件测试的充分性应该与软件的需求和软件的实现都相关。

（6）软件越复杂，需要的测试数据就越多。这一特性称为复杂性。

（7）测试得越多，进一步测试所能得到的充分性增长就越少。这一特性称为回报递减率。

2.2 软件测试分类

软件测试分类有多种，可以从不同角度对软件测试进行分类。软件测试分类如图 2.1 所示。

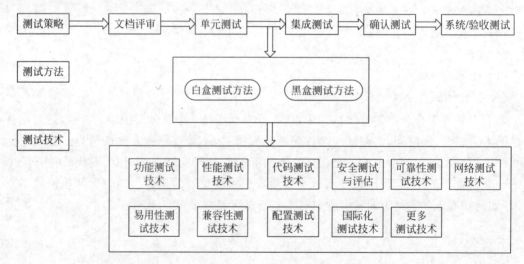

图 2.1 软件测试分类

1. 按照软件开发阶段划分

按照软件开发阶段划分，软件测试可分为单元测试、集成测试、系统测试和验收测试。

1）单元测试

单元测试，是指对软件中的最小可测试单元进行检查和验证。单元测试需要从软件的内部结构出发设计测试用例。多个模块可以独立地进行测试。

2）集成测试

集成测试,也叫组装测试或联合测试。在单元测试的基础上,将所有模块按照设计要求组装成为子系统或系统,进行集成测试。集成测试过程中会形成很多个临时版本,每个版本提交时都会进行冒烟测试,即对程序的主要功能进行验证。

3）系统测试

系统测试是将已经确认的软件、计算机硬件、外设、网络等其他元素结合在一起,进行信息系统的各种组装测试和确认测试,系统测试是针对整个产品系统进行的测试,目的是验证系统是否满足了需求规格的定义,找出与需求规格不符或与之矛盾的地方,从而提出更加完善的方案。

系统测试发现问题之后要经过调试找出错误原因和位置,然后进行改正;若是基于系统整体需求说明书的黑盒类测试,应覆盖系统所有联合的部件。其对象不仅仅包括需测试的软件,还要包含软件所依赖的硬件、外设甚至包括某些数据、某些支持软件及其接口等。

4）验收测试

验收测试是部署软件之前的最后一个测试操作。在软件产品完成了单元测试、集成测试和系统测试之后,产品发布之前所进行的软件测试活动。它是技术测试的最后一个阶段,也称为交付测试。验收测试的目的是确保软件准备就绪,并且可以让最终用户将其用于执行软件的既定功能和任务。

2. 按照测试技术划分

1）白盒测试

白盒测试又称结构性测试、透明盒测试、逻辑驱动测试或基于代码的测试。白盒测试是一种测试用例设计方法,盒子指的是被测试的软件,白盒指的是盒子是可视的,可知道盒子内部的东西以及里面是如何运作的。"白盒"法全面了解程序内部逻辑结构、对所有逻辑路径进行测试。"白盒"法是穷举路径测试。在使用这一方案时,测试者必须检查程序的内部结构,从检查程序的逻辑着手,得出测试数据。贯穿程序的独立路径数是天文数字。

2）黑盒测试

黑盒测试也称功能测试,它是通过测试来检测每个功能是否都能正常使用。在测试中,把程序看作一个不能打开的黑盒子,在完全不考虑程序内部结构和内部特性的情况下,在程序接口进行测试,它只检查程序功能是否按照需求规格说明书的规定正常使用,程序是否能适当地接收输入数据而产生正确的输出信息。黑盒测试着眼于程序外部结构,不考虑内部逻辑结构,主要针对软件界面和软件功能进行测试。

黑盒测试是以用户的角度,从输入数据与输出数据的对应关系出发进行测试的。很明显,如果外部特性本身设计有问题或规格说明的规定有误,那么用黑盒测试方法是发现不了的。

3）灰盒测试

灰盒测试,是介于白盒测试与黑盒测试之间的一种测试,灰盒测试多用于集成测试阶段,不仅关注输出、输入的正确性,同时也关注程序内部的情况。灰盒测试不像白盒那样详细、完整,但又比黑盒测试更关注程序的内部逻辑,常常是通过一些表征性的现象、事件、标志来判断内部的运行状态。它考虑了用户端、特定的系统知识和操作环境。它在系统组件的协同性环境中评价应用软件的设计。

3. 按照被测试软件是否实际运行划分

1) 静态测试

静态方法是指不运行被测程序本身,仅通过分析或检查源程序的语法、结构、过程、接口等来检查程序的正确性。通过对需求规格说明书、软件设计说明书、源程序做结构分析、流程图分析、符号执行来找错。静态方法通过程序静态特性的分析,找出欠缺和可疑之处,例如不匹配的参数、不适当的循环嵌套和分支嵌套、不允许的递归、未使用过的变量、空指针的引用和可疑的计算等。静态测试结果可用于进一步的查错,并为测试用例选取提供指导。

2) 动态测试

动态测试方法是指通过运行被测程序,检查运行结果与预期结果的差异,并分析运行效率、正确性和健壮性等性能。这种方法由三部分组成:构造测试用例、执行程序、分析程序的输出结果。

4. 按照测试实施组织划分

按照测试实施组织划分,软件测试可分为开发方测试(α测试)、用户测试(β测试)、第三方测试。

1) 开发方测试

通常也叫"验证测试"或"α测试"。开发方通过检测和提供客观证据,证实软件的实现是否满足规定的需求。验证测试是在软件开发环境下,由开发者检测与证实软件的实现是否满足软件设计说明或软件需求说明的要求;主要是指在软件开发完成以后,开发方对象提交的软件进行全面的自我检查与验证,可以和软件的"系统测试"一并进行。

2) 用户测试

在用户的应用环境下,用户通过运行和使用软件,检测与核实软件实现是否符合自己预期的要求。通常情况用户测试不是指用户的"验收测试",而是指用户的使用性测试,由用户找出软件的应用过程中发现的软件缺陷与问题,并对使用质量进行评价。

β测试通常被看成是一种"用户测试"。β测试主要是把软件产品有计划地免费分发到目标市场,让用户大量使用,并评价、检查软件。通过用户各种方式的大量使用,来发现软件存在的问题与错误,把信息反馈给开发者修改。

3) 第三方测试

第三方测试是介于软件开发和用户方之间的测试组织的测试,也称为独立测试。软件质量工程强调开展独立验证和确认活动。

第三方测试是由在技术、管理和财务上与开发方和用户方相对独立的组织进行的软件测试。一般情况下是在模拟用户真实应用环境下,进行软件确认测试。

5. 按测试类型划分

按测试类型分类,软件测试可以分为功能测试、界面测试、性能测试、强度测试、压力测试、安全测试、兼容性测试、安装测试和文档测试。

1）功能测试

功能测试主要针对产品需求说明书对软件进行测试，验证软件功能是否适合需求，包括对原定功能的检验以及测试软件是否存在冗余功能、遗漏功能。

2）界面测试

界面测试主要对系统的界面进行测试，测试用户界面是否友好、软件是否方便易用，系统设计是否合理、界面位置是否正确等问题。

3）性能测试

性能测试主要测试系统的性能是否满足用户要求，即在特定的运行条件下验证系统的能力状况。性能测试主要是通过自动化的测试工具模拟正常、峰值以及异常负载状况，对系统的各项性能指标进行测试，测试中得到的负载和响应时间等数据可被用于验证软件系统是否能够达到用户提出的性能指标。

4）强度测试

强度测试是一种性能测试，强度测试总是迫使系统在异常的资源配置下运行，强度测试的目的是找出因资源不足或资源争用而导致的错误。例如，如果内存或磁盘空间不足，测试对象就可能表现出一些在正常条件下并不明显的缺陷，这些缺陷可能由于争用共享资源（如数据库锁或网络带宽）而显现出来。例如，一个系统在521MB内存下可以正常运行，但是降低内存容量后就不可能运行，系统提示内容容量不足，则这个系统对内存的要求就是521MB。

5）压力测试

压力测试是一种性能测试，主要是在超负荷环境中，检验系统是否能够正常运行。压力测试的目的是检验系统在资源超负荷的情况下的表现，是通过极限测试方法，发现系统在极限或恶劣环境中的自我保护能力。压力测试的目标是确定并确保系统在超出最大预期工作量的情况下仍能正常运行。此外，压力测试还要评估软件的性能特性，例如响应时间、事务处理速度和其他与时间相关的性能特性。例如，在B/S结构中，用户并发测试就属于压力测试，测试人员可以使用性能测试工具，模拟上百人同时访问网站，检测系统响应时间，处理速度如何。

6）安全测试

安全测试主要测试系统防止非法入侵的能力，例如测试系统在没有授权的内部或者外部用户对系统进行攻击或恶意破坏时如何运行，是否能够保证数据的安全。

7）兼容性测试

兼容性测试主要测试软件产品在不同的平台、不同的工具软件或相同工具软件的不同版本下的兼容性，其目的是测试系统与其他软件、硬件兼容的能力。

8）安装测试

安装测试主要检验软件是否可以正确安装、安装文件的各项设置是否有效、安装后是否影响整个计算机系统、卸载软件时是否卸载干净、卸载后软件是否影响整个计算机系统等。

9）文档测试

文档测试主要检查内部或外部文档的清晰性和准确性。对外部文档而言，测试工作主要针对用户的文档，以需求说明、用户手册、安装手册为主，检验文档是否和实际应用存在差别，而且还必须考虑文档是否简单明了、相关的技术术语是否解释清楚等问题。

2.3 静态测试与动态测试

软件测试在软件开发过程中具有非常重要的作用。软件测试的实质在于：按照规定步骤采用有效方法，对程序进行严格的检验，发现和改正软件的各种差错，提高软件质量，使其逐步达到规定要求，交付用户使用。

经过几十年的发展，软件测试方法体系业已经形成，软件项目开发机构可以结合实际需要选择使用。软件测试方法，按照是否在计算机上运行被测软件，区分为静态测试和动态测试两大类。图2.2所示为软件测试技术分类框架。

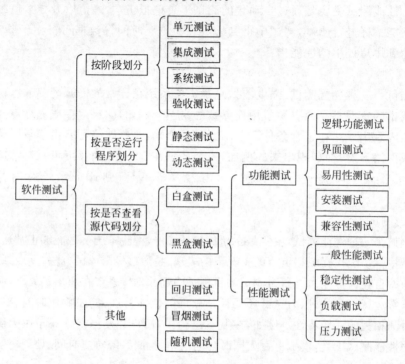

图2.2 软件测试技术分类框架

2.3.1 静态测试

1. 静态测试的概念

所谓静态测试(static testing)，就是不实际运行被测软件，只是静态地检查程序代码、界面或文档中可能存在的错误的过程。

静态测试包含三方面的内容：

(1) 对于代码测试，主要测试代码是否符合相应的标准和规范。

(2) 对于界面测试，主要测试软件的实际界面与需求中的说明是否相符。

(3) 对于文档测试，主要测试用户手册和需求说明是否符合用户的实际需求。

(2)和(3)的测试容易一些，只要测试人员对用户需求很熟悉，并比较细心就很容易发现界面和文档中的缺陷。而对程序代码的静态测试要复杂得多,需要按照相应的代码规范模板来逐行检查程序代码。

2. 静态测试的重要性

(1) 发现设计的方向性问题。

(2) 更早地发现问题。

(3) 避免"杀虫剂"现象。

(4) 引起程序设计人员的重视。

(5) 静态测试可以训练程序员。

3. 静态测试方法

静态测试方法有很多,主要有代码审查、代码走查、桌面检查等。代码检查包括代码审查、代码走查以及桌面检查等。

1) 代码审查

所谓的代码审查,是以组为单位阅读代码,是一系列规程和错误检查技术的集合。代码审查作为质量保证的一部分,是静态测试的主要手段之一。

代码审查的作用:程序员通常会得到编程风格、算法选择及编译技术等方面的反馈信息;其他参与者也可以通过接触其他程序员的错误和编程风格而同样受益匪浅;代码检查还是早期发现程序中最易出错部分的方法之一,有助于在基于计算机的测试过程中将更多的注意力集中在这些地方。但需要注意的是,该过程通常将注意力集中在发现错误上,而不是纠正错误。

成员组成:一个代码检查小组通常由四人组成,其中一人发挥着协调作用、一人是该程序的编码人员、一人是其他成员,通常是程序的设计人员、一人是测试专家。

协调人的职责:为代码检查分发材料、安排进程;在代码检查中起主导作用;记录发现的所有错误;确保所有错误得到改正。

有关代码审查的具体流程,如图 2.3 所示。在代码审查的过程中尤其要重视准备检查资料的过程,如果参加会议的人员在会议举行之前没有对被审查的对象充分的理解,会严重影响会议的效果。

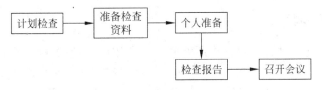

图 2.3　代码审查流程

注意事项:在代码检查的时间和地点的选择上,应避免所有的外部干扰;代码检查会议的理想时间应在 90～120 分钟;大多数的代码检查都是按每小时大约阅读 150 行代码的速度进行;对大型软件的检查应安排多个代码检查会议同时进行,每个代码检查会议处理一个或几个模块或子程序;提出的建议应针对程序本身,而不应针对程序员;另一方面,程序员必须怀着非自我本位的态度来对待错误检查,对整个过程采取积极和建设性的态度;

代码检查的目标是发现程序中的错误,从而改进程序的质量。

2)代码走查

代码走查是以小组为单元进行代码阅读,同样也是一系列规程和错误检查技术的集合。且代码走查也采用持续1～2小时的不间断会议的形式。

成员组成:一般是由3～5人组成,其中一人扮演"协调人";一人担任秘书角色,负责记录所有查出的错误;还有一人担任测试人员。建议最佳的组合应该是:一位极富经验的程序员;一位程序设计语言专家;一位程序员新手(可以给出新颖、不带偏见的观点);最终将维护程序的人员;一位来自其他不同项目的人员;一位来自该软件编程小组的程序员。

代码走查的流程与代码检查很类似,这里仅列出不同之处。即代码走查的任务:就是参与者"使用了计算机"。被指定为测试人员的那个人会带着一些书面的测试用例(程序或模块具有代表性的输入集及预期的输出集)来参加会议。且在会议期间,每个测试用例都在人们头脑中进行推演,即把测试数据沿程序的逻辑结构走一遍,并把程序的状态(如变量的值)记录在纸张或白板上以供监视。

这些书面的测试用例必须结构简单、数量较少,因为人脑执行程序的速度比计算机执行程序的速度慢上若干量级。之所以提供这些测试用例,目的不是在于其本身对测试起了关键的作用,而是提供了启动代码走查和质疑程序员逻辑思路及其设想的手段。因为,在大多数的代码走查中,很多问题是在向程序员提问的过程中发现的,而不是由测试用例本身直接发现的。

3)桌面检查

桌面检查可视为由单人进行的代码检查或代码走查;由一个人阅读程序,对照错误列表检查程序,对程序推演测试数据。但是,桌面检查的效果不是很理想,原因是,单人检查完全没有约束,开发人员测试或检查自己程序的效果很不理想,检查者没有展示自己能力的机会,缺乏良好的效应。其结论是桌面检查胜于没有检查,但其效果远远逊于代码审查和代码走查。

2.3.2　动态测试

所谓软件的动态测试,就是通过运行软件来检验软件的动态行为和运行结果的正确性。目前,动态测试也是公司的测试工作的主要方式。

1. 动态测试的步骤

根据动态测试在软件开发过程中所处的阶段和作用,动态测试可分为如下几个步骤:

(1)单元测试。单元测试是对软件中的基本组成单位进行测试,其目的是检验软件基本组成单位的正确性。在公司的质量控制体系中,单元测试由产品组在软件提交测试部前完成。单元测试是白盒测试。

(2)集成测试是在软件系统集成过程中所进行的测试,其主要目的是检查软件单位之间的接口是否正确。在实际工作中,我们把集成测试分为若干次的组装测试和确认测试。

组装测试,是单元测试的延伸,除对软件基本组成单位的测试外,还需增加对相互联系模块之间接口的测试。如在三维软件中,构件布置和构件工程量计算是软件不同的组成单位,但构件工程量计算的数据直接来源于构件布置,两者单独进行单元测试,可能都很正常,但构件布置的数据是否能够正常传递给工程量计算,则必须通过组装测试的检验。集成测试是白盒测试。

确认测试,是对组装测试结果的检验,主要目的是尽可能排除单元测试、组装测试中发现的错误。

(3) 系统测试。系统测试是对已经集成好的软件系统进行彻底测试,以验证软件系统的正确性和性能等满足其规约所指定的要求。系统测试应该按照测试计划进行,其输入、输出和其他动态运行行为应该与软件规约进行对比,同时测试软件的强壮性和易用性。如果软件规约(即软件的设计说明书、软件需求说明书等文档)不完备,系统测试更多的是依赖测试人员的工作经验和判断,这样的测试是不充分的。系统测试是黑盒测试。

(4) 验收测试。这是软件在投入使用之前的最后测试。是购买者对软件的试用过程。在实际工作中,通常是采用请客户试用或发布 Beta 版软件来实现。验收测试是黑盒测试。

(5) 回归测试。即软件维护阶段,其目的是对验收测试结果进行验证和修改。在实际应用中,对客户投诉的处理就是回归测试的一种体现。

2. 实例分析

【**实例**】　C语言程序的静态测试和动态测试。

```
# include < stdio. h >
Max( float x, float y)
{
float z;
z = x > y?x: y;
return(z);
}
Main( )
{
float a, b;
int c;
scanf(" % f, % f"&a,&b);
c = max(a,b);
printf("Max is % d\n", c);
}
```

程序的功能为:在主函数里输入两个单精度的数 a 和 b,然后调用 max 子函数来求 a 和 b 中的大数,最后将大数输出。

(1) 我们现在就对代码进行静态分析,主要根据一些 C 语言的基础知识来检查。

我们把问题分为两种:一种是必须修改的,另一种是建议修改的。

必须修改的问题有三个:

① 程序没有注释。注释是程序中非常重要的组成部分,一般占到总行数的 1/4 左右。程序开发出来不仅是给程序员看的,其他程序员和测试人员也要看。有了注释,别人就能很快地了解程序实现的功能。注释应该包含作者、版本号、创建日期以及主要功能模块的含义等。

② 子函数 max 没有返回值的类型。由于类型为单精度,我们可以在 max( )前面加一个 float 类型声明。

③ 精度丢失问题。大家注意"c＝max(a,b)"语句,我们知道 c 的类型为整型 int,而 max(a,b)的返回值 z 为单精度 float,将单精度的数赋值给一个整型的数,C 语言的编译器会自动地进行类型转换,将小数部分去掉,比如 z＝2.5,赋给 c 则为 2,最后输出的结果就不是 a 和 b 中的大数,而是大数的整数部分。

建议修改的问题也有三个:

① Main 函数没有返回值类型和参数列表。虽然 main 函数没有返回值和参数,但是我们将其改为 void main(void),来表明 main 函数的返回值和参数都为空,因为在有的白盒测试工具的编码规范中,如果不写 void 会认为是个错误。

② 一行代码只定义一个变量。

③ 程序适当加些空行。空行不占内存,会使程序看起来更清晰。

程序修改如下:

```
# include < stdio. h >
float max(float x, float y)              //返回两个单精度数中的大数
{
float z;
z = x > y?x: y;
return(z);
}
main()
{
float a;
float b;
int c;

scanf(" % f, % f"&a, &b);
c = max(a,b);
printf("Max is % d\n", c);
}
```

(2) 动态测试。实际运行修改后的程序,按回车键,得到结果 3.500000,与我们预期的相符合。

这是一个动态测试的过程。可能有的读者会问,以上过程不也是黑盒测试的过程吗? 黑盒白盒、动态静态,它们之间有什么关系呢?

它们只是测试的不同角度而已,同一个测试,既有可能是黑盒测试,也有可能是动态测试;既有可能是静态测试,也有可能是白盒测试。

黑盒测试有可能是动态测试(运行程序,看输入输出),也有可能是静态测试(不运行,只看界面)。

白盒测试有可能是动态测试(运行程序并分析代码结构),也有可能是静态测试(不运行程序,只静态察看代码)。

动态测试有可能是黑盒测试(运行,只看输入输出),也有可能是白盒测试(运行并分析代码结构)。

静态测试有可能是黑盒测试(不运行,只察看界面),也有可能是白盒测试(不运行,只察看代码)。

2.4 软件测试过程模型

2.4.1 V 模型

V 模型是最具有代表意义的测试模型,最早由 Paul Rook 在 20 世纪 80 年代后期提出,旨在改进软件开发的效率和效果。

在传统的开发模型中,比如瀑布模型,人们通常把测试过程作为在需求分析、概要设计、详细设计和编码全部完成之后的一个阶段,尽管有时测试工作会占用整个项目周期一半的时间,但有的人仍然认为测试只是个收尾工作,而不是主要过程。V 模型的推出就是对这种认识的改进。V 模型是软件开发瀑布模型的一个变种,它反映了测试活动与分析和设计的关系,从左到右,描述了基本的开发过程和测试行为,非常明确地标明了测试过程中存在的不同级别,并且清楚地描述了这些测试阶段和开发过程期间各阶段的对应关系,如图 2.4 所示。

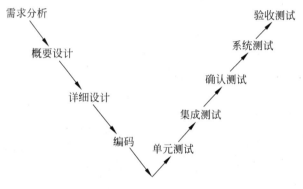

图 2.4 软件测试 V 模型

(1) 单元测试与详细设计是对应的,单元测试依据详细设计文档设计单元测试用例,检查各单元模块组合在一起能否正常工作,重点查找各单元模块之间的接口上可能存在的问题。

(2) 集成测试与概要设计是对应的,集成测试依据概要设计文档设计集成测试用例,检查各单元模块组合在一起能否正常工作,重点查找各单元模块之间的接口上可能存在的问题。

(3) 系统测试与需求分析是对应的,系统测试依据需求分析文档设计系统测试用例,检查系统作为一个整体是否有效地运行,系统实现的功能、性能是否满足用户需求。

(4) 验收测试与用户需求是对应的,验收测试通常由用户或业务专家进行,以确认软件的实现是否真正满足用户的需要或合同的要求。

V 模型的软件测试策略既包括低层测试又包括高层测试。低层测试是为了源代码的正确性,高层测试是为了使整个系统满足用户的需求。

V 模型存在一定的局限性,它仅仅把测试过程作为在需求分析、概要设计、详细设计及编码之后的一个阶段。容易使人理解为软件开发的最后一个阶段,主要是针对程序进行测试寻找错误,而需求分析阶段隐藏的问题一直到后期的验收测试才被发现。

2.4.2　W 模型

W 模型由 Evolutif 公司提出,它是在 V 模型的基础上增加了软件测试与开发同步进行的过程,如图 2.5 所示。W 模型可以说是 V 模型自然而然的发展。它强调:测试伴随着整个软件开发周期,而且测试的对象不仅仅是程序,需求、功能和设计同样需要测试。这样,只要相应的开发活动完成,就可以开始执行测试,可以说,测试与开发是同步进行的,有利于尽早地发现问题。

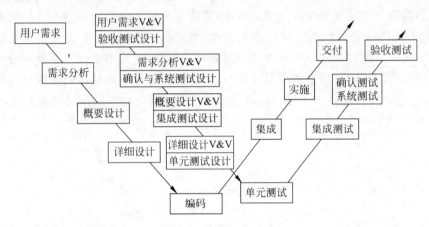

图 2.5　软件测试 W 模型

V 模型的局限性在于没有明确地说明早期的测试,不能体现"尽早地和不断地进行软件测试"的原则。W 模型也有局限性。W 模型和 V 模型都把软件的开发视为需求、设计、编码等一系列串行的活动。需要有严格的指令表示上一阶段完全结束,才可以正式开始下一个阶段。这样就无法支持迭代、自发性以及变更调整。

2.4.3　H 模型

V 模型和 W 模型均存在一些不妥之处。首先,它们都把软件的开发视为需求、设计、编码等一系列串行的活动,而事实上,虽然这些活动之间存在互相牵制的关系,但在大部分时间内,它们是可以交叉进行的。虽然软件开发期间有清晰的需求、设计和编码阶段,但实践告诉我们,严格的阶段划分只是一种理想状况。所以,相应的测试之间也不存在严格的次序关系。同时,各层次之间的测试也存在反复触发、迭代和增量关系。其次,V 模型和 W 模型都没有很好地体现测试流程的完整性。为了解决上述问题,有专家提出了 H 模型。它将测试活动完全独立出来,形成一个完全独立的流程,将测试准备活动和测试执行活动清晰地体现出来。如图 2.6 所示。

这个示意图仅仅演示了在整个生产周期中某个层次上的一次测试"微循环"。图中的其他流程可以是任意开发流程。例如,设计流程和编码流程,也可以是其他非开发流程,甚至是测试流程自身。

概括地说,H 模型揭示了软件测试不仅仅指测试的执行,还包括很多其他的活动;软件

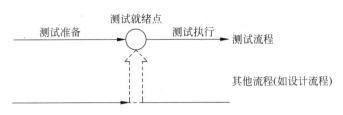

图 2.6 软件测试 H 模型

测试是一个独立的流程,贯穿产品整个生命周期,与其他流程并发的进行;软件测试要尽早准备,尽早执行;软件测试是根据被测物的不同而分层进行的。不同层次的测试活动可以按照某个次序先后进行的,但也可能是反复的。

在 H 模型中,软件测试模型是一个独立的流程,贯穿于整个产品周期,与其他流程并发进行。当某个测试时间点就绪时,软件测试即从测试准备阶段进入测试执行阶段。

前面介绍了几种典型的测试模型,应该说这些模型对指导测试工作的进行具有重要的意义,但任何模型都不是完美的。我们应尽可能地应用模型中对项目有实用价值的方面,但不强行为使用模型而使用模型,否则也没有实际意义。

在这些模型中,V 模型强调了在整个软件项目开发中需要经历的若干个测试级别,或者说它没有明确地指出应该对软件的需求、设计进行测试,而这一点在 W 模型中得到了补充。W 模型强调了测试计划等工作和对系统需求和系统设计的测试,但 W 模型和 V 模型一样也没有专门针对软件测试的流程予以说明,因为事实上,随着软件质量要求越来越为大家所重视,软件测试也逐步发展成为一个独立于软件开发部的组织,从每一个软件测试的测试案例编写,到测试实施以及测试报告编写的全过程,这个过程在 H 模型中得到了相应的体现,表现为测试是独立的。也就是说,只要测试的前提条件具备了,就可以开始进行测试了。

因此,在实际工作中,我们要灵活地运用各种模型的优点,在 W 模型的框架下,运用 H 模型的思想进行独立的测试,并同时将测试和开发紧密结合,寻找恰当的就绪点开始测试并反复迭代测试,最终保证按期完成预定目标。

2.4.4 X 模型

X 模型的基本思想是由 Marick 提出的。他认为一个模型必须能处理开发的所有方面,包括交接、频繁重复的集成以及需求文档的缺乏等,但首先 Marick 不建议建立一个替代模型,Robin F. Godsmith 引用了 Marick 思想,并重新组织,形成了 X 模型。

X 模型的左边描述的是针对单独程序片段所进行的相互分离的编码和测试,此后将进行频繁的交接,通过集成最终成为可执行的程序,然后再对这些可执行程序进行测试。已通过集成测试的成品可以进行封装并提交给用户,也可以作为更大规模和范围内集成的一部分。多根并行的曲线表示变更可以在各个部分发生。由图 2.7 可见,X 模型还定位了探索性测试,这是不进行事先计划的特殊类型的测试,这一方式往往能帮助有经验的测试人员在测试计划之外发现更多的软件错误。但这样可能对测试造成人力、物力和财力的浪费,对测试人员的熟练程度要求比较高。

Marick 认为一个模型不应该规定那些和当前所公认的实践不一致的行为。这是不进

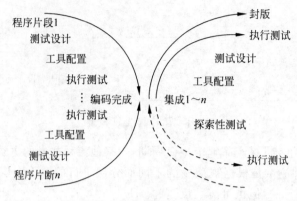

图 2.7 软件测试 X 模型

行事先计划的特殊类型的测试，诸如"我这么测一下结果会怎么样?"，这一方式往往能帮助有经验的测试人员在测试计划之外发现更多的软件错误。Marick 虽然没有对此进行明确的说明，但一定很乐意看到该方法的界定。

然而，关注了这样的低级别的行为可能会引起不同的议论。一个模型和一个单独的项目计划有所不同。模型不应该描述每个项目的具体细节，模型应该对项目进行指导和支持。当然，也可以将代码的交接简单地认为是一种集成的形式。而 V 模型也并没有限制各种创建周期的发生次数。Marick 和 Graham 都一致认同，应该在执行测试之前进行测试设计。Marick 建议："在你掌握相关知识时进行设计，在你手头有交付内容时进行测试。"X 模型包含了测试设计的步骤，就像使用不同的测试工具所要包含的步骤一样，而 V 模型没有这么做。但是，Marick 的例子提示，X 模型在这层意义上看也并不是一个真的模型，取而代之的是，应该允许在任何时候选择使用测试设计步骤。

2.5　测试用例的定义和特征

2.5.1　测试用例

软件测试的本质是针对要测试的内容确定一组测试用例。测试用例应该包含什么信息呢? 包含输入、预期输出、实际的输出结果。

输入实际上有两种类型：前提(在测试用例执行之前已经存在的环境)和由某种测试方法所标识的实际输入。

预期的输出也有两类：后果和实际输出。测试活动要建立必要的前提条件，提供测试用例输入，观察输出，然后将这些输出与预期输出进行比较，以确定该测试是否通过。

开发良好的测试用例的其他信息主要支持测试管理。测试用例应该拥有一个标识和一个原因(需求跟踪是一个很好的原因)。记录测试用例的执行历史也是很有用的，包括测试用例是什么时候由谁运行的，每次执行的通过/失败记录，测试用例测试的是(软件的)哪个版本。清楚地给出这些信息会使测试用例更有价值——至少与源代码一样有价值。测试用例需要被开发、评审、使用、管理和保存。

测试用例(Test Case,TC)是将软件测试的行为活动做一个科学化的组织归纳，目的是能够将软件测试的行为转化成可管理的模式；同时测试用例也是将测试具体量化的方法之一，不同类别的软件，测试用例是不同的。

　　IEEE 给出的测试用例的定义是：测试用例是一组测试输入、执行条件和预期结果的集合，目的是要满足一个特定的目标，比如执行一条特定的程序路径或检验是否符合一个特定的需求。

　　测试用例是有效发现软件缺陷的最小测试执行单元，也被视为软件的测试规格说明书。测试用例的设计是整个软件测试工作的核心。

2.5.2　测试用例的特征

1. 测试用例具有代表性

　　测试用例能够代表并覆盖各种合法的和非法的、合理的和不合理的、边界的和越界的以及极限的输入数据、操作和环境设置等。

2. 测试结果是可判定的

　　测试执行结果的正确性是可以判定的，每一个测试用例都应有明确的期望结果，否则将难以判断系统是否运行正常。

3. 测试结果可以再现

　　对同样的测试用例，系统的执行结果应当是相同的。这一特征有利于在出现缺陷时确保缺陷的重现，为缺陷的快速修复打下基础。

2.5.3　测试用例设计原则

　　进行测试用例设计需要对被测软件有一定的了解，并具备一定的测试经验，还需要设计人员和测试人员的集体智慧。同时，还需要遵循一些原则：

　　(1) 使用成熟的测试用例设计方法来进行设计；

　　(2) 保证测试用例数据的正确性和操作的正确性；

　　(3) 确保测试用例具有一定的代表性；

　　(4) 每个测试用例应该针对单一的测试项；

　　(5) 保证测试结果是可以判定并且可以再现的；

　　(6) 保证测试用例描述准确、清晰、具体；

　　(7) 测试用例设计应该满足项目的时间、人员和资金要求。

2.5.4　测试用例的设计过程

　　设计测试用例是一项细致并且需要具备高度技巧的工作，稍有不慎就会顾此失彼，发生不应有的疏漏。下面分析了容易出现问题的根源。

　　• 完全测试是不现实的；

　　• 软件测试是有风险的；

- "杀虫剂"现象;
- 缺陷的不确定性。

软件测试的经济性有两方面的体现:一是体现在测试工作在整个项目开发过程中的重要地位;二是体现在应该按照什么样的原则进行测试,以实现测试成本与测试效果的统一。测试是软件生存期中费用消耗最大的环节。测试费用除了测试的直接消耗外,还包括其他相关费用。影响测试费用的主要因素有:

- 软件面向的目标用户;
- 可能出现的用户数量;
- 潜在缺陷造成的影响;
- 开发机构的业务能力。

(1) 测试需求分析从软件需求文档中,找出待测试软件/模块的需求,通过自己的分析、理解,整理成为测试需求,清楚被测试对象具有哪些功能。测试需求的特点是:包含软件需求,具有可测试性。测试需求应该在软件需求基础上进行归纳、分类或细分,方便测试用例设计。测试用例中的测试集与测试需求的关系是多对一的关系,即一个或多个测试用例集对应一个测试需求。

(2) 业务流程分析软件测试,不单纯是基于功能的黑盒测试,还需要对软件的内部处理逻辑进行测试。为了不遗漏测试点,需要清楚地了解软件产品的业务流程。建议在做复杂的测试用例设计前,先画出软件的业务流程。如果设计文档中已经有业务流程设计,可以从测试角度对现有流程进行补充。如果无法从设计中得到业务流程,测试工程师应通过阅读设计文档,与开发人员交流,最终画出业务流程图。业务流程图可以帮助理解软件的处理逻辑和数据流向,从而指导测试用例的设计。

(3) 测试用例设计完成了测试需求分析和软件流程分析后,开始着手设计测试用例。测试用例设计的类型包括功能测试、边界测试、异常测试、性能测试、压力测试等。在用例设计中,除了功能测试用例外,应尽量考虑边界、异常、性能的情况,以便发现更多的隐藏问题。

(4) 测试用例评审测试用例设计完成后,为了确认测试过程和方法是否正确,是否有遗漏的测试点,需要进行测试用例的评审。测试用例评审一般是由测试负责人(leader)安排,参加的人员包括:测试用例设计者、测试负责人、项目经理、开发工程师、其他相关开发测试工程师。测试用例评审完毕,测试工程师根据评审结果,对测试用例进行修改,并记录修改日志。

(5) 测试用例更新完善。测试用例编写完成之后需要不断完善,软件产品新增功能或更新需求后,测试用例必须配套修改更新;在测试过程中发现设计测试用例时考虑不周,需要对测试用例进行修改完善;在软件交付使用后客户反馈了软件缺陷,而该缺陷又是因测试用例存在漏洞造成,此时也需要对测试用例进行完善。一般小的修改完善可在原测试用例文档上修改,但文档要有更改记录。软件的版本升级更新,测试用例一般也应随之编制升级更新版本。测试用例是"活"的,在软件的生命周期中不断更新与完善。

2.5.5　测试用例模板

通过测试用例的定义,我们知道书写测试用例时必须包含"测试模块、测试目标、输入数据、步骤和期望结果"等内容,除此之外,还需要其他信息来帮助管理。测试用例的基本要素如表 2.1 所示。

表 2.1　测试用例的基本要素

要 素 名 称	含 义
功能模块	待测试模块名称
功能特征	待测试模块功能描述
测试时间	测试进行时间
用例编号	唯一标识该测试用例的值
输入数据	测试需要的数据列表
操作步骤	按照操作步骤的顺序,准确详细地描述
期望结果	按设计规格所要求的正确结果
优先级	依据重要程度确定的优先等级

1. 功能测试用例

此功能测试用例对测试对象的功能测试应侧重于所有可直接追踪到用例或业务功能和业务规则的测试需求。这种测试的目标是核实数据的接收、处理和检索是否正确,以及业务规则的实施是否恰当。主要测试技术方法为用户通过 GUI(图形用户界面)与应用程序交互,对交互的输出或接收进行分析,以此来核实需求功能与实现功能是否一致,如表 2.2 所示。

表 2.2　功能测试用例表

用例标识		项目名称	
开发人员		模块名称	
用例作者		参考信息	
测试类型		设计日期	
测试方法		测试日期	
用例描述			
前置条件			

编号	权限	测试项	测试类别	描述/输入/操作	期望结果	真实结果	备注

2. 性能测试

性能测试是一种对响应时间、事务处理速率和其他与时间相关的需求进行测试和评估。性能测试的目标是核实性能需求是否都已满足。可以分为以下几种方式来组织进行测试。

1) 预期性能测试用例

通常系统在设计前会提出一些性能指标,这些指标是性能测试要完成的首要工作,针对每个指标都要写多个测试用例来验证是否达到要求,根据测试结果来改进系统的性能。预期性能指标通常以单用户为主,如表 2.3 所示。

表 2.3　预期性能测试用例表

测试目的			
前提条件			
测试需求	测试过程说明	期望的性能(平均值)	实际性能(平均值)

2) 用户并发测试用例

用户并发测试是性能测试最主要的部分,主要是通过增加用户数量来加重系统负担,以检验测试对象能接收的最大用户数来确定功能是否达到要求,如表 2.4 所示。

表 2.4　用户并发测试用例表

测试目的			
前提条件			
测试需求	输入(并发用户数)	用户通过率	期望性能(平均值)	实际性能(平均值)

3) 大数据量测试用例

大数据量测试是测试对象处理大量的数据,以确定是否达到了将使软件发生故障的极限。大数据量测试还将确定测试对象在给定时间内能够持续处理的最大负载或工作量,如表 2.5 所示。

表 2.5　大数据量测试用例表

测试目的			
前提条件			
测试需求	输入(最大数据量)	事务成功率	期望性能(平均值)	实际性能(平均值)

4) 疲劳强度测试用例

疲劳强度测试也是性能测试的一种,实施和执行此类测试的目的是找出因资源不足或资源争用而导致的错误。如果内存或磁盘空间不足,测试对象就可能会表现出一些在正常条件下并不明显的缺陷。而其他缺陷则可能是由于争用共享资源(如数据库锁或网络带宽)而造成的。强度测试还可用于确定测试对象能够处理的最大工作量,如表 2.6 所示。

表 2.6　疲劳强度测试用例表

测试目的			
测试说明			
前提条件			
测试需求	输入/动作	输出/响应	是否正常运行

5）负载测试用例

负载测试也是性能测试中的一种。在这种测试中，将使测试对象承担不同的工作量，以评测和评估测试对象在不同工作量条件下的性能行为，以及持续正常运行的能力。负载测试的目标是确定并确保系统在超出最大预期工作量的情况下仍能正常运行。此外，负载测试还要评估性能特征，例如响应时间、事务处理速率和其他与时间相关的方面，如表 2.7 所示。

表 2.7　负载测试用例表

测试目的			
前提条件			
测试需求	输入	期望输出	是否正常运行

3. 兼容性测试

在大多数生产环境中，客户机工作站、网络连接和数据库服务器的具体硬件规格会有所不同。客户机工作站可能会安装不同的软件，例如应用程序、驱动程序等，而且在任何时候，都可能运行许多不同的软件组合，从而占用不同的资源，如表 2.8 所示。

表 2.8　兼容性测试用例表

测试目的					
配置说明	操作系统	系统软件	外设	应用软件	结果

课后习题

1. 什么是软件测试用例？
2. 软件测试用例的基本元素有哪些？
3. 怎样的测试用例才算是一个好的测试用例？
4. 简述测试用例的设计过程。
5. 测试用例和测试过程有什么区别？测试设计中是否需要定义详细的测试过程？

第 3 章

黑盒测试

1. 概述

黑盒测试又称功能测试或数据驱动测试。在测试时，把被测程序视为一个不能打开的黑盒子，在完全不考虑程序内部结构和内部特性的情况下进行。采用黑盒测试的目的主要是在已知软件产品所应具有的功能基础上进行，黑盒测试试图发现以下类型的错误：

(1) 检查程序功能能否按需求规格说明书的规定正常使用，测试各个功能是否有遗漏，测试性能等特性是否满足；

(2) 检测人机交互是否错误，检测数据结构或外部数据库访问是否错误，程序是否能适当地接收输入数据而产生正确的输出结果，并保持外部信息(如数据库或文件)的完整性；

(3) 检测程序初始化和终止方面的错误。

2. 教学重点与难点

1) 重点
(1) 等价类划分法设计测试用例；
(2) 决策表法设计测试用例；
(3) 因果图法设计测试用例；
(4) 场景法设计测试用例。

2) 难点
(1) 等价类划分法设计测试用例；
(2) 因果图法设计测试用例；
(3) 各种方法的灵活运用。

3.1 等价类划分法

等价类划分法是一种典型的、重要的黑盒测试方法，它将程序所有可能的输入数据(有效的和无效的)划分成若干个等价类。然后从每个部分中选取具有代表性的数据当做测试用例进行合理的分类，测试用例由有效等价类和无效等价类的代表组成，从而保证测试用例具有完整性和代表性。利用这一方法设计测试用例可以不考虑程序的内部结构，以需求规格说明书为依据，选择适当的典型子集，认真分析和推敲说明书的各项需求，特别是功能需求,尽可能多地发现错误。等价类划分法是一种系统性的确定要输入的测试条件的方法。

由于等价类是在需求规格说明书的基础上进行划分的,并且等价类划分不仅可以用来确定测试用例中的数据的输入输出的精确取值范围,也可以用来准备中间值、状态和与时间相关的数据以及接口参数等,所以等价类可以用在系统测试、集成测试和组件测试中,在有明确的条件和限制的情况下,利用等价类划分技术可以设计出完备的测试用例。这种方法可以减少设计一些不必要的测试用例,因为这种测试用例一般使用相同的等价类数据,从而使测试对象得到同样的反应行为。对于等价类我们从以下几个方面讨论它的划分方法。等价类划分的方法分为两个主要的步骤:划分等价类型和设计测试用例。

1. 有效等价类划分

有效等价类指对于程序规格说明来说,是合理的、有意义的输入数据构成的集合。利用有效等价类可以检验程序是否实现了规格说明预先规定的功能和性能。有效等价类可以是一个,也可以是多个,根据系统的输入域划分为若干部分,然后从每个部分中选取少数有代表性数据当做数据测试的测试用例,等价类是输入域的集合。有效等价类数据集包括:终端用户输入的命令,与最终用户交互的系统提示,接受相关的用户文件的名称,提供初始化值和边界等,提供格式化输出数据的命令,在图形模式(比如鼠标点击时)提供的数据,失败时显示的回应消息。

2. 无效等价类划分

无效等价类和有效等价类相反,无效等价类是指对于软件规格说明而言,没有意义的、不合理的输入数据集合。利用无效等价类,可以找出程序异常说明情况,检查程序的功能和性能的实现是否有不符合规格说明要求的地方。无效等价类数据集包括:在一个不正确的地方提供适当的值,验证边界值,验证外部边界的值,用户输入的命令,最终用户与系统交互的提示,验证与边界和外部边界值的数值数据。

3. 等价类划分的方法

(1) 按区间划分。

(2) 按数值划分。

(3) 按数值集合划分。

(4) 按限制条件或规划划分。

(5) 按处理方式划分。

4. 等价类划分的原则

(1) 在输入条件规定的取值范围或值的个数的情况下,可以确定一个有效等价类和两个无效等价类。例如,输入值是学生成绩,范围是 $0 \sim 100$;如图 3.1 所示。

(2) 在规定了输入数据的一组值中(假定有 n 个值),并且程序要对每个输入值分别处理的情况下,可以确定 n 个有效等价类和一个无效等价类。例如 ,输入条件说明学历可为专科、本科、硕士、博士四种之一,则分别取这四个值作为四个有效等价类,另外把四种学历之外的任何学历都作为无效等价类。

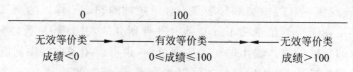

图 3.1 输入值是学生成绩的等价类划分

（3）在规定输入数据必须遵守的规则的情况下，可以确定一个有效等价类和若干个无效等价类。

（4）在输入条件规定了输入值的集合或规定了"必须如何"的条件下，可以确定一个有效等价类和一个无效等价类。

（5）在确定已划分的等价类中各元素在程序处理中的方式不同的情况下，则应将该等价类进一步地划分为更小的等价类。

5. 设计测试用例

在确立了等价类后，可建立等价类表，列出所有划分出的等价类输入条件：有效等价类、无效等价类，然后从划分出的等价类中按以下三个原则设计测试用例：

（1）为每一个等价类规定一个唯一的编号；

（2）设计一个新的测试用例，使其尽可能多地覆盖尚未被覆盖的有效等价类，重复这一步，直到所有的有效等价类都被覆盖为止；

（3）设计一个新的测试用例，使其仅覆盖一个尚未被覆盖的无效等价类，重复这一步，直到所有的无效等价类都被覆盖为止。

6. 函数 F 的功能扩展

函数 F 的功能扩展，即有两个变量 x_1 和 x_2 的函数 F。如果函数 F 实现为一个程序，则输入两个变量 x_1 和 x_2 会有一些（可能未规定）边界如图 3.2 所示。

$a \leqslant x_1 \leqslant d$ 区间为 $[a,b)$，$[b,c)$，$[c,d]$

$e \leqslant x_2 \leqslant g$ 区间为 $[e,f)$，$[f,g]$

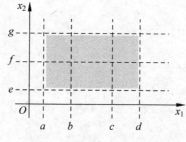

图 3.2 等价类区间划分

3.1.1 弱一般等价类测试

弱一般等价类测试通过使用一个测试用例中的每个等价类（区间）的一个变量实现，如图 3.3 所示。

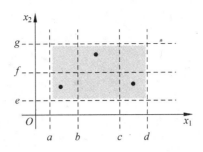

图 3.3　弱一般等价类测试用例图

这三个测试用例使用每个等价类中的一个值。我们以对称方式标识这些测试用例,于是得到外在的模式。事实上,永远都有等量的弱等价类测试用例,因为划分中的类对应最大子集数。

3.1.2　强一般等价类测试

强一般等价类测试基于多缺陷假设,因此需要等价类笛卡儿积的每个元素对应的测试用例,如图 3.4 所示。

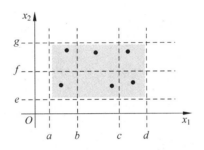

图 3.4　强一般等价类测试用例图

请注意,这些测试用例的模式与命题逻辑中的真值表构造具有相似性。笛卡儿积可保证两种意义上的"完备性":一是覆盖所有的等价类,二是有可能输入组合中的一个。

3.1.3　弱健壮等价类测试

这种测试的名称显然与直觉矛盾,并且自相矛盾。怎么能既弱又健壮呢?说它健壮,是因为这种测试考虑了无效值;说它弱,是因为有单缺陷假设。

对于有效输入,使用每个有效类的一个值(就像我们在所谓弱一般等价类测试中所做的一样。请注意,这些测试用例中的所有输入都是有效的)。

对于无效输入,测试用例将拥有一个无效值,并保持其余的值都是有效的(因此,"单缺陷"会造成测试用例失败)。

按照这种策略产生的测试用例如图 3.5 所示。

弱健壮等价类测试有两个问题:第一个问题是,规格说明常常并没有定义无效测试用例所预期的输出是什么;第二个问题是,强类型语言没有必要考虑无效输入。

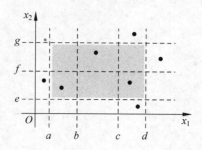

图 3.5   弱健壮等价类测试用例图

3.1.4   强健壮等价类测试

我们从所有等价类笛卡儿积的每个元素中获得测试用例,如图 3.6 所示。

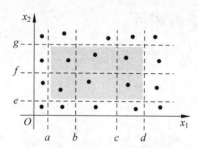

图 3.6   强健壮等价类测试用例

3.1.5   单元实践

1. 三角形问题的等价类测试用例

四种可能出现的输出:非三角形、不等边三角形、等腰三角形和等边三角形。

可以使用这些输出标识如下所示的输出(值域)等价类:$R1=\{\langle a,b,c\rangle$:有三条边 a、b 和 c 的等边三角形$\}$,$R2=\{\langle a,b,c\rangle$:有三条边 a、b 和 c 的等腰三角形$\}$,$R3=\{\langle a,b,c\rangle$:有三条边 a、b 和 c 的不等边三角形$\}$,$R4=\{\langle a,b,c\rangle$:三条边 a、b 和 c 不构成三角形$\}$。

四个弱一般等价类测试用例如表 3.1 所示。

表 3.1   四个弱一般等价类测试用例

测 试 用 例	a	b	c	预 期 输 出
WN1	5	5	5	等边三角形
WN2	2	2	3	等腰三角形
WN3	3	4	5	不等边三角形
WN4	4	1	2	非三角形

由于变量 a、b 和 c 没有有效区间,则强一般等价类测试用例与弱一般等价类测试用例相同。

考虑 a、b 和 c 的无效值产生的额外弱健壮等价类测试用例,如表 3.2 所示。

表 3.2 额外弱健壮等价类测试用例

测 试 用 例	a	b	c	预 期 输 出
WR1	-1	5	5	a 取值不在所允许的取值值域内
WR2	5	-1	5	b 取值不在所允许的取值值域内
WR3	5	5	-1	c 取值不在所允许的取值值域内
WR4	201	5	5	a 取值不在所允许的取值值域内
WR5	5	201	5	b 取值不在所允许的取值值域内
WR6	5	5	201	c 取值不在所允许的取值值域内

表 3.3 所示是额外强健壮性等价类测试用例三维立方的一个"角"。

表 3.3 额外强健壮性等价类测试用例

测 试 用 例	a	b	c	预 期 输 出
SR1	-1	5	5	a 取值不在所允许的取值值域内
SR2	5	-1	5	b 取值不在所允许的取值值域内
SR3	5	5	-1	c 取值不在所允许的取值值域内
SR4	-1	-1	5	a、b 取值不在所允许的取值值域内
SR5	5	-1	-1	b、c 取值不在所允许的取值值域内
SR6	-1	5	-1	a、c 取值不在所允许的取值值域内
SR7	-1	-1	-1	a、b、c 取值不在所允许的取值值域内

请注意,预期输出如何完备地描述无效输入值。

等价类测试显然对用来定义类的等价关系很敏感。如果在输入定义域上定义等价类,则可以得到更丰富的测试用例集合。三个整数 a、b、c 有些什么可能的取值? 这些整数可以都相等,有一对整数相等(有三种相等方式),或都不相等。

$D1=\{\langle a,b,c\rangle: a=b=c\}$

$D2=\{\langle a,b,c\rangle: a=b, a\neq c\}$

$D3=\{\langle a,b,c\rangle: a=c, a\neq b\}$

$D4=\{\langle a,b,c\rangle: c=b, a\neq c\}$

$D5=\{\langle a,b,c\rangle: b\neq a\neq c\}$

作为一个单独的问题,我们可以通过三角形的性质来判断三条边是否构成一个三角形。

$D6=\{\langle a,b,c\rangle: a\geq b+c\}$

$D7=\{\langle a,b,c\rangle: b\geq a+c\}$

$D8=\{\langle a,b,c\rangle: c\geq a+b\}$

2. NextDate 函数的等价类测试用例

NextDate 是一个三变量函数,即月份、日期和年,这些变量的有效值区间定义如下:

$M1=\{$月份:$1\leq$月份$\leq12\}$

$D1=\{$日期:$1\leq$日期$\leq31\}$

$Y1=\{$年:$1812\leq$年$\leq2012\}$

无效等价类:

$M2=\{$月份：月份$<1\}$

$M3=\{$月份：月份$>12\}$

$D2=\{$日期：日期$<1\}$

$D3=\{$日期：日期$>31\}$

$Y2=\{$年：年$<1812\}$

$Y3=\{$年：年$>2012\}$

由于有效类的数量等于独立变量的个数，因此只有弱一般等价类测试用例出现，并且与强一般等价类测试用例相同，如表 3.4 所示。

表 3.4　测试用例表

用例 ID	月份	日期	年	预期输出
WN1,SN1	6	15	1912	1912 年 6 月 16 日

表 3.5 所示是弱健壮测试用例的完整集合。

表 3.5　弱健壮测试用例

用例 ID	月份	日期	年	预 期 输 出
WR1	6	15	1912	1912 年 6 月 16 日
WR2	−1	15	1912	月份不在有效值域 1..12 中
WR3	13	15	1912	月份不在有效值域 1..12 中
WR4	6	−1	1912	日期不在有效值域 1..31 中
WR5	6	32	1912	日期不在有效值域 1..31 中
WR6	6	15	1811	年不在有效值域 1812..2012 中
WR7	6	15	2013	年不在有效值域 1812..2012 中

与三角形问题一样，表 3.6 所示是额外强健壮等价类测试用例三维立方的一个"角"。

表 3.6　额外强健壮等价类测试用例

用例 ID	月份	日期	年	预 期 输 出
SR1	−1	15	1912	月份不在有效值域 1..12 中
SR2	6	−1	1912	日期不在有效值域 1..31 中
SR3	6	15	1811	年不在有效值域 1812..2012 中
SR4	−1	−1	1912	月份不在有效值域 1..12 中 日期不在有效值域 1..31 中
SR5	6	−1	1811	日期不在有效值域 1..31 中 年不在有效值域 1812..2012 中
SR6	−1	15	1811	月份不在有效值域 1..12 中 年不在有效值域 1812..2012 中
SR7	−1	−1	1811	月份不在有效值域 1..12 中 日期不在有效值域 1..31 中 年不在有效值域 1812..2012 中

如果更仔细地选择等价关系，所得到的等价类将会更有用。前面曾经提到过，等价关系的要点是，类中的元素要被"同样处理"。理解传统方法不足的一种方法，是注意到"处理"在

有效/无效层次上进行。通过关注更具体的处理可降低粒度。

如果它不是某个月的最后一天,则 NextDate 函数会直接对日期加 1。到了月末,下一个日期是 1,月份加 1。到了年末,日期和月份都会复位到 1,年加 1。最后,闰年问题要确定有关的月份的最后一天。经过这些分析,可以假设等价类:

$M1=\{$月份:每月有 30 天$\}$

$M2=\{$月份:每月有 31 天$\}$

$M3=\{$月份:此月是 2 月$\}$

$D1=\{$日期:$1\leqslant$日期$\leqslant28\}$

$D2=\{$日期:日期$=29\}$

$D3=\{$日期:日期$=30\}$

$D4=\{$日期:日期$=31\}$

$Y1=\{$年:年$=2000\}$

$Y2=\{$年:年是闰年$\}$

$Y3=\{$年:年是平年$\}$

通过选择有 30 天的月份和有 31 天的月份的独立类,可以简化月份最后一天问题。通过把 2 月份分成独立的类,可以对闰年问题给予更多关注。

一个弱一般等价类测试用例如表 3.7 所示。

表 3.7 弱一般等价类测试用例

用例 ID	月份	日期	年	预期输出
WN1	6	15	2000	2000.6.16
WN2	7	29	1996	1996.7.30
WN3	2	30	2002	输入日期不正确
WN4	6	31	2000	输入日期不正确

经过改进的强一般等价类测试用例如表 3.8 所示。

表 3.8 强一般等价类测试用例

用例 ID	月份	日期	年	预期输出
Test1	6	15	2000	2000.6.16
Test2	6	15	1996	1996.6.15
Test3	6	14	2002	2002.6.15
Test4	6	29	2000	2000.6.30
Test5	6	29	1996	1996.6.30
Test6	6	29	2002	2002.6.30
Test7	6	30	2000	2000.6.31(不可能的日期)
Test8	6	30	1996	1996.6.31(不可能的日期)
Test9	6	30	2002	2002.6.31(不可能的日期)
Test10	6	31	2000	2000.7.1(无效输入日期)
Test11	6	31	1996	1996.7.1(无效输入日期)
Test12	6	31	2002	2002.7.1(无效输入日期)
Test13	7	15	2000	2000.7.15

用例 ID	月份	日期	年	预 期 输 出
Test14	7	14	1996	1996.7.15
Test15	7	14	2002	2002.7.15
Test16	7	29	2000	2000.7.30
Test17	7	29	1996	1996.7.30
Test18	7	29	2002	2002.7.30
Test19	7	30	2000	2000.7.31
Test20	7	30	1996	1996.7.31
Test21	7	30	2002	2004.7.31
Test22	7	31	2000	2000.8.1
Test23	7	31	1996	1996.8.1
Test24	7	31	2002	2002.8.1
Test25	2	14	2000	2000.2.15
Test26	2	14	1996	1996.2.15
Test27	2	14	2002	2002.2.15
Test28	2	29	2000	2000.3.1(无效的输入日期)
Test29	2	29	1996	1996.3.1
Test30	2	29	2002	2002.3.1（不可能的日期）
Test31	2	30	2000	2000.3.1(无效输入日期)
Test32	2	30	1996	1996.3.1(无效输入日期)
Test33	2	30	2002	2002.3.1(无效输入日期)
Test34	6	31	2000	2000.7.1(无效输入日期)
Test35	6	31	1996	1996.7.1(无效输入日期)
Test36	6	31	2002	2002.7.1(无效输入日期)

从弱一般测试转向强一般测试会产生一些冗余。从弱到强的转换,不管是一般类还是健壮类,都要做独立性假设,都要以等价类的叉积表示。3 个月份类乘以 4 个日期类乘以 3 个年类,产生 36 个强一般等价类测试用例。

3. 佣金问题的等价类测试用例

佣金问题的输入定义域,由于枪机、枪托和枪管的限制而被"自然地"划分。这些等价类也正是通过传统等价类测试所标识的等价类。

输入变量有效类是:

$L1=\{$枪机: $1\leqslant$枪机$\leqslant70\}$

$L2=\{$枪机$=-1\}$

$S1=\{$枪托: $1\leqslant$枪托$\leqslant80\}$

$B1=\{$枪管: $1\leqslant$枪管$\leqslant90\}$

输入变量对应的无效类是:

$L3=\{$枪机: 枪机$=0$ 或枪机$<-1\}$

$L3=\{$枪机: 枪机$>70\}$

$S2=\{$枪托: 枪托$<1\}$

$S3＝\{$枪托：枪托$>80\}$

$B2＝\{$枪管：枪管$<1\}$

$B3＝\{$枪管：枪管$>90\}$

但是有一个问题，变量枪机还用做指示不再有电报的标记。当枪机等于-1时，While循环就会终止，总枪机、总枪托和总枪管的值就会被用来计算销售额，进而计算佣金。

除了变量的名称和端点值区间不同之外，与 NextDate 函数的第一个版本完全相同。因此，也只有一个弱一般等价类测试用例，这个测试用例同样也等于强一般等价类测试用例。同样也有 7 个弱健壮测试用例。最后，额外弱健壮等价类测试用例三维立方的一个"角"如表 3.9 所示。

表 3.9 弱健壮测试用例

用例 ID	枪机	枪托	枪管	预 期 输 出
SR1	-1	40	45	枪机值不在有效值域 1..70 中
SR2	35	-1	45	枪托值不在有效值域 1..80 中
SR3	35	40	-1	枪管值不在有效值域 1..90 中
SR4	-1	-1	45	枪机值不在有效值域 1..70 中 枪托值不在有效值域 1..80 中
SR5	-1	40	-1	枪机值不在有效值域 1..70 中 枪管值不在有效值域 1..90 中
SR6	35	-1	-1	枪托值不在有效值域 1..80 中 枪管值不在有效值域 1..90 中
SR7	-1	-1	-1	枪机值不在有效值域 1..70 中 枪托值不在有效值域 1..80 中 枪管值不在有效值域 1..90 中

销售额是所售出的枪机、枪托和枪管数量的函数：

销售额$＝45\times$枪机$＋30\times$枪托$＋25\times$枪管

我们可以根据佣金值域定义三个变量的等价类：

$S1＝\{\langle$枪机,枪托,枪管$\rangle$：销售额$\leqslant1000\}$

$S2＝\{\langle$枪机,枪托,枪管$\rangle$：$1000<$销售额$\leqslant1800\}$

$S3＝\{\langle$枪机,枪托,枪管$\rangle$：销售额$>1800\}$

$S1$ 元素是接近原点金字塔中的整数点，$S2$ 的元素是金字塔与其他输入空间之间的"三角片"，$S3$ 的元素是不在 $S1$ 和 $S2$ 中的立方体中的点。输入定义域的强等价类所发现的错误案例都在立方体之外，如表 3.10 所示。

表 3.10 输出值域等价类测试用例

测试用例	枪机	枪托	枪管	销售额/美元	佣金/美元
OR1	5	5	5	500	50
OR2	15	15	15	1500	175
OR3	25	25	25	2500	360

等价类划分总结如表 3.11 所示。

表 3.11   等价类划分总结

划 分 法	特 点
弱一般等价类测试	不考虑无效等价类,选取的测试用例只需覆盖到有效等价类
强一般等价类测试	不考虑无效等价类,选取测试用例时,要根据等价类笛卡儿积,各有效区间的组合都要覆盖到
弱健壮等价类测试	基于单缺陷假设,考虑无效等价类,选取的测试用例要覆盖每一个有效等价类和无效等价类,但是不能同时覆盖两个无效等价类
强健壮等价类测试	每个无效等价类和有效等价类的组合都要覆盖到,考虑所有的有效和无效情况

我们已经介绍了三个例子,最后讨论关于等价类测试的一些观察和等价类测试指导方针。

(1) 显然,等价类测试的弱形式(一般或健壮)不如对应的强形式的测试全面。

(2) 如果实现语言是强类型的(无效值会引起运行时错误),则没有必要使用健壮形式的测试。

(3) 如果错误条件非常重要,则进行健壮形式的测试是合适的。

(4) 如果输入数据以离散值区间和集合定义,则等价类测试是合适的。当然也适用于变量值越界就会出现故障的系统。

(5) 通过结合边界值测试,等价类测试可得到加强(我们可以"重用"定义等价类的工作成果)。

(6) 如果程序函数很复杂,则函数的复杂性可以帮助标识有用的等价类,就像NextDate 函数一样。

(7) 强等价类测试假设变量是独立的,相应的测试用例相乘会引起冗余问题。如果存在依赖关系,则常常会生成"错误"测试用例,就像 NextDate 函数一样。

(8) 在发现"合适"的等价关系之前,可能需要进行多次尝试,就像 NextDate 函数例子一样,在其他情况下,存在"明显"或"自然"等价关系。如果不能肯定,最好对任何合理的实现进行再次预测。

(9) 强和弱形式的等价类测试之间的差别,有助于区分累进测试和回归测试。

3.2   边界值测试

3.2.1   边界值分析

边界值分析法就是对输入或输出的边界值进行测试的一种黑盒测试方法。通常边界值分析法是作为对等价类划分法的补充,这种情况下,其测试用例来自等价类的边界。

以下讨论涉及有两个变量 x 和 y 的函数 F。如果函数 F 实现为一个程序,则输入两个变量 x 和 y 会有一些(可能未规定)边界:

$$a \leqslant x \leqslant b$$
$$c \leqslant y \leqslant d$$

但是,区间$[a,b]$和$[c,d]$是x和y的值域,带阴影矩形中的任何点都是函数F的有效输入。如图3.7所示。

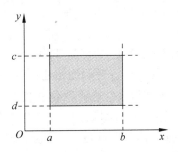

图3.7 两变量函数的输入定义域

边界值分析关注的是输入空间的边界,来标识测试用例。边界值测试背后的基本原理是错误更可能出现在输入变量的极值附近。

边界值分析的基本思想是使用在最小值、略高于最小值、正常值、略低于最大值和最大值处取输入变量值。

边界值分析的下一个部分基于一种关键假设,在可靠性理论中叫做"单缺陷"假设。这种假设是说,失效极少是由两个(或多个)缺陷的同时发生引起的。因此,边界值分析测试用例的获得,通过使所有变量取正常值,只使一个变量取极值。两变量函数F(如图3.8所示)的边界值分析测试用例是:

{<xnom,ymin>;<xnom,ymin+>;<xnom,ymax>;<xnom,ymax->;<xmin,ynom>;<xmin+,ynom>;<xmax, ynom>;<xmax-,ynom>;<xnom,ynom>;}

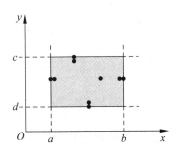

图3.8 两变量函数边界值分析测试用例

基本边界值分析手段可以用两种方式归纳:通过变量数量和通过值域的种类。归纳变量数量很容易:如果有一个n变量函数,使除一个以外的所有变量取正常值,使剩余的那个变量取最小值、略高于最小值、正常值、略低于最大值和最大值,对每个变量都重复进行,这样,对于一个n变量函数,边界值分析会产生$4n+1$个测试用例。

归纳值域取决于变量本身的性质(或更准确地说是类型)。例如,对于 NextDate 函数,我们有月份、日期和年对应的变量。采用类似于 FORTRAN 的语言,很有可能对这些变量编码,使得 1 月对应 1,2 月对应 2,等等。采用支持用户定义类型的语言(如 Pascal 或 Ada),可以把变量"月份"定义为枚举类型{1月,2月,……,12月}。不管采用什么语言,根据语境可以很清楚地确定最小值、略高于最小值、正常值、略低于最大值和最大值。如果变量具有离散、有界值,例如佣金问题中的变量,则最小值、略高于最小值、正常值、略低于最大值和最大值也可以很容易地确定。如果没有显式地给出边界,例如三角形问题,通常必须创建一种"人工"边界。边长的最低值显然是1,但是上限怎样确定呢?在默认情况下,最大可表示整数(在某些语言中叫做MAXINT)是一种可能,也可以任意规定上限,例如200或2000。

边界值分析对布尔变量没有什么意义,极值是TRUE和FALSE,但是其余三个值不明确,布尔变量可以进行基于决策表的测试。逻辑变量也代表一种边界值分析。

如果被测程序是多个独立变量的函数,这些变量受物理量的限制,则很适合边界值分析。简单看一下NextDate的边界值分析测试用例,就会发现这些测试用例是不充分的。例如,没怎么强调2月和闰年。这里的真正问题是,月份、日期和年变量之间存在有意思的依赖关系。边界值分析假设变量是完全独立的。即便如此,边界值分析也能够捕获月末和年末缺陷。边界值分析测试用例通过引用物理量的边界独立变量极值导出,不考虑函数的性质,也不考虑变量的语义含义。

3.2.2 健壮性测试

健壮性测试是边界分析的一种简单扩展:除了变量的五个边界值分析取值,还要通过采用一个略超过最大值(max+)的取值,以及一个略小于最小值(min-)的取值,看看超过极值时系统会有什么表现。健壮性测试最有意义的部分不是输入,而是预期的输出,如图3.9所示。

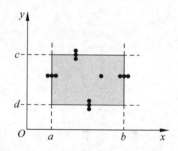

图3.9 两变量函数的健壮性测试用例图

对于一个含有n个变量的程序,保留其中一个变量,让其余的变量取正常值,被保留的变量依次取min、min+、min-,nom、max-、max、max+值,对每个变量都重复进行。这样,对于一个有n个变量的程序,边界值分析测试程序会产生$6n+1$个测试用例。

3.2.3 最坏情况测试

在拒绝"单缺陷假设"理论的情况下,对所有变量的边界值集合进行5元素笛卡儿积计算,用于生成测试用例,对于n变量函数的最坏测试基于边界值分析会产生$5n$个测试用例,基于健壮性分析则产生$7n$个测试用例。相比而言,最坏情况测试代价较高,因此其最佳应用场合是物理变量具有大量交互作用,或者函数失效的代价极高的情况下。

最坏情况测试显然更彻底,因为边界值分析测试是最坏情况测试用例的真子集。最坏情况测试还意味着更多的工作量:n变量函数的最坏情况测试,会产生5^n个测试用例,而边界值分析只产生$4n+1$个测试用例,如图3.10所示。

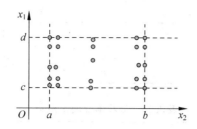

图 3.10　两变量函数的最坏情况测试用例图

最坏情况测试的归纳模式与边界值分析的归纳模式一样,两者也有相同的局限性,特别是独立性要求方面的局限性。最坏情况测试的最佳应用场合,可能是物理变量具有大量交互作用,或者函数失效的代价极高的情况。对于确实极端的测试,会采用健壮最坏情况测试。这种测试使用健壮性测试的 7 元素集合的笛卡儿积,如图 3.11 所示。

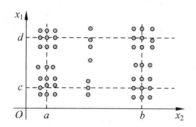

图 3.11　两变量函数的健壮最坏情况测试用例图

3.2.4　单元实践

1. 三角形问题的测试用例

关于三角形的边,除了说明是整数外,没有给出其他条件。我们任意取 200 作为高端边界,表 3.12 是边界值分析测试用例,表 3.13 是最坏情况测试用例。

表 3.12　边界值分析测试用例

用　例	a	b	c	预期输出
1	100	100	1	等腰三角形
2	100	100	2	等腰三角形
3	100	100	100	等边三角形
4	100	100	199	等腰三角形
5	100	100	200	非三角形
6	100	1	100	等腰三角形
7	100	2	100	等腰三角形
8	100	100	100	等边三角形
9	100	199	100	等腰三角形
10	100	200	100	非三角形
11	1	100	100	等腰三角形
12	2	100	100	等腰三角形
13	100	100	100	等边三角形

续表

用　例	a	b	c	预 期 输 出
14	199	100	100	等腰三角形
15	200	100	100	非三角形

表 3.13　最坏情况测试用例

用　例	a	b	c	预 期 输 出
1	1	1	1	等边三角形
2	1	1	2	非三角形
3	1	1	100	非三角形
4	1	1	199	非三角形
5	1	1	200	非三角形
6	1	2	1	非三角形
7	1	2	2	等腰三角形
8	1	2	100	非三角形
9	1	2	199	非三角形
10	1	2	200	非三角形
11	1	100	1	非三角形
12	1	100	2	非三角形
13	1	100	100	等腰三角形
14	1	100	199	非三角形
15	1	100	200	非三角形
16	1	199	1	非三角形
17	1	199	2	非三角形
18	1	199	100	非三角形
19	1	199	199	等腰三角形
20	1	199	200	非三角形
21	1	200	1	非三角形
22	1	200	2	非三角形
23	1	200	100	非三角形
24	1	200	199	非三角形
25	1	200	200	等腰三角形
26	2	1	1	非三角形
27	2	1	2	等腰三角形
28	2	1	100	非三角形
29	2	1	199	非三角形
30	2	1	200	非三角形
31	2	2	1	等腰三角形
32	2	2	2	等边三角形
33	2	2	100	非三角形
34	2	2	199	非三角形
35	2	2	200	非三角形
36	2	100	1	非三角形
37	2	100	2	非三角形

用 例	a	b	c	预 期 输 出
38	2	100	100	等腰三角形
39	2	100	199	非三角形
40	2	100	200	非三角形
41	2	199	1	非三角形
42	2	199	2	非三角形
43	2	199	100	非三角形
44	2	199	199	等腰三角形
45	2	199	200	不等边三角形
46	2	200	1	非三角形
47	2	200	2	非三角形
48	2	200	100	非三角形
49	2	200	199	不等边三角形
50	2	200	200	等腰三角形
51	100	1	1	非三角形
52	100	1	2	非三角形
53	100	1	100	等腰三角形
54	100	1	199	非三角形
55	100	1	200	非三角形
56	100	2	1	非三角形
57	100	2	2	非三角形
58	100	2	100	等腰三角形
59	100	2	199	非三角形
60	100	2	200	非三角形
61	100	100	1	等腰三角形
62	100	100	2	等腰三角形
63	100	100	100	等边三角形
64	100	100	199	等腰三角形
65	100	100	200	非三角形
66	100	199	1	非三角形
67	100	199	2	非三角形
68	100	199	100	等腰三角形
69	100	199	199	等腰三角形
70	100	199	200	不等边三角形
71	100	200	1	非三角形
72	100	200	2	非三角形
73	100	200	100	非三角形
74	100	200	199	不等边三角形
75	100	200	200	等腰三角形
76	199	1	1	非三角形
77	199	1	2	非三角形
78	199	1	100	非三角形
79	199	1	199	等腰三角形

用　例	a	b	c	预 期 输 出
80	199	1	200	非三角形
81	199	2	1	非三角形
82	199	2	2	非三角形
83	199	2	100	非三角形
84	199	2	199	等腰三角形
85	199	2	200	不等边三角形
86	199	100	1	非三角形
87	199	100	2	非三角形
88	199	100	100	等腰三角形
89	199	100	199	等腰三角形
90	199	100	200	不等边三角形
91	199	199	1	等腰三角形
92	199	199	2	等腰三角形
93	199	199	100	等腰三角形
94	199	199	199	等边三角形
95	199	199	200	等腰三角形
96	199	200	1	非三角形
97	199	200	2	不等边三角形
98	199	200	100	不等边三角形
99	199	200	199	等腰三角形
100	199	200	200	等腰三角形
101	200	1	1	非三角形
102	200	1	2	非三角形
103	200	1	100	非三角形
104	200	1	199	非三角形
105	200	1	200	等腰三角形
106	200	2	1	非三角形
107	200	2	2	非三角形
108	200	2	100	非三角形
109	200	2	199	不等边三角形
110	200	2	200	等腰三角形
111	200	100	1	非三角形
112	200	100	2	非三角形
113	200	100	100	非三角形
114	200	100	199	不等边三角形
115	200	100	200	等腰三角形
116	200	199	1	非三角形
117	200	199	2	不等边三角形
118	200	199	100	不等边三角形
119	200	199	199	等腰三角形
120	200	199	200	等腰三角形
121	200	200	1	等腰三角形

用 例	a	b	c	预 期 输 出
122	200	200	2	等腰三角形
123	200	200	100	等腰三角形
124	200	200	199	等腰三角形
125	200	200	200	等边三角形

2. NextDate 函数的测试用例

表 3.14 所示是 NextDate 函数的最坏情况测试用例。

表 3.14 最坏情况测试用例

用 例	月 份	日 期	年	预 期 输 出
1	1	1	1812	1812 年 1 月 2 日
2	1	1	1813	1813 年 1 月 2 日
3	1	1	1912	1912 年 1 月 2 日
4	1	1	2011	2011 年 1 月 2 日
5	1	1	2012	2012 年 1 月 2 日
6	1	2	1812	1812 年 1 月 3 日
7	1	2	1813	1813 年 1 月 3 日
8	1	2	1912	1912 年 1 月 3 日
9	1	2	2011	2011 年 1 月 3 日
10	1	2	2012	2012 年 1 月 3 日
11	1	15	1812	1812 年 1 月 16 日
12	1	15	1813	1813 年 1 月 16 日
13	1	15	1912	1912 年 1 月 16 日
14	1	15	2011	2011 年 1 月 16 日
15	1	15	2012	2012 年 1 月 16 日
16	1	30	1812	1812 年 1 月 31 日
17	1	30	1813	1813 年 1 月 31 日
18	1	30	1912	1912 年 1 月 31 日
19	1	30	2011	2011 年 1 月 31 日
20	1	30	2012	2012 年 1 月 31 日
21	1	31	1812	1812 年 2 月 1 日
22	1	31	1813	1813 年 2 月 1 日
23	1	31	1912	1912 年 2 月 1 日
24	1	31	2011	2011 年 2 月 1 日
25	1	31	2012	2012 年 2 月 1 日
26	2	1	1812	1812 年 2 月 2 日
27	2	1	1813	1813 年 2 月 2 日
28	2	1	1912	1912 年 2 月 2 日
29	2	1	2011	2011 年 2 月 2 日
30	2	1	2012	2012 年 2 月 2 日
31	2	2	1812	1812 年 2 月 3 日

用　例	月　份	日　期	年	预　期　输　出
32	2	2	1813	1813 年 2 月 3 日
33	2	2	1912	1912 年 2 月 3 日
34	2	2	2011	2011 年 2 月 3 日
35	2	2	2012	2012 年 2 月 3 日
36	2	15	1812	1812 年 2 月 16 日
37	2	15	1813	1813 年 2 月 16 日
38	2	15	1912	1912 年 2 月 16 日
39	2	15	2011	2011 年 2 月 16 日
40	2	15	2012	2012 年 2 月 16 日
41	2	30	1812	错误
42	2	30	1813	错误
43	2	30	1912	错误
44	2	30	2011	错误
45	2	30	2012	错误
46	2	31	1812	错误
47	2	31	1813	错误
48	2	31	1912	错误
49	2	31	2011	错误
50	2	31	2012	错误
51	6	1	1812	1812 年 6 月 2 日
52	6	1	1813	1813 年 6 月 2 日
53	6	1	1912	1912 年 6 月 2 日
54	6	1	2011	2011 年 6 月 2 日
55	6	1	2012	2012 年 6 月 2 日
56	6	2	1812	1812 年 6 月 3 日
57	6	2	1813	1813 年 6 月 3 日
58	6	2	1912	1912 年 6 月 3 日
59	6	2	2011	2011 年 6 月 3 日
60	6	2	2012	2012 年 6 月 3 日
61	6	15	1812	1812 年 6 月 16 日
62	6	15	1813	1813 年 6 月 16 日
63	6	15	1912	1912 年 6 月 16 日
64	6	15	2011	2011 年 6 月 16 日
65	6	15	2012	2012 年 6 月 16 日
66	6	30	1812	1812 年 7 月 31 日
67	6	30	1813	1813 年 7 月 31 日
68	6	30	1912	1912 年 7 月 31 日
69	6	30	2011	2011 年 7 月 31 日
70	6	30	2012	2012 年 7 月 31 日
71	6	31	1812	错误
72	6	31	1813	错误
73	6	31	1912	错误

续表

用 例	月 份	日 期	年	预 期 输 出
74	6	31	2011	错误
75	6	31	2012	错误
76	11	1	1812	1812 年 11 月 2 日
77	11	1	1813	1813 年 11 月 2 日
78	11	1	1912	1912 年 11 月 2 日
79	11	1	2011	2011 年 11 月 2 日
80	11	1	2012	2012 年 11 月 2 日
81	11	2	1812	1812 年 11 月 3 日
82	11	2	1813	1813 年 11 月 3 日
83	11	2	1912	1912 年 11 月 3 日
84	11	2	2011	2011 年 11 月 3 日
85	11	2	2012	2012 年 11 月 3 日
86	11	15	1812	1812 年 11 月 16 日
87	11	15	1813	1813 年 11 月 16 日
88	11	15	1912	1912 年 11 月 16 日
89	11	15	2011	2011 年 11 月 16 日
90	11	15	2012	2012 年 11 月 16 日
91	11	30	1812	1812 年 12 月 1 日
92	11	30	1813	1813 年 12 月 1 日
93	11	30	1912	1912 年 12 月 1 日
94	11	30	2011	2011 年 12 月 1 日
95	11	30	2012	2012 年 12 月 1 日
96	11	31	1812	错误
97	11	31	1813	错误
98	11	31	1912	错误
99	11	31	2011	错误
100	11	31	2012	错误
101	12	1	1812	1812 年 12 月 2 日
102	12	1	1813	1813 年 12 月 2 日
103	12	1	1912	1912 年 12 月 2 日
104	12	1	2011	2011 年 12 月 2 日
105	12	1	2012	2012 年 12 月 2 日
106	12	2	1812	1812 年 12 月 3 日
107	12	2	1813	1813 年 12 月 3 日
108	12	2	1912	1912 年 12 月 3 日
109	12	2	2011	2011 年 12 月 3 日
110	12	2	2012	2012 年 12 月 3 日
111	12	15	1812	1812 年 12 月 16 日
112	12	15	1813	1813 年 12 月 16 日
113	12	15	1912	1912 年 12 月 16 日
114	12	15	2011	2011 年 12 月 16 日
115	12	15	2012	2012 年 12 月 16 日

用　例	月　份	日　期	年	预　期　输　出
116	12	30	1812	1812 年 12 月 31 日
117	12	30	1813	1813 年 12 月 31 日
118	12	30	1912	1912 年 12 月 31 日
119	12	30	2011	2011 年 12 月 31 日
120	12	30	2012	2012 年 12 月 31 日
121	12	31	1812	1813 年 1 月 1 日
122	12	31	1813	1814 年 1 月 1 日
123	12	31	1912	1913 年 1 月 1 日
124	12	31	2011	2012 年 1 月 1 日
125	12	31	2012	2013 年 1 月 1 日

3. 佣金问题的测试用例

步枪销售商在亚利桑那州境内销售制造商制造的步枪机、枪托和枪管。枪机卖 45 美元，枪托卖 30 美元，枪管卖 25 美元。销售商每月至少要售出一支完整的步枪，生产限额考虑到大多数销售商在一个月内可销售 70 个枪机、80 个枪托和 90 个枪管。销售商在每访问一个镇子之后，给制造商发出电报，说明在那个镇子中售出的枪机、枪托和枪管数量。到了月末，销售商要发出一封很短的电报，以便制造商知道当月的销售情况。销售商的佣金为：销售额不到（含）1000 美元部分，为 10%；1000（不含）到 1800（含）美元的部分，为 15%；超过 1800 美元的部分为 20%。佣金程序生成月份销售报告，汇总售出的枪机、枪托和枪管总数，销售商的总销售额，以及佣金，如表 3.15 所示。

表 3.15　输出边界值分析测试用例

用例	枪机	枪托	枪管	销售额/美元	佣金/美元	注　释
1	1	1	1	100	10	输出最小值
2	1	1	2	125	12.5	输出略大于最小值
3	1	2	1	130	13	输出略大于最小值
4	2	1	1	145	14.5	输出略大于最小值
5	5	5	5	500	50	中点
6	10	10	9	975	97.5	略低于边界点
7	10	9	10	970	97	略低于边界点
8	9	10	10	955	95.5	略低于边界点
9	10	10	10	1000	100	边界点
10	10	10	10	1025	103.75	略高于边界点
11	10	11	10	1030	104.5	略高于边界点
12	11	10	10	1045	106.75	略高于边界点
13	14	14	14	1400	160	中点
14	18	18	17	1775	216.25	略低于边界点
15	18	17	18	1770	215.5	略低于边界点
16	17	18	18	1755	213.25	略低于边界点
17	18	18	18	1800	220	边界点

用例	枪机	枪托	枪管	销售额/美元	佣金/美元	注　释
18	18	18	19	1825	225	略高于边界点
19	18	19	18	1830	226	略高于边界点
20	19	18	18	1845	229	略高于边界点
21	48	48	48	4800	820	中点
22	70	80	89	7775	1415	输出略小于最大值
23	70	79	90	7770	1414	输出略小于最大值
24	69	80	90	7755	1411	输出略小于最大值
25	70	80	90	7800	1420	输出最大值

低于较低平面的值,对应低于 1000 美元门限的销售额。两个平面之间的值是 15% 佣金区域。使用输出值域确定测试用例的部分原因是,通过输入值域生成的测试用例几乎都在 20% 区域。我们要找出强调边界值 100 美元、1000 美元、1800 美元和 7800 美元对应的输入变量组合。这些测试用例是通过电子表格开发的,节省了大量计算工作。最大值和最小值的确定很容易,给出的数正好便于生成边界点。测试用例 9 是 1000 美元的边界点。如果调整输入变量,则可以得到略低和略高于该边界的值,如表 3.16 所示。

表 3.16　输出特殊值测试用例

用例	枪机	枪托	枪管	销售额/美元	佣金/美元	注释
1	10	11	9	1005	100.75	略高于边界点
2	18	17	19	1795	219.25	略低于边界点
3	18	19	17	1805	221	略高于边界点

3.2.5　随机测试

随机测试是根据测试说明书执行用例测试的重要补充手段,是保证测试覆盖完整性的有效方式和过程。随机测试的基本思想是:不是永远选取有界变量的最小值、略高于最小值、正常值、略低于最大值的最大值,而是使用随机数生成器选出测试用例值。随机测试可以避免出现测试偏见,但是也可能带来一个严重问题:多少随机测试用例才是充分的? 这些测试用例都是用选择有界变量 $a \leqslant x \leqslant b$ 值的一个 Visual Basic 应用程序生成的,x 满足下式:

$$x = \mathrm{Int}(b - a + 1) * \mathrm{Rnd} + a$$

其中函数 Int 返回浮点数的整数部分,函数 Rnd 生成区间 $[0,1]$ 内的随机数。这个程序持续生成随机测试用例,直到每种输出至少出现一次。在每张表中,该程序进行七次“循环”,以“很难生成”的测试用例结束,如表 3.17~表 3.19 所示。

表 3.17 三角形程序的随机测试用例

测试用例	非三角形	不等边三角形	等腰三角形	等边三角形
1289	663	593	32	1
15436	7696	7372	367	1
17091	8556	8164	367	1
2603	1284	1252	66	1
6475	3197	3122	155	1
5978	2998	2850	129	1
9008	4447	4353	207	1
平均值	49.83%	47.87%	2.29%	0.01%

表 3.18 佣金程序的随机测试用例

测试用例	10%	15%	20%
91	1	6	84
27	1	1	25
72	1	1	70
176	1	6	169
48	1	1	46
152	1	6	145
125	1	4	120
平均值	1.01%	3.62%	95.37%

表 3.19 NextDate 程序的随机测试用例

测试用例	有 31 天的月份的 1~30 日	有 31 天的月份的 31 日	有 30 天的月份的 1~29 日	有 30 天的月份的 30 日
913	542	17	274	10
1101	621	9	358	8
4201	2448	64	1242	46
1097	600	21	350	9
5853	3342	100	1804	82
3959	2195	73	1252	42
1436	786	22	456	13
平均值	56.76%	1.65%	30.91%	1.13%
可能值	56.45%	1.88%	31.18%	1.88%

2 月的 1~27 日	闰年的 2 月 28 日	非闰年的 2 月 28 日	闰年的 2 月 29 日	不可能的日期
45	1	1	1	22
83	1	1	1	19
312	1	8	3	77
92	1	4	1	19
417	1	11	2	94
310	1	6	5	75
126	1	5	1	26
7.46%	0.04%	0.19%	0.08%	1.79%
4.26%	0.07%	0.20%	0.07%	1.01%

3.2.6 边界值测试的指导方针

除了特殊值测试,基于函数(程序)输入定义域的测试方法,是所有测试方法中最基本的。这类测试方法都有一种假设,即输入变量是真正独立的,如果不能保证这种假设,则这类方法会产生不能令人满意的测试用例。这些方法还有两方面的区别:正常值与健壮值,单缺陷与多缺陷假设。仔细地运用这些差别就能产生较好的测试。这些方法都可以用于程序的输出值域,就像我们在佣金问题中所做的那样。

另一种很有用的基于输出的测试用例形式,可用于生成错误消息的系统。测试人员应该设计测试用例,以检查在适当的时候,错误消息是否被生成,并且不会被错误地生成。定义域分析还可以用于内部变量,例如循环控制变量、索引和指针。健壮性测试是测试内部变量的一种好的选择。

3.3 决策表法

决策表又称判断表,是一种呈表格状的图形工具,适用于描述处理判断条件较多,各条件又相互组合、有多种决策方案的情况。决策表可精确而简洁地描述复杂逻辑的方式,将多个条件与这些条件满足后要执行的动作相对应。但不同于传统程序语言中的控制语句,决策表能将多个独立的条件和多个动作直接地联系、清晰地表示出来。

3.3.1 决策表

自20世纪60年代初以来,决策表一直被用来表示和分析复杂逻辑关系。表3.20给出了基本决策表术语。

表 3.20 决策表的各个部分

桩	规则 1	规则 2	规则 3、4	规则 5	规则 6	规则 7、8
C1	T	T	T	F	F	F
C2	T	T	F	T	T	F
C3	T	F	—	T	F	—
a1	X	X		X		
a2	X				X	
a3		X		X		
a4			X			X

决策表一般分为条件桩、条件项、动作桩、动作项4个部分。每个条件对应一个变量、关系或预测,“候选条件”就是它们所有可能的值;动作指要执行的过程或操作;动作入口指根据该入口所对应的候选条件集,是否或按怎样的顺序执行动作。

许多决策表在候选条件中使用“不关心”符号来化简决策表,尤其是当某一条件对应要执行的动作影响很小时。有时,所有的条件在开始时都被认为是重要的,但最后却发现没有一个条件对执行的动作有影响,都是无关的条件。

　　在这 4 个部分的基础上,决策表根据候选条件和动作入口的表现方法的变化而变化。有些决策表使用 true/false 作为候选条件值(类似于 if-then-else),有些使用数字(类似于 switch-case),有些甚至使用模糊值或概率值。对应动作入口,可以简单地表示为动作是否执行(检查动作执行),或更高级些,罗列出要执行的动作(为执行的动作排序)。

　　为了使用决策表标识测试用例,我们把条件解释为输入,把行动解释为输出。有时条件最终引用输入的等价类,行动引用被测软件的主要功能处理部分。这时规则就解释为测试用例。

　　表 3.21 所示的决策表给出了有关表示方法的另一种考虑:条件的选择可以大大地扩展决策表的规模。将(C1:a、b、c 构成三角形?)扩展为三角形特性的三个不等式的详细表示,如表 3.22 所示。如果有一个不等式不成立,则三个整数就不能构成三角形。我们还可以进一步扩展,因为不等式不成立有两种方式:一条边等于另外两边的和,或严格大于另外两条边的和。

表 3.21　三角形问题决策表

条件桩	1	2	3	4	5	6	7	8	9
c1:a、b、c 构成三角形?	N	Y	Y	Y	Y	Y	Y	Y	Y
c2:a＝b?	—	Y	Y	Y	Y	N	N	N	N
c3:a＝c?	—	Y	Y	N	N	Y	Y	N	N
c4:b＝c?	—	Y	N	Y	N	Y	N	Y	N
a1:非三角形	√								
a2:不等边三角形									√
a3:等腰三角形					√		√	√	
a4:等边三角形		√							
a5:不可能			√	√		√			

表 3.22　经过修改的三角形问题决策表

条件桩	1	2	3	4	5	6	7	8	9	10	11
c1:a＜a＋c?	F	T	T	T	T	T	T	T	T	T	T
c2:b＜a＋c?	—	F	T	T	T	T	T	T	T	T	T
c3:c＜a＋b?	—	F	T	T	T	T	T	T	T	T	T
c4:a＝b?	—	—	—	T	T	T	T	F	F	F	F
c5:a＝c?	—	—	—	T	T	F	F	T	T	F	F
c6:b＝c?	—	—	—	T	F	T	F	T	F	T	F
a1:非三角形	X	X	X								
a2:不等边三角形											X
a3:等腰三角形							X		X	X	
a4:等边三角形				X							
a5:不可能					X	X		X			

表 3.23 所示的决策表是 NextDate 问题,引用了可能的月份变量相互排斥的可能性。

表 3.23 带有相互排斥条件的决策表

条 件	规则 1	规则 2	规则 3
C1:月份在 M1 中?	T	—	—
C2:月份在 M2 中?	—	T	—
C3:月份在 M3 中?	—	—	T
a1			
a2			
a3			

不关心条目的使用,对完整决策树的识别方式有微妙的影响。对于有限条目决策表,如果有 n 个条件,则必须有 2^n 条规则。如果与表述不相关,则可以按以下方法统计规则数,如表 3.24 和表 3.25 所示。

表 3.24 表 3.22 所示规则条数统计的决策表

条 件 桩	1	2	3	4	5	6	7	8	9	10	11
c1:$a<a+c$?	F	T	T	T	T	T	T	T	T	T	T
c2:$b<a+c$?	—	F	T	T	T	T	T	T	T	T	T
c3:$c<a+b$?	—	F	T	T	T	T	T	T	T	T	
c4:$a=b$?	—	—	—	T	T	T	T	F	F	F	F
c5:$a=c$?	—	—	—	T	T	F	F	T	T	F	F
c6:$b=c$?	—	—	—	T	F	T	F	T	F	T	F
规则条数统计	32	16	8	1	1	1	1	1	1	1	1
a1:非三角形	X	X	X								
a2:不等边三角形											X
a3:等腰三角形							X		X	X	
a4:等边三角形				X							
a5:不可能					X	X		X			

表 3.25 带有相互排斥条件的决策表规则条数统计

条 件	规则 1	规则 2	规则 3
C1:月份在 M1 中?	T	—	—
C2:月份在 M2 中?	—	T	—
C3:月份在 M3 中?	—	—	T
规则条数统计	4	4	4
a1			

应该只有 8 条规则,为了找出问题所在,我们扩展所有的条件规则,用可能的 T 或 F 替代"—",如表 3.26 所示。

表 3.26　表 3.25 的扩展版本

条　　件	1.1	1.2	1.3	1.4	2.1	2.2	2.3	2.4	3.1	3.2	3.3	3.4
C1：月份在 M1 中？	T	T	T	T	T	T	F	F	T	T	F	F
C2：月份在 M2 中？	T	T	F	F	T	T	T	T	T	F	T	F
C3：月份在 M3 中？	T	F	T	F	T	F	T	F	T	T	T	T
规则条数统计	1	1	1	1	1	1	1	1	1	1	1	1
a1												

　　所有条目都是 T 的规则有三条：规则 1.1、规则 2.1、规则 3.1；条目是 T、T、F 的规则有两条：规则 1.2 和规则 2.3。如果去掉这种重复，最后得到 7 条规则，缺少的规则是所有条件都是假的规则。这种处理的结果如表 3.27 所示。

表 3.27　包含不可能出现的规则的相互排斥条件

条　　件	1.1	1.2	1.3	1.4	2.3	2.4	3.4
C1：月份在 M1 中？	T	T	T	T	F	F	F
C2：月份在 M2 中？	T	T	F	F	T	T	F
C3：月份在 M3 中？	T	F	T	F	T	F	T
规则条数统计	1	1	1	1	1	1	1
a1：不可能	X	X	X		X		

3.3.2　实例

1. 三角形问题的测试用例

　　根据表 3.22 可得到 11 个功能性测试用例：3 个不可能测试用例，3 个测试用例违反三角形性质，1 个测试用例可得到等边三角形，1 个测试用例可得到不等边三角形，3 个测试用例可得到等腰三角形，如表 3.28 所示。

表 3.28　根据表 3.22 得到的测试用例

用例 ID	a	b	c	预　期　输　出
DT1	4	1	2	非三角形
DT2	1	4	2	非三角形
DT3	1	2	4	非三角形
DT4	5	5	5	等边三角形
DT5	?	?	?	不可能
DT6	?	?	?	不可能
DT7	2	2	3	等腰三角形
DT8	?	?	?	不可能
DT9	2	3	2	等腰三角形
DT10	3	2	2	等腰三角形
DT11	3	4	5	不等边三角形

2. NextDate 函数测试用例

决策表最突出的优点是：能够将复杂的问题按照各种可能的情况全部列举出来，简明并避免遗漏。利用决策表能够设计出完整的测试用例集合，运用决策表设计测试用例可以将条件理解为输入，将动作理解为输出。决策表如表 3.29 所示。

M1：{month：month 有 30 天}

M2：{month：month 有 31 天，12 月除外}

M3：{month：month 是 12 月}

M4：{month：month 是 2 月}

D1：{day：1≤day≤27}

D2：{day：day=28}

D3：{day：day=29}

D4：{day：day=30}

D5：{day：day=31}

Y1：{year：year 是闰年}

Y2：{year：year 不是闰年}

表 3.29 有 256 条规则的决策表

条　　件	1	2
C1：月份在 M1 中？	T	
C2：月份在 M2 中？		
C3：月份在 M3 中？	T	T
C4：日期在 D1 中？		
C5：日期在 D2 中？		
C6：日期在 D3 中？		
C7：日期在 D4 中？		
C8：日期在 Y1 中？		
A1：不可能		
A2：NextDate		

这一次采用扩展条目决策表开发，如果规则条目之间存在"重叠"，则会存在冗余情况，使得多个规则都能满足。决策表如表 3.30 所示。

M1：{month：month 有 30 天}

M2：{month：month 有 31 天}

M3：{month：month 此月是 2 月}

D1：{day：1≤day≤28}

D2：{day：day=29}

D3：{day：day=30}

D4：{day：day=31}

Y1：{year：year=2000}

Y2：{year：year 是闰年}

Y3：{year：year 是平年}

表 3.30　有 36 条规则的决策表

条　　件	1	2	3	4	5	6	7	8
c1：月份	M1	M1	M1	M1	M2	M2	M2	M2
c2：日期	D1	D2	D3	D4	D1	D2	D3	D4
c3：年	—	—	—	—	—	—	—	—
规则条数统计	3	3	3	3	3	3	3	3
行为								
a1：不可能				X				
a2：day 加 1	X	X			X	X	X	
a3：日期复位			X					X
a4：month 加 1			X					?
a5：月份复位								?
a6：year 加 1								?

条　　件	9	10	11	12	13	14	15	16
c1：月份	M3	M3	M3	M3	M3	M3	M3	M3
c2：日期在	D1	D1	D1	D2	D2	D2	D3	D3
c3：年在	Y1	Y2	Y3	Y1	Y2	Y3	—	—
规则条数统计	1	1	1	1	1	1	3	3
行为								
a1：不可能						X	X	X
a2：日期加 1		X						
a3：日期复位	X		X	X	X			
a4：月份加 1	X		X	X	X			
a5：月份复位								
a6：年加 1								

规则 1、规则 2、规则 3 都涉及有 30 天的月份 day 类 D1、D2 和 D3，并且它们的动作项都是 day 加 1，因此可以将规则 1、规则 2、规则 3 合并。类似地，有 31 天的月份 day 类 D1、D2、D3 和 D4 也可合并，2 月的 D4 和 D5 也可合并。

通过引入等价类的第 3 个集合，可以澄清年末问题。

M1：{月份：每月有 30 天}

M2：{月份：每有 31 天，12 月除外}

M3：{月份：此月是 12 月}

M4：{月份：此月是 2 月}

D1：{日期：1≤日期≤27}

D2：{日期：日期＝28}

D3：{日期：日期＝29}

D4：{日期：日期＝30}

D5：{日期：日期＝31}

Y1：{年：年是闰年}

Y2：{年：年不是闰年}

(1) month 变量的有效等价类：

M1：{month＝4,6,9,11}　　　M2：{month＝1,3,5,7,8,10}

M3：{month＝12}　　　　　　M4：{month＝2}

(2) day 变量的有效等价类：

D1：{1≤day≤27}　　　D2：{day＝28}　　　D3：{day＝29}

D4：{day＝30}　　　　D5：{day＝31}

(3) year 变量的有效等价类：

Y1：　{year 是闰年}　　　　　Y2：　{year 不是闰年}

(4) 程序中可能采取的操作有以下 6 种：

a1：不可能　　　　　　a2：day＋1　　　　　a3：day＝1

a4：month＋1　　　　a5：month＝1　　　　a6：year＋1

表 3.31 所示的决策表是 NextDate 函数源代码的基础。这个例子从另一个方面说明测试如何能够很好地改进程序设计。所有决策表分析都应该在 NextDate 函数的详细设计期间完成，如表 3.32 所示。

表 3.31　NextDate 函数的决策表

	1	2	3	4	5	6	7	8	9	10	11
条件：	M1	M1	M1	M1	M1	M2	M2	M2	M2	M2	M3
c1：月份在	D1	D2	D3	D4	D5	D1	D2	D3	D4	D5	D1
c2：日期在	—	—	—	—	—	—	—	—	—	—	—
c3：年在											
行为：	√	√	√	√	√	√	√	√	√	√	√
a1：不可能				√						√	
a2：日期加 1											
a3：日期复位											
a4：月份加 1											
a5：月份复位											
a6：年加 1											

表 3.32　NextDate 函数的精简决策表

	12	13	14	15	16	17	18	19	20	21	22
条件：	M3	M3	M3	M3	M4	M4	M4	M4	M4	M4	M4
c1：月份在	D2	D3	D4	D5	D1	D2	D2	D3	D3	D4	D5
c2：日期在	—	—	—	—	—	Y1	Y2	Y1	Y2	—	—
c3：年在											
行为：	√	√	√	√	√	√	√	√	√	√	√
a1：不可能				√			√	√			
a2：日期加 1				√							
a3：日期复位											
a4：月份加 1											
a5：月份复位											
a6：年加 1											

相应的测试用例如表 3.33 所示。

表 3.33   NextDate 函数的决策表测试用例

测试用例	month	day	year	预期输出
Test1~Test3	6	16	2001	17/6/2001
Test4	6	30	2004	1/7/2004
Test5	6	31	2001	不可能
Test6~Test9	8	16	2004	17/8/2004
Test10	8	31	2001	1/9/2001
Test11~Test14	12	16	2004	17/12/2004
Test15	12	31	2001	1/1/2002
Test16	2	16	2004	17/2/2004
Test17	2	28	2004	29/2/2004
Test18	2	28	2001	1/3/2001
Test19	2	29	2004	1/3/2001
Test20	2	29	2001	不可能
Test21~Test22	2	30	2004	不可能

3. 佣金问题的测试用例

决策表分析不太适合佣金问题。在佣金问题中只有很少的决策逻辑。

3.3.3   指导方针

决策表的测试对于某些应用程序(例如 NextDate 函数)很有效,但是(例如佣金问题)不值得用决策表。

(1) 决策表技术适用于具有以下特征的应用程序:

① if-else 逻辑突出;

② 输入变量之间存在逻辑关系;

③ 涉及输入变量子集的计算;

④ 输入与输出之间存在因果关系;

⑤ 很高的圈复杂度。

(2) 决策表不能很好地伸缩(有 n 个条件的有限条目决策表有 2^n 个规则)。有多种方法可以解决这个问题——使用扩展条目决策表、代数简化表,将大表"分解"为小表,查找条件条目的重复模式。

(3) 与其他技术一样,迭代会有所帮助。第一次标识的条件和行动可能不那么令人满意。把第一次得到的结果作为"铺路石",逐渐改进,直到得到满意的决策表。

3.4   因果图法

等价类划分法和边界值分析方法都是着重考虑输入条件,但没有考虑输入条件的各种组合、输入条件之间的相互制约关系。这样虽然各种输入条件可能出错的情况已经测试到了,但多个输入条件组合起来可能出错的情况却被忽视了。因果图法正适用于输入条件组合复杂的情况。

因果图是一种利用图解法分析输入的各种组合情况,从而设计测试用例的方法,它适用于检查程序输入条件的各种组合情况。

因果图中出现的基本符号,如图3.12所示。

图3.12 因果图中出现的基本符号

通常在因果图中用c_i表示原因,用e_i表示结果,各节点表示状态,可取值0或1。0表示某状态不出现,1表示某状态出现。

在因果图中,原因与结果之间主要有以下几种关系,如图3.13所示。

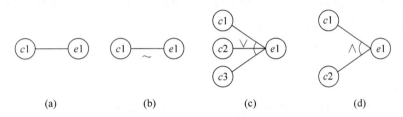

图3.13 因果图中各种关系示意图

(a) 恒等:若c_1是1,则e_1也为1,否则e_1为0;

(b) 非:若c_1是1,则e_1为0,否则e_1为1;用符号"~"表示。

(c) 或:若c_1或c_2或c_3是1,则e_1是1,否则e_1为0,"或"可有任意个输入;用符号"∨"表示。

(d) 与:若c_1和c_2都是1,则e_1为1,否则e_1为0,"与"也可有任意个输入。

在实际问题当中输入状态相互之间还可能存在某些依赖关系,称为"约束",如图3.14所示。

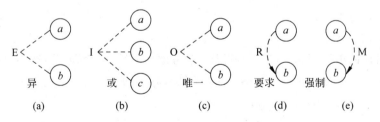

图3.14 因果图中各种约束示意图

对于输入条件的约束有4种。

(a) E约束(异):a和b中最多有一个可能为1,即a和b不能同时为1;

(b) I约束(或):a、b、c中至少有一个必须是1,即a、b、c不能同时为0;

(c) O约束(唯一):a和b必须有一个且仅有一个为1;

(d) R约束(要求):a是1时,b必须是1。

对于输出条件的约束只有 M 约束。

（e）M 约束（强制）：若结果 a 是 1，则结果 b 强制为 0。

用因果图法设计测试用例，首先从程序规格说明书的描述中，找出原因（输入条件）和结果（输出结果或者程序状态的改变），然后通过因果图转换为判定表，最后为判定表中的每一列设计一个测试用例。具体步骤是：

（1）分析待测得系统规格，找出原因与结果。

分析软件规格说明描述中，哪些是原因（即输入条件或输入条件的等价类），哪些是结果（即输出条件），并给每个原因和结果赋予一个标识符。

（2）画出因果图。

分析软件规格说明描述中的语义。找出原因与结果之间、原因与原因之间的对应关系。根据这些关系，画出因果图。

（3）标记约束或限制条件。

由于语法或环境限制，有些原因与原因之间，原因与结果之间的组合情况下不可能出现。为表明这些特殊情况，在因果图上用一些记号表明约束或限制条件。

（4）把因果图转换为判定表。

（5）用判定表中的每一项生成测试用例。

【因果图实例】

某软件规格说明书包含这样的要求：第一列字符必须是 A 或 B，第二列字符必须是一个数字，在此情况下进行文件的修改，如果第一列字符不正确，则给出信息 L；如果第二列字符不是数字，则给出信息 M。

（1）对说明进行分析，得到原因和结果：

原因：

$c1$：第一列字符是 A；

$c2$：第一列字符是 B；

$c3$：第二列字符是一个数字。

结果：

$a1$：修改文件；

$a2$：给出信息 L；

$a3$：给出信息 M。

（2）其对应的因果图为：11 为中间节点；考虑到原因 C1 和原因 C2 不可能同时为 1，故在因果图上施加 E 约束，如图 3.15 和图 3.16 所示。

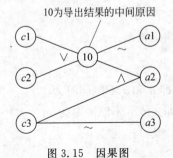
图 3.15　因果图

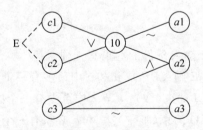
图 3.16　带有约束的因果图

（3）根据因果图建立判定表,如表 3.34 所示。

表 3.34 判定表

		1	2	3	4	5	6	7	8
条件	$c1$	1	1	1	1	0	0	0	0
	$c2$	1	1	0	0	1	1	0	0
	$c3$	1	0	1	0	1	0	1	0
中间条件	11			1	1	1	1	0	0
动作	$a1$							Y	Y
	$a2$			Y		Y			
	$a3$				Y		Y		Y
	不可能	Y	Y						
测试用例				♯3	♯B	＊7	＊M	c2	cM

（4）把判定表的每一列拿出来作为依据,设计测试用例。

表的最下一栏给出了 6 种情况的测试用例,这是我们所需要的数据,如表 3.35 所示。

表 3.35 测试用例

编 号	测试用例	预期输出
Test1	♯3	修改文件
Test2	♯B	给出信息 M
Test3	＊7	修改文件
Test4	＊M	给出信息 M
Test5	c2	给出信息 N
Test6	cM	给出信息 M

因果图法的特点:

（1）考虑到了输入情况的各种组合以及各个输入情况之间的相互制约关系。

（2）能够帮助测试人员按照一定的步骤,高效率地开发测试用例。

（3）因果图法是将自然语言规格说明转化成形式语言规格说明的一种严格的方法,可以指出规格说明存在的不完整性和二义性。

3.5 场景法

场景法是指通过运用场景来对系统的功能点或业务流程进行描述,从而提高测试效果的一种方法。以用例场景来测试需求是指模拟特定场景边界发生的事情,通过事件来触发某个动作的发生,观察事件的最终结果,从而发现需求中存在的问题。我们通常以正常的用例场景分析开始,然后再着手进行其他的场景分析。场景法一般包含基本流和备用流。从一个流程开始,通过描述经过的路径来确定过程,经过遍历所有的基本流和备用流来完成整个场景。场景主要包括 4 种主要的类型:正常的用例场景、备选的用例场景、异常的用例场景和假定推测的场景。

现在的软件几乎都是由事件触发来控制流程的,事件触发时的情景便形成了场景,而同一事件不同的触发顺序和处理结果形成事件流。这种在软件设计方面的思想也可被引入到软件测试中,生动地描绘出事件触发时的情景,有利于测试设计者设计测试用例,同时测试用例也更容易得到理解和执行。

如图 3.17 所示。经过用例的每条不同路径都反映了基本流和备选流,都用箭头来表示。基本流用直黑线来表示,是经过用例的最简单的路径。每个备选流自基本流开始,之后,备选流会在某个特定条件下执行。备选流可能会重新加入基本流中(备选流 1 和备选流 3),还可能起源于另一个备选流(备选流 2),或者终止用例而不再重新加入某个流(备选流 2 和备选流 4)。

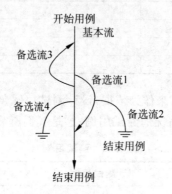

图 3.17　用例场景图

遵循图 3.17 中每个经过用例的可能路径,可以确定不同的用例场景。从基本流开始,再将基本流和备选流结合起来,可以确定以下用例场景:

场景 1:基本流。

场景 2:基本流,备选流 1

场景 3:基本流,备选流 1,备选流 2。

场景 4:基本流,备选流 3。

场景 5:基本流,备选流 3,备选流 1。

场景 6:基本流,备选流 3,备选流 1,备选流 2。

场景 7:基本流,备选流 4。

场景 8:基本流,备选流 3,备选流 4。

注:为方便起见,场景 5、场景 6 和场景 8 只描述了备选流 3 指示的循环执行一次的情况。

【ATM 机实例】

示例:

表 3.36 包含了图 3.18 中提款用例的基本流和某些备用流:

(1) 用户必须能从 ATM 卡的任一有效账户上提取现金,提取的金额为 50.00 元的整数倍,每次现金支付时,必须得到银行的认可。

(2) 用户必须能从 ATM 卡的任一有效账户上存款。

(3) 用户必须能在 ATM 卡的任一有效账户之间进行货币转账。

(4) 用户必须能查询 ATM 卡的任一有效账户上的存款余额。

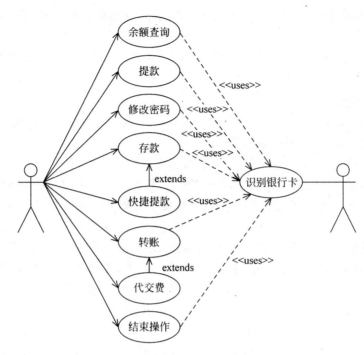

图 3.18 ATM 的用例图

（5）如果银行确认用户的 PIN 无效，在事务进行之前，要求用户再输入 PIN，如果用户输入 3 次都不成功，ATM 将永久保留 ATM 卡，用户必须与银行联系方可取回 ATM 卡。

（6）ATM 机每次交互都通知银行以获得银行的验证。

（7）对于每一个成功的事务处理，ATM 机给用户打印一个收据，提示日期、时间、ATM 机位置、交互类型、账户、数额、转出与转入账户余额。

（8）ATM 机有一个带有钥匙操作开关面板，安置在银行内部，让银行操作员启动或停止用户服务。

场景法设计测试用例的步骤如下：

（1）根据说明，描述出程序的基本流及各项备选流。

（2）根据基本流和各项备选流生成不同的场景。

（3）对于每一个场景生成相应的测试用例。

（4）对生成的所有测试用例重新复审，去掉多余的测试用例，确定测试用例后，对每一个测试用例确定测试数据值。

对于 ATM 系统的场景法设计测试用例的设计步骤是：

（1）基本事件流。

① 用户向 ATM 提款机中插入银行卡，如果银行卡是合法的，ATM 提款机界面提示用户输入提款密码；

② 用户输入该银行卡的密码，ATM 提款机与主机传递密码，检验密码的正确性。如果输入密码正确，提示用户输入取钱金额，提示信息为"请输入您的提款额度"；

③ 用户输入取钱金额，系统校验金额正确，提示用户确认，提示信息为"您输入的金额是……，请确认，谢谢！"，用户按下确认键，确认需要提取的金额；

④ 系统同步银行主机,点钞票,输出给用户,并且减掉数据库中该用户账户中的存款金额;

⑤ 用户提款,银行卡自动退出,用户取走现金,拔出银行卡,ATM 提款机界面恢复到初始状态。

(2) 备选事件流。

备选流 1:如果插入无效的银行卡,那么,在 ATM 提款机界面上提示用户"您使用的银行卡无效!",3 秒钟后,自动退出该银行卡。

备选流 2:如果用户输入的密码错误,则提示用户"您输入的密码无效,请重新输入"。

备选流 3:如果用户连续 3 次输入错误密码,ATM 提款机吞卡,并且 ATM 提款机的界面恢复到初始状态。此时,其他提款人可以继续使用其他的合法的银行卡在 ATM 提款机上提取现金。

备选流 4:用户输入错误的密码后,也可以按"退出"键,则银行卡自动退出。

备选流 5:如果用户输入的单笔提款金额超过单笔提款上限,ATM 提款机界面提示"您输入的金额错误,单笔提款上限金额是 1500RMB,请重新输入"。

备选流 6:如果用户输入的单笔金额,不是以 50RMB 为单位的,那么提示用户"您输入的提款金额错误,请输入以 50 为单位的金额"。

备选流 7:如果用户在 24 小时内提取的金额大于 4500RMB,则 ATM 提款机提示用户,"24 小时内只能提取 4500RMB,请重新输入提款金额"(输入提取的金额超过了系统的设定的限制)。

备选流 8:如果用户输入正确的提款金额,ATM 提款机提示用户确认后,用户取消提款,则 ATM 提款机自动退出该银行卡。

备选流 9:如果 ATM 提款机中余额不足,则提示用户,"抱歉,ATM 提款机中余额不足",3 秒钟后,自动退出银行卡。

备选流 10:如果用户银行户头中的存款小于提款金额,则提示用户"抱歉,您的存款余额不足!",3 秒钟后,自动退出银行卡。

备选流 11:如果用户没有取走现金,或者没有拔出银行卡,ATM 提款机不做任何提示,直接恢复到界面的初始状态。

(3) 根据基本流和备选流生成场景。

以"取款"用例为例,"取款"用例的事件流如下:

基本流:预设提取金额(100 元、200 元、500 元、1000 元);

备选流 2:ATM 内没有现金;

备选流 3:ATM 内现金不足;

备选流 4:PIN 有误;

备选流 5:账户不存在/账户类型有误;

备选流 6:账面金额不足。

根据"取款"用例的事件流,生成的场景有:

场景 1:成功的取款:基本流;

场景 2:ATM 内没有现金:基本流,备选流 2;

场景 3:ATM 内现金不足:基本流,备选流 3;

场景 4：PIN 有误（还有输入机会）：基本流，备选流 4；

场景 5：PIN 有误（不再有输入机会）：基本流，备选流 3，备选流 4；

场景 6：账户不存在/账户类型有误：基本流，备选流 5；

场景 7：账户余额不足：基本流，备选流 6。

（4）对每一个场景生成对应的测试用例设计。

对于这 7 个场景中的每一个场景都需要确定测试用例。可以采用矩阵或决策表来确定和管理测试用例。通过从确定执行用例场景所需的数据元素入手构建矩阵。对于每个场景，至少要确定包含执行场景所需的适当条件的测试用例，如表 3.36 所示。

表 3.36　ATM 的测试用例矩阵表示

编号	场景/条件	PIN	账号	选择的金额	账面金额	ATM 内的金额	预 期 结 果
1	场景 1：成功提款	V	V	V	V	V	成功提款
2	场景 2：ATM 内没有现金	V	V	V	V	1	提款选项不可用，用例结束
3	场景 3：ATM 内现金不足	V	V	V	V	1	警告消息，返回基本流步骤 6——输入金额
4	场景 4：PIN 有误（还有不止一次输入机会）	1	V	n/a	V	V	警告消息，返回基本流步骤 4，输入 PIN
5	场景 4：PIN 有误（还有一次输入机会）	1	V	n/a	V	V	警告消息，返回基本流步骤 4，输入 PIN
6	场景 4：PIN 有误（不再有输入机会）	1	V	n/a	V	V	警告消息，卡予以保留，用例结束

3.6　正交实验法

利用因果图来设计测试用例时，作为输入条件的原因与输出结果之间的因果关系，有时很难从软件需求规格说明中得到。因果关系往往非常多，导致利用因果图而得到的测试用例数目多得惊人，给软件测试带来了沉重的负担。为了有效地、合理地减少测试的工时与费用，可利用正交试验法进行测试用例的设计。

正交实验法就是利用排列整齐的正交表来对试验进行整体设计、综合比较、统计分析，实现通过少数的实验次数找到较好的生产条件，以达到最佳生产工艺效果，这种试验设计法是从大量的试验点中挑选适量的具有代表性的点，利用已经造好的表格——正交表来安排试验并进行数据分析的方法。正交表能够在因素变化范围内均衡抽样，使每次试验都具有较强的代表性，由于正交表具备均衡分散的特点，保证了全面实验的某些要求，这些试验往往能够较好或更好地达到实验的目的。

1. 利用正交实验法设计测试用例的步骤

(1) 提取功能说明,构造因子-状态表。

把影响实验指标的条件称为因子,而影响实验因子的条件叫因子的状态。

利用正交实验设计方法来设计测试用例时,首先要根据被测试软件的规格说明书找出影响其功能实现的操作对象和外部因素,把它们当作因子;而把各个因子的取值当作状态。对软件需求规格说明中的功能要求进行划分,把整体的、概要性的功能要求进行层层分解与展开,分解成具体的、有相对独立性的、基本的功能要求。这样就可以把被测试软件中所有的因子都确定下来,并为确定每个因子的权值提供参考的依据。确定因子与状态是设计测试用例的关键。因此要求尽可能全面地、正确地确定取值,以确保测试用例的设计做到完整与有效。

(2) 加权筛选,生成因素分析表。

对因子与状态的选择可按其重要程度分别加权。可根据各个因子及状态的作用大小、出现频率的大小以及测试的需要确定权值的大小。

(3) 利用正交表构造测试数据集。

利用正交实验设计方法设计测试用例,比使用等价类划分、边界值分析、因果图等方法有以下优点:节省测试工作工时;可控制生成的测试用例数量;测试用例具有一定的覆盖率。

在使用正交实验法时,要考虑到被测系统中要准备测试的功能点,而这些功能点就是要获取的因子或因素,但每个功能点要输入的数据按等价类划分有多个,也就是每个因素的输入条件,即状态或水平值。

2. 正交表的构成

(1) 行数(Runs):正交表中的行的个数,即试验的次数,也是我们通过正交实验法设计的测试用例的个数。

(2) 因素数(Factors):正交表中列的个数,即我们要测试的功能点。

(3) 水平数(Levels):任何单个因素能够取得的值的最大个数。正交表中的包含的值为从 0 到数"水平数-1"或从 1 到"水平数"。即要测试功能点的输入条件。

(4) 正交表的形式如下。

$L_{行数}(水平数^{因素数})$

(5) 正交表的表示方法。

① 用 L 代表正交表,常用的有 $L_8(2^7)$、$L_9(3^4)$、$L_{16}(4^5)$、$L_8(4\times2^4)$ 等。

② $L_8(2^7)$ 7 表示正交表的列数,2 为因子的水平数,8 表示正交表的行数。

③ $L_{16}(2\times3^7)$,有 7 列是 3 水平的,有 1 列是 2 水平的——做 16 个试验最多可以考察 1 个 2 水平的因子和 7 个 3 水平的因子。

④ 行数(即试验次数)$=\sum$(每列水平数-1)$+1$。如:

$L_8(2^7)$,如图 3.19 所示。

列号 试验号	1	2	3	4	5	6	7
1	1	1	1	1	1	1	1
2	1	1	1	2	2	2	2
3	1	2	2	1	1	2	2
4	1	2	2	2	2	1	1
5	2	1	2	1	2	1	2
6	2	1	2	2	1	2	1
7	2	2	1	1	2	2	1
8	2	2	1	2	1	1	2

图 3.19　正交表构成图

【实例】

为提高某化工产品的转化率,选择了三个有关因素进行条件试验:反应温度(A)、反应时间(B)和用碱量(C),并确定了它们的试验范围如下:

A:80~90℃

B:90~150min

C:5%~7%

试验的目的是搞清楚因子 A、B、C 对转化率有什么影响,哪些是主要的,哪些是次要的,从而确定最适生产条件,即温度、时间及用碱量各为多少才能使转化率最高。

在试验范围内都选了三个水平(即各因素的不同状态),如图 3.20 所示。

A:$A_1=80℃$,$A_2=85℃$,$A_3=90℃$

B:$B_1=90min$,$B_2=120min$,$B_3=150min$

C:$C_1=5\%$,$C_2=6\%$,$C_3=7\%$

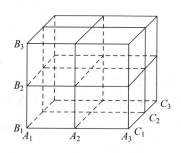

图 3.20　实例图

取三因子所有水平之间的组合,即 $A_1B_1C_1$、$A_1B_1C_2$、$A_1B_1C_3$、$\cdots$、$A_3B_3C_3$,共有 $3^3=27$ 次试验。用图 3.20 表示立方体的 27 个节点。

全面试验法对各因子与指标间关系的剖析比较清楚,但试验次数太多。特别是当因子数目多,每个因子的水平数目也很多时,试验量非常大。如选 6 个因子,每个因子取 5 个水平时,全面试验法需 $5^6=15\,625$ 次试验,这实际上是不可能实现的。

从全面试验的点中选择具有典型性、代表性的点,使试验点在试验范围内分布得很均匀,能反映全面情况。但我们又希望试验点尽量少,为此还要具体考虑一些问题。如上例,对应于 A 有 A_1、A_2、A_3 共 3 个平面,对应于 B、C 也各有 3 个平面,共 9 个平面。则这 9 个平面上的点都应当一样多,即对每个因子的每个水平都要同等看待。具体来说,每个平面上都有3行、3列,要求在每行、每列上的点一样多。如图3.21所示。

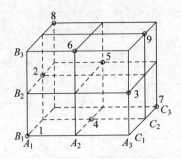

图3.21 改进后的实例图

9个平面中每个平面上恰好有3个点,而每个平面的每行每列都有且仅有1个点,总共9个点。这样的试验方案,试验点分布均匀,试验次数也不多,如表3.37所示。

表3.37 正交矩阵

实验号	水平组合	实验条件		
		温度/℃	时间/min	加减量/%
1	$A_1B_1C_1$	80	90	5
2	$A_1B_2C_2$	80	120	6
3	$A_1B_3C_3$	80	150	7
4	$A_2B_1C_2$	85	90	6
5	$A_2B_2C_3$	85	120	7
6	$A_2B_3C_1$	85	150	5
7	$A_3B_1C_3$	90	90	7
8	$A_3B_2C_1$	90	120	5
9	$A_3B_3C_2$	90	150	6

正交表必须满足以下两个性质:

(1) 对于表中任何一列,其所含各种水平的个数都相同。

(2) 在表的任何两列中,所有各种可能的数对出现的次数都相同。

课后习题

1. 程序规定:输入三个整数作为三边的边长构成三角形。当此三角形为一般三角形、等腰三角形、等边三角形时,分别计算。用等价类划分方法为该程序进行测试用例设计。

2. 保险公司计算保费费率的程序。

某保险公司的人寿保险的保费计算方式为:投保额×保险费率。其中,保险费率依点数不同而有别,10点及10点以上保险费率为0.6%,10点以下保险费率为0.1%;而点数又是由投保人的年龄、性别、婚姻状况和抚养人数来决定,具体规则如表3.38所示。

表 3.38 基本表

年　　龄			性　　别		婚　　姻		抚养人数
20～39	40～59	其他	M	F	已婚	未婚	1人扣0.5点,最多扣
6点	4点	2点	5点	3点	3点	5点	3点(四舍五入取整)

请用等价类划分法,进行弱健壮性测试,设计测试用例。

3. 有二元函数 $f(x,y)$,其中 $x\in[1900,2100]$,$y\in[1,12]$,采用边界值分析法设计测试用例。

4. 有函数 $f(x,y,z)$,其中 $x\in[1900,2100]$,$y\in[1,12]$,$z\in[1,31]$。请写出该函数采用边界值分析法设计的测试用例。

5. 某软件的一个模块的需求规格说明书中描述如下情况。

(1) 年薪制员工:严重过失,扣年终风险金的 4%;过失,扣年终风险金的 2%。

(2) 非年薪制员工:严重过失,扣当月薪资的 8%;过失,扣当月薪资的 4%。请绘制出因果图和判定表,并给出相应的测试用例。

6. 有一个处理单价为 1 元 5 角钱的盒装饮料的自动售货机软件,若投入 1 元 5 角硬币,按下"可乐"、"雪碧"或"橙汁"按钮,相应的饮料就送出来。若投入的是 2 元硬币,在送出相应的饮料同时退还 5 角硬币。

请绘制出因果图和判定表,并给出相应的测试用例。

7. PriorDate 函数。该函数要求输入 3 个变量 month、day 和 year,输出该日期之前一天的日期。使用判定表法进行测试用例设计。

8. 三角形问题决策表法设计测试用例。

(1) 确定规则个数(有 4 个条件,每个条件两个取值,有 $2^4=16$ 种规则);

(2) 列出所有的条件桩和动作桩;

(3) 填入输入项;

(4) 填入动作项,得到初始决策表;

(5) 简化(合并相似规则);

(6) 设计测试用例。

9. 以中国象棋中走马的测试用例设计为例学习因果图的使用方法。

第**4**章

白盒测试方法

1. 概述

白盒测试又称为结构测试、透明盒测试、逻辑驱动测试或基于代码的测试。白盒测试是测试被测单元内部如何工作的一种方法。其目的是通过检查软件内部的逻辑结构,对软件中的逻辑路径进行覆盖测试。本章介绍 6 种白盒测试方法及其适用场合:语句覆盖、判定覆盖、条件覆盖、判定条件覆盖、条件组合覆盖、路径覆盖。

2. 教学重点与难点

1) 重点

(1) 逻辑覆盖法设计测试用例;

(2) 基本路径法设计测试用例;

(3) 代码审查法。

2) 难点

(1) 逻辑覆盖法设计测试用例;

(2) 基本路径法设计测试用例。

白盒测试也称逻辑驱动测试,是以程序的内部逻辑为基础的测试技术。由于白盒测试是按照程序内部结构来检验程序是否按照预定要求正确工作,它可以针对程序的每一行语句、每一个条件或分支进行测试,因此白盒测试可以清楚地知道所测试的覆盖程序,如果时间允许,可以保证所有的语句和条件都得到测试,达到较高水平的测试程度。

白盒测试可以分为静态测试和动态测试。静态测试是一种不通过执行程序而进行测试的技术,其关注点在于软件系统的描述、表示和规格上的错误。动态测试需要执行软件,主要检验系统在检查状态下是否正确。动态测试技术主要包括逻辑覆盖、基本路径法等。

4.1 逻辑覆盖法

逻辑覆盖是以程序内部的逻辑结构为基础的设计测试用例的技术。它是一系列测试过程的总称,这组测试过程逐渐进行越来越完整的通路测试。根据覆盖目标的不同和覆盖源程序语句的详尽程度,逻辑覆盖又可分为语句覆盖(SC)、判定覆盖(DC)、条件覆盖(CC)、条件/判定覆盖(CC)、条件组合覆盖(CDC)、路径覆盖测试。

【**实例描述**】程序1。

程序1流程如图4.1所示。

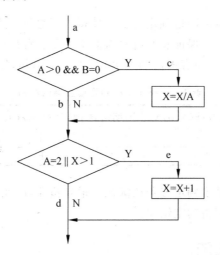

图 4.1 程序 1 流程图

路径：

P1 = {a, c, e}
P2 = {a, c, d}
P3 = {a, b, e}
P4 = {a, b, d}

判断条件：

M = {A > 0 && B = 0}
N = {A = 2 ‖ X > 1}

4.1.1 语句覆盖法

语句覆盖是选择足够多的测试用例，使得程序中每一条可执行语句至少被执行一次。在保证每条语句都运行的前提下，测试用例应尽量少。在语句覆盖的基础上可以实现程序段覆盖，进而是程序块的覆盖。可以说是最弱的逻辑覆盖准则。

程序1测试用例设计见表4.1。

表 4.1 程序 1 的语句覆盖测试用例

逻辑覆盖类型	序 号	输入数据(A, B, X)	预期结果
语句覆盖	1	2, 0, 4	2, 0, 3

评价语句覆盖的程度通常借助语句覆盖率，即已执行的可执行语句占程序中可执行语句总数的百分比，即

语句覆盖率＝已执行的可执行语句/程序中可执行语句总数×100%

4.1.2 判定覆盖法

比语句覆盖稍强的覆盖标准是判定覆盖。使得程序总每个判定至少都获得一次"真"一次"假",每次可以同时真或假,保证总共有真有假就好了。程序中的判定有分支判定和循环判定。除了双值判定语句外,还有多值判定语句,如 case 语句,如表 4.2 所示。

表 4.2 程序 1 的判定覆盖测试用例

逻辑覆盖类型	序号	输入数据(A,B,X)	预期结果	判定 M 的取值	判定 N 的取值	覆盖路径
逻辑覆盖	2	2,0,4	2,0,3	T	T	P1
	3	1,1,1	1,1,1	F	F	P4

该组测试用例不仅满足了判定覆盖还满足了语句覆盖,因此比语句覆盖力稍强,但仍然无法发现程序段中存在的逻辑判定错误。

4.1.3 条件覆盖法

条件覆盖法是构造一组测试用例,使得程序中每个判定所包含的每个条件都至少获得一次"真"一次"假"。程序中的判定分为单一条件的判定和多个条件的判定两种类型,如:
对判定 M:
T1:A>1,若假则为 F1
T2:B=0,若假则为 F2
对判定 N:
T3:A=2,若假则为 F3
T4:X>1,若假则为 F4
程序 1 的条件覆盖测试用例设计见表 4.3。

表 4.3 程序 1 的条件覆盖测试用例

逻辑覆盖类型	序号	输入数据(A,B,X)	状 态	取 值 条 件	具体取值条件
条件覆盖	4	2,0,4	T1,T2,T3,T4	A>1,B=0,A=2,X>1	P1
	5	1,1,1	F1,F2,F3,F4	A<=1,B!=0,A!=2,X<1	P4

4.1.4 条件/判定覆盖法

设计足够的测试用例,使得判定中每个条件的所有可能(真/假)至少出现一次,并且每个判定本身的判定结果(真/假)也至少出现一次。即,满足判定/条件覆盖的测试用例应该同时满足条件覆盖和判定覆盖。
程序 1 的判定/条件覆盖测试用例设计见表 4.4。

表 4.4 程序 1 的判定/条件覆盖测试用例

逻辑覆盖类型	序号	输入数据(A,B,X)	状 态	覆盖条件取值	覆盖条件组合
判定/条件	6	2,0,3	T1,T2,T3,T4	1,5	P1
	7	2,1,2	T1,F1,T2,F2	2,6	P3

4.1.5 组合覆盖法

设计足够多的测试用例,使得每个判定中条件的各种可能组合都至少出现一次。显然满足组合覆盖的测试用例是一定满足判定覆盖、条件覆盖和判定/条件覆盖的,如表 4.5 所示。

表 4.5 程序 1 的组合覆盖测试用例

序 号	输入数据(A,B,X)	预 期 输 出	状 态	覆盖条件组合	覆盖路径
8	2,0,4	2,0,3	T1,T2,T3,T4	1,5	P1
9	2,1,1	2,1,2	T1,F1,T2,F2	2,6	P3
10	1,0,3	1,0,4	F1,T2,F3,T4	3,7	P3
11	1,1,1	1,1,1	F1,F2,F3,F4	4,8	P4

4.1.6 路径覆盖法

所谓路径覆盖,就是设计足够多的测试用例,使每个路径都有可能被执行,如表 4.6 所示。

表 4.6 程序 1 的路径覆盖测试用例

逻辑覆盖类型	序号	输入数据(A,B,X)	预期输出	状 态	覆盖条件组合	覆 盖 路 径
路径覆盖	12	2,0,4	2,0,3	T1,T2,T3,T4	1,5	P1
	13	1,0,1	1,0,1	T1,F2,T3,F4	2,6	P4
	14	2,1,1	2,1,2	F1,T2,F3,T4	3,7	P3
	15	3,0,1	3,0,2	F1,F2,F3,F4	4,8	P2

4.1.7 实例分析

1. 源代码(C 语言)

```
/*
 * 白盒测试逻辑覆盖测试范例
 * 作者: 胡添发(hutianfa@126.com)
 */
int logicExample(int x, int y)
{
    int magic = 0;
    if(x > 0 && y > 0)
    {
```

```
        magic = x + y + 10;              // 语句块 1
    }
    else
    {
        magic = x + y - 10;              // 语句块 2
    }

    if(magic < 0)
    {
        magic = 0;                       // 语句块 3
    }
    return magic;                        // 语句块 4
}
```

　　一般做白盒测试不会直接根据源代码,而是根据流程图来设计测试用例和编写测试代码,在没有设计文档时,要根据源代码画出流程图,如图 4.2 所示。

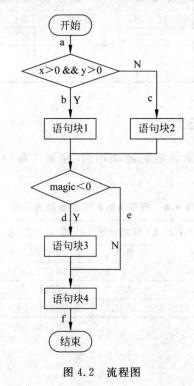

图 4.2　流程图

2. 分析与解答

1) 语句覆盖

(1) 特点:语句覆盖要求设计足够多的测试用例,运行被测程序,使得程序中每条语句至少被执行一次。在本例中,可执行语句是指语句块 1 到语句块 4 中的语句。

(2) 测试用例如表 4.7 所示。

表 4.7 语句覆盖测试用例

数 据	P1	P2	路 径
{x＝3，y＝3}	T	F	a-b-e-f
{x＝-3，y＝0}	F	T	a-c-d-f

两个判断的取真、假分支都已经被执行过，所以满足了判断覆盖的标准。

优点：由于可执行语句要不就在判定的真分支，要不就在假分支上，判定覆盖比语句覆盖要多几乎一倍的测试路径，所以，只要满足了判定覆盖标准就一定满足语句覆盖标准。因此，判定覆盖比语句覆盖强。

缺点：判定覆盖会忽略条件中取或(or)的情况。假设第一个判断语句 if(x＞0 ＆＆ y＞0)中的"＆＆"被程序员错误地写成了"‖"，使用上面设计出来的一组测试用例，仍然可以达到 100% 的判定覆盖，所以判定覆盖也无法发现上述的逻辑错误。

2) 判定覆盖(分支覆盖)

(1) 特点：设计足够多的测试用例，使得被测试程序中的每个判断的"真"、"假"分支至少被执行一次。在本例中共有两个判断 if(x＞0 ＆＆ y＞0)(记为 P1)和 if(magic ＜ 0)(记为 P2)。

(2) 测试用例如表 4.8 所示。

表 4.8 判定覆盖测试用例

数 据	P1	P2	路 径
{x＝3，y＝3}	T	F	a-b-e-f
{x＝-3，y＝0}	F	T	a-c-d-f

两个判断的取真、假分支已经被执行过，所以满足了判断覆盖的标准。

(3) 测试的充分性：假设第一个判断语句 if(x＞0 ＆＆ y＞0)中的"＆＆"被程序员错误地写成了"‖"，即 if(x＞0 ‖ y＞0)，使用上面设计出来的一组测试用例来进行测试，仍然可以达到 100% 的判定覆盖，所以判定覆盖也无法发现上述的逻辑错误。

与语句覆盖相比，由于可执行语句要不就在判定的真分支，要不就在假分支上，所以，只要满足了判定覆盖标准就一定满足语句覆盖标准，反之则不然。因此，判定覆盖比语句覆盖更强。

3) 条件覆盖

(1) 特点：条件覆盖要求设计足够多的测试用例，运行被测程序，使得判定中的每个条件获得各种可能的结果，即每个条件至少有一次为真值，有一次为假值。在本例中有两个判断 if(x＞0 ＆＆ y＞0)(记为 P1)和 if(magic ＜ 0)(记为 P2)，共计三个条件 x＞0(记为 C1)、y＞0(记为 C2)和 magic＜0(记为 C3)。

(2) 测试用例如表 4.9 所示。

表 4.9 条件覆盖测试用例

数 据	C1	C2	C3	P1	P2	路 径
{x＝3，y＝3}	T	T	T	T	F	a-b-e-f
{x＝-3，y＝0}	F	F	F	F	T	a-c-d-f

三个条件的各种可能取值都满足了一次,达到了100%条件覆盖的标准,同时也到达了100%判定覆盖的标准。但并不能保证达到100%条件覆盖标准的测试用例(组)都能到达100%的判定覆盖标准,请看表4.10所示的例子。

表4.10 条件覆盖测试用例

数 据	C1	C2	C3	P1	P2	路 径
{x=3, y=0}	T	F	T	F	F	a-b-e-f
{x=−3, y=5}	F	T	F	F	F	a-c-d-f

既然条件覆盖标准不能100%达到判定覆盖的标准,也就不一定能够达到100%的语句覆盖标准了。

优点:显然条件覆盖比判定覆盖,增加了对符合判定情况的测试。

缺点:要达到条件覆盖,需要足够多的测试用例,但条件覆盖并不能保证判定覆盖。

4) 条件/判定覆盖(分支-条件覆盖)

(1) 特点:设计足够多的测试用例,使得被测试程序中的每个判断本身的判定结果(真假)至少满足一次,同时,每个逻辑条件的可能值也至少被满足一次。即同时满足100%判定覆盖和100%条件覆盖的标准。

(2) 测试用例如表4.11所示。

表4.11 条件/判定覆盖测试用例

数 据	C1	C2	C3	P1	P2	路 径
{x=3, y=3}	T	T	T	T	F	a-b-e-f
{x=−3, y=0}	F	F	F	F	T	a-c-d-f

所有条件的可能取值都满足了一次,而且所有的判断本身的判定结果也都满足了一次。

优点:达到100%判定-条件覆盖标准一定能够达到100%条件覆盖、100%判定覆盖和100%语句覆盖。判定-条件覆盖满足判定覆盖准则和条件覆盖准则,弥补了二者的不足。

缺点:未考虑条件的组合情况。

5) 组合覆盖法

(1) 特点:设计足够多的测试用例,使得被测试程序中的每个判断的所有可能条件取值的组合至少被满足一次。

注意:

① 条件组合只针对同一个判断语句内存在多个条件的情况,让这些条件的取值进行笛卡儿乘积组合。

② 相同的判断语句内的条件取值之间无须组合。

③ 对于单条件的判断语句,只需要满足自己的所有取值即可。

(2) 测试用例如表4.12所示。

表 4.12　组合覆盖测试用例

数　据	C1	C2	C3	P1	P2	路　径
{x=-3，y=0}	F	F	F	F	F	a-c-e-f
{x=-3，y=2}	F	T	F	F	F	a-c-e-f
{x=-3，y=0}	T	F	F	F	F	a-c-e-f
{x=3，y=3}	T	T	T	T	T	a-b-d-f

C1 和 C2 处于同一判断语句中,它们的所有取值的组合都被满足了一次。

优点:多重条件覆盖准则满足判定覆盖、条件覆盖、判定-条件覆盖准则。

缺点:线性地增加了测试用例的数量。但在上面的例子中,只走了两条路径 a-c-e-f 和 a-b-d-f,而本例的程序存在三条路径。所以条件组合覆盖不能保证所有的路径被执行。

6) 路径覆盖

(1) 特点:设计足够多的测试用例,使得被测试程序中的每条路径至少被覆盖一次。

(2) 测试用例如表 4.13 所示。

表 4.13　路径覆盖测试用例

数　据	C1	C2	C3	P1	P2	路　径
{x=3，y=5}	T	T	T	T	T	a-b-d-f
{x=0，y=2}	F	T	T	F	T	a-c-d-f
这条路径不可能						a-b-e-f
{x=-8，y=3}	F	T	F	F	F	a-c-e-f

所有可能的路径都满足过一次。

优点:这种测试方法可以对程序进行彻底的测试,比前面五种覆盖面都广。100%满足路径覆盖,一定能 100%满足判定覆盖标准(因为路径就是从判断的某条分支走的)。

缺点:100%满足路径覆盖,但并不一定能 100%满足条件覆盖(C2 只取到了真),也就不能满足 100%条件组合覆盖。

经过分析,它们之间的关系如图 4.3 所示。

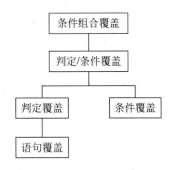

图 4.3　逻辑覆盖法之间关系图例

从上例可知,单独采用任何一种逻辑覆盖方法都不能完全覆盖所有的测试用例,任何一个高效的测试用例,都是针对具体测试场景的。逻辑测试不是片面地测试正确的结果或是测试错误的结果,而是尽可能全面地覆盖每一个逻辑路径。所以在实际测试用例设计中,就要先从代码分析入手,根据不同的代码逻辑规则、语句执行情况,选用适合的覆盖方法。要根据不同需要和不同测试用例设计特征,将不同的设计方法组合起来,交叉使用,以实现最佳的测试用例输出。

4.2 基本路径法

基本路径法是在程序控制图的基础上,通过分析控制构造的环路复杂性,导出基本可执行路径集合来设计测试用例。从该基本集导出的测试用例能保证程序中的每一个可执行语句至少执行一次。基本路径集不是唯一的。

基本路径测试的主要步骤如下:

(1) 以详细设计或源代码作为基础,导出程序的控制流图。

(2) 计算得到的控制流图 G 的环路复杂性 $V(G)$。

(3) 确定线性无关的路径的基本集。

(4) 生成测试用例,确保基本路径集中每条路径的执行。

4.2.1 控制流图

控制流图(Control Flow Graph,CFG)也叫控制流程图,是一个过程或程序的抽象表现,常以数据结构链的形式表示。

控制流图中每个在图形中的节点代表一个基本块,例如,没有任何跳跃或跳跃目标的直线代码块;跳跃目标以一个块开始,以一个块结束。定向边缘被用于代表在控制流中的跳跃。在大部分介绍中,两个特定的设计块:一是项目块,通过它控制到流图的输入;二是编辑块,通过它全面控制流输出。

1. 控制流图的构成

为了更加突出控制流的结构,需要对程序流程图做一些简化。

在控制流图中只有两种图形符号:节点和控制流线或弧,节点以标有编号的圆圈表示,控制流线或弧是以箭头表示的。如图 4.4 所示为程序流程图,图 4.5 为图 4.4 转化后的程序控制流图。

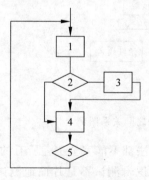
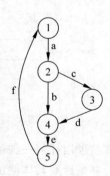

图 4.4　程序流程图　　　　　图 4.5　程序控制流图

节点是标有编号的圆圈,下列情况须用节点表示:

(1) 标有编号的圆圈;

(2) 程序流程图中矩形框所表示的处理;

(3) 菱形表示的两个甚至多个出口判断;

(4) 多条流线相交的汇合点。

下列情况须用控制流线或弧表示:

(1) 箭头;

(2) 与程序流程图中的流线一致,表明了控制的顺序;

(3) 控制流线通常标有名字。

2. 常见语句的控制流图

常见语句的控制流图如图 4.6 所示。

顺序结构　　IF选择结构　　While重复结构　　Until重复结构　　Case多分支结构

图 4.6　常见语句的控制流图

3. 流程图转化成控制流图(见图 4.7)

需要遵循如下原则:

包含条件的节点被称为判断节点(也叫谓词节点),由判断节点发出的边必须终止于某一个节点,由边和节点所限定的范围被称为区域。

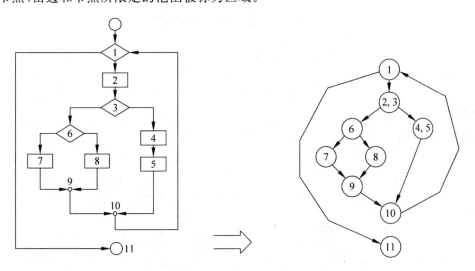

图 4.7　程序流程图转化为程序控制流图

这里假定在流程图中用菱形框表示的判定条件内没有复合条件,而一组顺序处理框可以映射为一个单一的节点。

控制流图中的箭头(边)表示了控制流图的方向,类似于流程图中的流线,一条边必须终止于一个节点。

在选择或者是多分支结构中分支的汇聚处,即使汇聚处没有执行语句也应该添加一个汇聚节点。

4. 复杂条件的控制流图

如果判定中的条件表达式是复合条件,即条件表达式是由一个或多个逻辑运算符连接的逻辑表达式,则需要改变复合条件的判断为一系列只有单个条件的嵌套的判断,如图 4.8 所示。

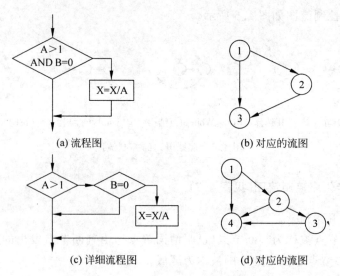

(a) 流程图　　　　　　(b) 对应的流图

(c) 详细流程图　　　　(d) 对应的流图

图 4.8　复合条件判定的控制流图

```
If a OR b
Then procedure x
else procedure y;
```

如图 4.9 和图 4.10 所示。

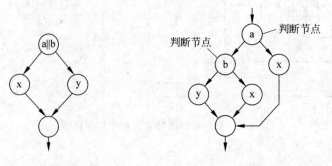

图 4.9　程序控制流图(一)　　　图 4.10　程序控制流图(二)

4.2.2 环形复杂度

环形复杂度是一种为程序逻辑复杂性提供定量测度的软件度量,将该度量用于计算程序的基本的独立路径数目,为确保所有语句至少执行一次的测度数量的上界。

环形复杂度的计算方法有三种,用任何一种都可以。

(1) 流图 G 的环形复杂度 $V(G)$=区域数。

(2) 流图 G 的环形复杂度 $V(G)=E-N+2$,其中,E 是流图中边的条数,N 是节点数。

(3) 流图 G 的环形复杂度 $V(G)=P+1$,其中,P 是流图中判定分支点的数目。

环形复杂度的用途:

(1) 程序的环形复杂度取决于程序控制流的复杂程度,也即是取决于程序结构的复杂程度。

(2) 当程序内分支数或循环个数增加时,环形复杂度也随之增加,因此它是对测试难度的一种定量度量,也能对软件最终的可靠性给出某种预测。

(3) 实践表明,模块规模以 $V(G) \leqslant 10$ 为宜,也就是说,$V(G) \leqslant 10$ 是模块规模的一个更科学、更精确的上限。

对应图 4.11 的环形复杂度,计算如下:

流图中有四个区域;$V(G)$=10 条边-8 节点+2=4;$V(G)$=3 个判定节点+1=4。

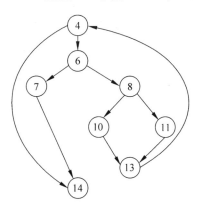

图 4.11 程序控制流图

导出测试用例的方法:

(1) 导出测试用例,确保基本路径集中的每一条路径的执行。

(2) 根据判断节点给出的条件,选择适当的数据以保证某一条路径可以被测试到。

(3) 每个测试用例执行之后,与预期结果进行比较。如果所有测试用例都执行完毕,则可以确信程序中所有的可执行语句至少被执行了一次。

(4) 必须注意,一些独立的路径,往往不是完全孤立的,有时它是程序正常的控制流的一部分,这时,这些路径的测试可以是另一条路径测试的一部分。

4.2.3 独立路径

在模块中应对每一条独立执行路径进行测试,保证模块中每条语句至少执行一次,应设计测试用例以发现因错误计算、不正确的比较和不适当的控制流造成的错误,此时基本路径测试和循环测试是最常用且最有效的测试技术。通过独立路径测试可以发现的错误包括:

(1) 误解或用错了算术或逻辑运算符的优先次序;

(2) 混合类型运算,即运算对象的类型不相容;

(3) 算法错误;

(4) 变量初始值;

(5) 运算精度不够;

(6) 表达式符号错;

(7) 不同数据类型的比较;

(8) 因浮点去处精度造成的两值不等;

(9) 关系表达式中的错误变更和比较符;

(10) 错误地多或少循环一次;

(11) 循环终止条件错误或不可能出现;

(12) 迭代发散时不能退出循环;

(13) 错误地修改了循环变量。

图 4.9 的环形复杂度是 4,可能写出如下的独立路径:

(1) 4-14

(2) 4-6-7-14

(3) 4-6-9-10-13-4-14

(4) 4-6-9-12-13-4-14

4.2.4　实例

下面的 C 函数用基本路径测试法进行测试。

```
void Sort(int iRecordNum, int iType)
{
int x = 0;
int y = 0;
while(iRecordNum -- > 0)
{
if(0 == iType)
{x = y + 2; break; }
else
if(1 == iType)
x == y + 10;
else
x = y + 20;
}
}
```

第一步,画出其程序流程图和对应的控制流图如图 4.12 和图 4.13 所示。

第二步,计算圈复杂度。

流图中有 4 个区域。

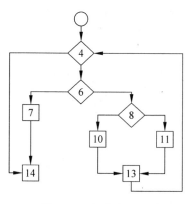

图 4.12 程序流程图

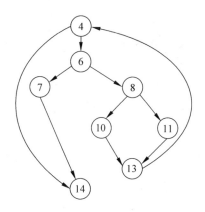

图 4.13 程序控制流图

$V(G)=10$ 条边 -8 节点 $+2=4$

$V(G)=3$ 个判定节点 $+1=4$

第三步,导出基本路径集。根据上面的计算方法,可得出 4 个独立的路径(一条独立路径是指,和其他的独立路径相比,至少引入一个新处理语句或一个新判断的程序通路。$V(G)$ 值正好等于该程序的独立路径的条数)。

路径 1:4-14

路径 2:4-6-7-14

路径 3:4-6-8-10-13-4-14

路径 4:4-6-8-11-13-4-14

根据上面的独立路径,去设计输入数据,使程序分别执行到上面 4 条路径。

第四步,准备测试用例。为了确保基本路径集中的每一条路径的执行,根据判断节点给出的条件,选择适当的数据以保证某一条路径可以被测试到,满足上面例子基本路径集的测试用例,如表 4.14 所示。

表 4.14 基本路径法设计的测试用例

通 过 路 径	输 入 数 据	预 期 结 果
4-14	iRecordNum=0,或者取 iRecordNum<0 的某一个值	x=0
4-6-7-14	iRecordNum=1,iType=0	x=2
4-6-8-10-13-4-14	iRecordNum=1,iType=0=1	x=10
4-6-8-11-13-4-14	iRecordNum=1,iType=2	x=2

运用基本路径法设计测试用例的过程如下:

(1)程序的控制流图——描述程序控制流的一种图示方法。

(2)计算环形复杂度——McCabe 复杂性度量。从程序的环形复杂性可导出程序基本路径集合中的独立路径条数,这是确定程序中每个可执行语句至少执行一次所必需的测试用例数目的上界。

(3)准备测试用例——确保基本路径集中的每一条路径的执行。

(4)导出测试用例——根据环形复杂度和程序结构设计用例数据输入预期结果。

4.3　循环测试

从本质上说,循环测试的目的就是检查循环结构的有效性。通常循环可以划分为简单循环、嵌套循环、串接循环和非结构循环 4 类,分别如图 4.14~图 4.17 所示。

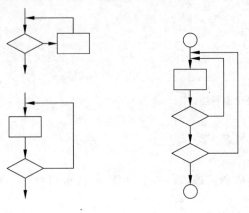

图 4.14　简单循环　　　　图 4.15　嵌套循环

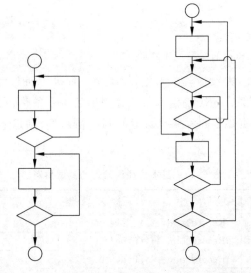

图 4.16　串接循环　　　图 4.17　非结构循环

(1) 简单循环测试。测试应包括以下几种,其中的 n 表示循环允许的最大次数。

① 零次循环:从循环入口直接跳到循环出口。

② 一次循环:查找循环初始值方面的错误。

③ 二次循环:检查在多次循环时才能暴露的错误。

④ m 次循环:其中 $m<n$,也是检查在多次循环时才能暴露的错误。

⑤ n(最大)次数循环、$n+1$(比最大次数多一)次的循环、$n-1$(比最大次数少一)次的循环。

（2）测试嵌套循环。如果将简单循环的测试方法用于嵌套循环，可能的测试次数会随嵌套层数成几何级数增加。这可能导致一个天文数字的测试数目。此时可采用以下办法减少测试次数：

① 测试从最内层循环开始，设置所有外层循环次数设置为最小值。

② 对最内层循环做简单循环的全部测试。测试时保持所有外层循环的循环变量的最小值。另外，对越界值和非法值做类似的测试。

③ 逐步外推，由内向外进行下一个循环的测试，本层循环的所有外层循环仍取最小值，而由本层循环嵌套的循环取某些"典型"值。

④ 重复上一步的过程，直到测试完所有循环。

⑤ 对全部各层循环同时取最小循环次数，或者同时取最大循环次数。对于后一种测试，由于测试量太大，需人为指定最大循环次数。

（3）测试串接循环。

如果各个循环互相独立，则串接循环可以用与简单循环相同的方法进行测试。

如果有两个循环处于串接状态，而前一个循环的循环变量的值是后一个循环的初值，则这几个循环不是互相独立的，需要使用测试嵌套循环的办法来处理。

（4）对于非结构循环这种情况，无法进行测试，应重新设计循环结构，使之成为其他循环方式，再进行测试。

4.4　Z 路径覆盖

Z 路径覆盖是路径覆盖的一个变体。路径覆盖是白盒测试最为典型的问题。着眼于路径分析的测试可称为路径测试。完成路径测试的理想情况是做到路径覆盖。对于比较简单的小程序实现路径覆盖是可能做到的。但是如果程序中出现多个判断和多个循环，可能的路径数目将会急剧增长，甚至达到天文数字，以致实现路径覆盖不可能做到。

为了解决这一问题，我们必须舍掉一些次要因素，对循环机制进行简化，从而极大地减少路径的数量，使得覆盖这些有限的路径成为可能。我们称简化循环意义上的路径覆盖为 Z 路径覆盖。

这里所说的对循环化简是指限制循环的次数。无论循环的形式和实际执行循环体的次数多少，我们只考虑循环一次和零次两种情况。也即只考虑执行时进入循环体一次和跳过循环体这两种情况。

对于程序中的所有路径可以用路径树来表示。当得到某一程序的路径树后，从其根节点开始，一次遍历，再回到根节点时，把所经历的叶节点名排列起来，就得到一个路径。如果我们设法遍历了所有的叶节点，那就得到了所有的路径。

当得到所有的路径后，生成每个路径的测试用例，就可以做到 Z 路径覆盖测试，如图 4.18 所示。

在循环简化的思路下，循环与判定分支的效果是一样的，即：循环要么执行、要么跳过。图 4.19 为程序流程图设计测试用例。

路径 1：1-11

路径 2：1-1,3-6-7-9-10-1-11

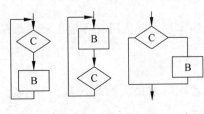

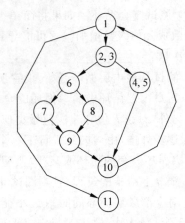

图 4.18　程序流程图　　　　　　　　　图 4.19　程序流程图

4.5　程序插桩技术

程序插桩最早是由 J.C. Huang 教授提出的,它是在保证被测程序原有逻辑完整性的基础上在程序中插入一些探针(又称为"探测仪"),通过探针的执行并抛出程序运行的特征数据,通过对这些数据的分析,可以获得程序的控制流和数据流信息,进而得到逻辑覆盖等动态信息,从而实现测试目的的方法。

由于程序插桩技术是在被测程序中插入探针,然后通过探针的执行来获得程序的控制流和数据流信息,以此来实现测试的目的。因此,根据探针插入的时间可以分为目标代码插桩和源代码插桩。

目标代码插桩的前提是对目标代码进行必要的分析以确定需要插桩的地点和内容。由于目标代码的格式主要和操作系统相关,和具体的编程语言及版本无关,所以得到了广泛的应用,尤其是在需要对内存进行监控的软件中。但是由于目标代码中语法、语义信息不完整,而插桩技术需要对代码词法语法的分析有较高的要求,故在覆盖测试工具中多采用源代码插桩。

源代码插桩是在对源文件进行完整的词法分析和语法分析的基础上进行的,这就保证对源文件的插桩能够达到很高的准确度和针对性。但是源代码插桩需要接触到源代码,使得工作量较大,而且随着编码语言和版本的不同需要做一定的修改。在后面我们所提到的程序插桩均指源代码插桩。

程序插桩是借助向被测程序中插入探针,来实现测试目的的方法。

程序插桩的基本原理是在不破坏被测试程序原有逻辑完整性的前提下,在程序的相应位置上插入一些探针。这些探针本质上就是进行信息采集的代码段,可以是赋值语句或采集覆盖信息的函数调用。通过探针的执行并输出程序的运行特征数据。基于对这些特征数据的分析,揭示程序的内部行为和特征。

【实例】

求取两个整数 X 和 Y 的最大公约数程序如下:

```
int gsd (int X, int Y)
{ int Q = X;
  int R = Y;
  while(Q!= R)
  { if(Q > R)
    Q = Q - R;
    else R = R - Q; }
  return Q;
}
```

可以根据程序绘制出其流程图。

为了记录该程序中语句的执行次数,我们使用插桩技术插入如下语句:

$$C(i) = C(i) + 1, \quad i = 1, 2, \cdots, 6$$

插桩之后的流程图如图 4.20 所示。

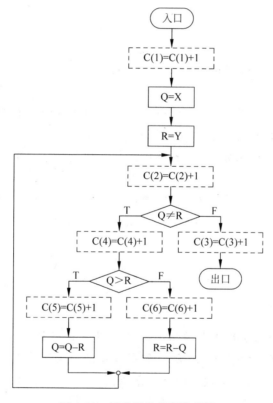

图 4.20 插桩后的程序流程图

程序从入口开始执行,到出口结束,凡经历的计数语句都能记录下该程序点的执行次数。

如果在程序的入口处还插入了对计数器 $C(i)$ 初始化的语句,在出口处插入了打印这些计数器的语句,就构成了完整的插桩程序,如图 4.21 所示。它就能记录并输出在各程序点上语句的实际执行次数。

设计插桩程序时需要考虑的问题包括:

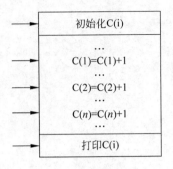

图 4.21　插桩后的程序

（1）如果出现在语句中包含了 return 语句，那么怎么在它前面插入指定语句，同时保证语句的语法合法性？

例如：

```
for(j = 0;j < 10000;j++)
{
    If(j == k)
    return;        //不能直接在之前插入,否则意义全变了
}
```

（2）当出现需要在 for 循环语句、while 循环语句中插入信息时候，很可能会导致程序运行时间非常长，是否有办法改进"插桩"机制？

（3）如果由用户进行指定，如 for 语句、while 语句或者指定的语句前不允许进行"插桩"。

（4）如果对于一个庞大的系统软件，需要进行对所运行的程序的每个函数记录其运行的有关参数，如运行开始时间、退出时间、运行总时间、调用次数等等的统计，有什么更好的建议与想法？

4.6　域测试

程序中的错误可分为域错误、计算机型错误、丢失路径错误。

由于程序中每条路径对应着一个输入域，是程序的一个子计算。如果程序的控制流有错误，则对某一特定的输入可能执行的是一条错误路径，这种错误被称为路径错误或域错误。而域测试主要是针对域错误进行的测试。

域测试的基本步骤如下：

（1）根据各个分支谓词，给出子域的分割图。

（2）对每个子域的边界，采用 ON-OFF-ON 原则选取测试点。

（3）在子域内选取一些测试点。

（4）针对这些测试点进行测试。

4.7　符号测试

符号测试的基本思想是允许程序的输入不仅仅是具体的数值数据,而且包括符号值。符号值可以是基本的符号变量值,也可以是符号变量值的表达式。

符号测试的优点如下:

(1) 符号测试执行的是代数运算,可以作为普通测试的扩充。

(2) 符号测试可以看作是程序测试和程序验证的一种折中办法。

(3) 符号测试程序中仅有有限的几条执行路径。

符号测试的缺点是:

(1) 不能控制分支问题。

(2) 不能控制二义性问题。

(3) 不能控制大程序问题。

4.8　程序变异测试法

程序变异是一种错误驱动测试。错误驱动测试是指该方法是针对某类特定程序错误的。经过多年的测试理论研究和软件测试的实践,人们逐渐发现要想找出程序中的所有错误几乎是不可能的。比较现实的解决办法是将错误的搜索范围尽可能地缩小,以利于专门测试某类错误是否存在。

这些所谓的变异,是基于良好定义的变异操作,这些操作或者是模拟典型应用错误(例如使用错误的操作符或者变量名字),或者是强制产生有效的测试(例如使得每个表达式都等于0)。目的是帮助测试者发现有效的测试,或者定位测试数据的弱点,或者是在执行中很少(或从不)使用的代码的弱点。

4.9　静态测试法

静态测试不实际运行软件,只是检查和审阅,主要对软件的编程格式、结构等方面进行评估。

1. 代码审查

所谓的代码审查,是以组为单位阅读代码,是一系列规程和错误检查技术的集合。代码审查作为质量保证的一部分,是静态测试的主要手段之一。代码审查的作用:程序员通常会得到编程风格、算法选择及编译技术等方面的反馈信息;其他参与者也可以通过接触其他程序员的错误和编程风格而同样受益匪浅;代码检查还是早期发现程序中最易出错部分的方法之一,有助于在基于计算机的测试过程中将更多的注意力集中在这些地方。但需要注意的是,该过程通常将注意力集中在发现错误,而不是纠正错误上。

成员组成:一个代码检查小组通常是由四人组成,其中一人发挥着协调作用;一人是该程序的编码人员；一人是其他成员，通常是程序的设计人员；一人是测试专家。

协调人的职责：为代码检查分发材料、安排进程；在代码检查中起主导作用；记录发现的所有错误；确保所有错误得到改正。

注意事项：在代码检查的时间和地点上的选择上，应避免所有的外部干扰；代码检查会议的理想时间应在 90~120min；大多数的代码检查都是按每小时大约阅读 150 行代码的速度进行；对大型软件的检查应安排多个代码检查会议同时进行，每个代码检查会议处理一个或几个模块或子程序；提出的建议应针对程序本身，而不应针对程序员；另外，程序员必须怀着非自我本位的态度来对待错误检查，对整个过程采取积极和建设性的态度；代码检查的目标是发现程序中的错误，从而改进程序的质量。

2. 代码走查

代码走查(code walkthrough)是一个开发人员与架构师集中讨论代码的过程。代码走查的目的是交换有关代码是如何书写的思路，并建立一个对代码标准的总体阐述。在代码走查的过程中，开发人员都应该有机会向其他人来阐述他们的代码。通常地，即便是简单的代码阐述也会帮助开发人员识别出错误，并预想出对以前问题的新的解决办法。

代码可读性这个话题一直以来都备受关注，但是可读性高与不高却没有统一的标准。毕竟各个公司，甚至于各个项目的规范都是不一样的。我们不能说一个抽象性极好、灵活度极高却让人十天半个月都难以搞清楚的代码的可读性高，也不能说一个长达几千行却从头至尾逻辑性比较好的代码的可读性差。那么怎样的代码才算是合理的，才算是可读性高的呢？我想不同之中必有共性，那就是经过走查的、能够被项目组其他成员接受并能尽快看懂的代码就是可读性好的。

从参加人员来说，应该是项目的整体参与者，如果项目太大，整体参加的成本很高，那么可以以模块为组进行走查。因为他们负责的业务是紧密相关的，使用的技术是接近程度比较大的，因而开发的规范应该是统一的。

从走查内容来说，应该是代码的命名规范以及组织结构。每个项目都有自己的规范，但是如果项目内部使用不同的规范必然会增加发现问题、解决问题的难度，同时增加后期的维护成本。

从走查时间来说，应该在每个模块开发完成之后进行，便于开发人员之间交流问题以及体会，并且每个人的讲解时间不要超过 30min，因为模块的业务复杂度不会那么复杂，30min都讲不清的业务逻辑如何保证代码是清晰的？

从走查的结果来说，经过走查的代码应该是参加成员大部分能认同的，并且参加者每个人都能读懂的逻辑清晰的代码，并且通过交流提高项目成员的凝聚力，提高其业务认知度，最好能形成项目之间可以共同使用的产品。

3. 桌面检查

人工查找错误的第三种过程是古老的桌面检查方法。桌面检查可视为由单人进行的代码检查或代码走查：由一个人阅读程序，对照错误列表检查程序，对程序推演测试数据。

对于大多数人而言，桌面检查的效率是相当低的。其中的一个原因是，它是一个完全没有约束的过程。另一个重要的原因是它违反了测试原则，即人们一般不能有效地测试自己编写的程序。因此桌面检查最好由其他人而非该程序的编写人员来完成(例如,两个程序员可以相互交换各自的程序,而不是检查自己的程序)。但是即使这样,其效果仍然逊色于代码走查或代码检查。原因在于代码检查和代码走查小组中存在着互相促进的效应。小组会议培养了良性竞争的气氛,人们喜欢通过发现问题来展示自己的能力。而在桌面检查中,由于没有向其他人展示的机会,也就缺乏这个显而易见的良好效应。简言之,桌面检查胜过没有检查,但其效果远远逊色于代码检查和代码走查。

4. 同行评审

最后一种人工评审方法与程序测试并无关系(其目标不是为了发现错误),却仍在这里谈到,这是因为它与代码阅读的思想有关。

同行评审是一种依据程序整体质量、可维护性、可扩展性、易用性和清晰性对匿名程序进行评价的技术。该项技术的目的是为程序员提供自我评价的手段。

选出一位程序员来担任这个评审过程的管理员,管理员又会挑选出 6~20 名参与者(为保持匿名性,6 人是最少数量)。这些参与者都应具备相似的背景(例如,不能把 Java 应用程序员与汇编语言系统程序员编为一组)。要求每名参与者都挑选出两个由自己编写的程序以供评审。其中的一个程序应是参与者自认为能代表其自身能力的最好作品,而另一个则是参与者自认为质量较差的作品。

当所有的程序都收集完毕,就将这些程序随机分发给参与者。每名参与者拿到 4 个程序进行评审,其中的两个是"最好"的程序,另外两个则是相对"较差"的程序,但评审人自己并不知道。每名参与者每评审一个程序要花费 30min,评审完后填写一张评价表。所有 4 个程序都评审完后,参与者对 4 个程序的相对质量进行分级。评价表要求评审人用 1~10 的分值(1 代表明确的"是",10 代表明确的"否"),对诸如下面的问题进行回答:

(1) 程序是否易于理解?

(2) 高层次的设计是否可见且合理?

(3) 低层次的设计是否可见且合理?

(4) 修改此程序对评审者而言是否容易?

(5) 评审者是否会以编写出该程序而骄傲?

(6) 评审人还应给出总的评价和建议的改进意见。

评审结束之后,参与者会收到自己的那两个程序的匿名评价表,此外还会收到一个带统计的总结,说明在所有的程序中其程序的整体和具体得分情况,以及他对其他程序的评价与其他评审人对同一程序打分的比较分析情况。同行评审的目的是让程序员对自身的编程技术进行自我评价。同样,该过程也适用于企业开发和课堂教学环境。

4.10 最少测试用例数计算

为实现测试的逻辑覆盖,必须设计足够多的测试用例,并使用这些测试用例执行被测程序,实施测试。我们关心的是,对某个具体程序来说,至少要设计多少测试用例。这里提供一种估算最少测试用例数的方法。

我们知道,结构化程序是由 3 种基本控制结构组成。这 3 种基本控制结构就是顺序型

(构成串行操作)、选择型(构成分支操作)、重复型(构成循环操作)。

为了把问题化简,避免出现测试用例极多的组合爆炸,把构成循环操作的重复型结构用选择结构代替。也就是说,并不指望测试循环体所有的重复执行,而是只对循环体检验一次。这样,任一循环便改造成进入循环体或不进入循环体的分支操作了。

图 4.22 给出了类似于流程图的 N-S 图表示的基本控制结构(图中 A、B、C、D、S 均表示要执行的操作,P 是可取真假值的谓词,Y 表真值,N 表假值)。其中图 4.22(c)和(d)两种重复型结构代表了两种循环。在作了如上简化循环的假设以后,对于一般的程序控制流,我们只考虑选择型结构。事实上它已能体现顺序型和重复型结构。

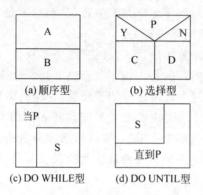

图 4.22　用 N-S 图表示程序的三种基本控制结构

例如,图 4.23 表达了两个顺序执行的分支结构。两个分支谓词 P1 和 P2 取不同值时,将分别执行 a 或 b 及 c 或 d 操作。显然,要测试这个小程序,需要至少提供 4 个测试用例才能做到逻辑覆盖,使得 ac、ad、bc 及 bd 操作均得到检验。其实,这里的 4 是图中第 1 个分支谓词引出的两个操作,及第 2 个分支谓词引出的两个操作组合起来而得到的,即 $2\times2=4$。并且,这里的 2 是由于两个并列的操作,$1+1=2$ 而得到的。

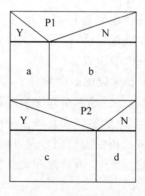

图 4.23　两个串行的分支结构的 N-S 图

估算最少测试用例个数的方法如下:

如果在 N-S 图中存在有并列的层次 A1、A2,A1 和 A2 的最少测试用例数分别为 a1、a2,则由 A1、A2 两层所组合的 N-S 图对应的最少测试用例为 $a1\times a2$。

如果在 N-S 图中不存在并列的层次,则对应的最少测试用例数由并列的操作数决定,即 N-S 图中除谓词之外的操作框的个数。

【实例】

对于一般的、更为复杂的问题,估算最少测试用例数的原则也是同样的,如图 4.24 所示。该程序中共有 9 个分支谓词,尽管这些分支结构交错起来似乎十分复杂,很难一眼看出应至少需要多少个测试用例,如果仍用上面的方法,也是很容易解决的。我们注意到该图可分上下两层:分支谓词 1 的操作域是上层,分支谓词 8 的操作域是下层。这两层正像前面简单例中的 P1 和 P2 的关系一样。只要分别得到两层的测试用例个数,再将其相乘即得总的测试用例数。这里需要首先考虑较为复杂的上层结构。谓词 1 不满足时要做的操作又可进一步分解为两层,这就是图 4.25 中的子图(a)和(b)。它们所需测试用例个数分别为 $1+1+1+1+1=5$ 及 $1+1+1=3$。因而两层组合,得到 $5\times3=15$。于是整个程序结构上层所需测试用例数为 $1+15=16$。而下层十分显然为 3。故最后得到整个程序所需测试用例数至少为 $6\times3=48$。

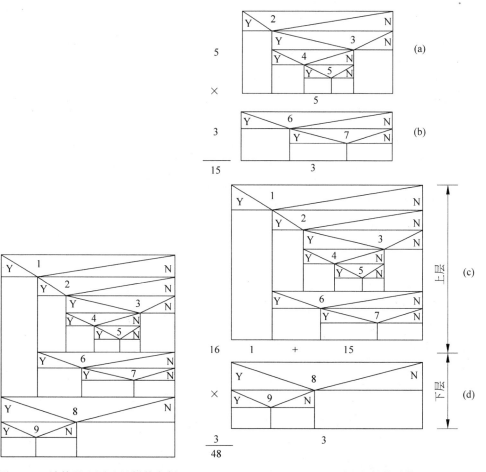

图 4.24 计算最少测试用例数实例   图 4.25 最少测试用例数计算

白盒测试综合策略:

(1)白盒测试是软件测试技术中最基本的方法之一,白盒测试的核心是针对被测单元内部是如何进行工作的测试,是以覆盖测试与路径测试为基本策略。

(2)在测试中,应尽量先用工具进行静态结构分析。测试中可采取先静态、后动态的组合方式,先进行静态结构分析、代码检查和静态质量度量,再进行覆盖率测试。

(3) 利用静态分析的结果作为引导,通过代码检查和动态测试的方式对静态分析结果进行进一步的确认,使测试工作更为有效。

(4) 覆盖率测试是白盒测试的重点,一般可使用基本路径测试法达到语句覆盖标准;对于软件的重点模块,应使用多种覆盖率标准衡量代码的覆盖率。

(5) 在不同的测试阶段,测试的侧重点不同:在单元测试阶段,以代码检查、逻辑覆盖为主;在集成测试阶段,需要增加静态结构分析、静态质量度量;在系统测试阶段,应根据黑盒测试的结果,采取相应的白盒测试。

课后习题

1. 计算环形复杂度有哪三种方法?

2. 白盒测试有几种方法?

3. 比较白盒测试和黑盒测试。

4. 为以下程序段设计一组测试用例,要求分别满足语句覆盖、判定覆盖、条件覆盖。

```
int test(int A, int B) {
    if((A>1) AND (B<10))  then  X = A − B;
    if((A = 2) OR (B>20))  then  X = A + B; return x; }
```

5. 为以下程序段设计一组测试用例,要求分别满足语句覆盖、判定覆盖、条件覆盖。

```
void DoWork (int x, int y, int z) {
   int k = 0, j = 0;
if ( (x>3)&&(z<10) ) { k = x ∗ y − 1; j = sqrt(k);
   }                          //语句块 1 if ( (x == 4) ‖ (y>5) )
   { j = x ∗ y + 10; }        //语句块 2 j = j % 3;          //语句块 3 }
```

6. 看代码程序:

```
void   Sort ( int   iRecordNum, int iType )
(1) {
(2)    int x = 0;
(3)    int y = 0;
(4)    while ( iRecordNum > 0 )
(5)    {
(6)    If ( iType == 0 )
(7) x = y + 2;
(8)    else
(9)    If ( iType == 1 )
(10)       x = y + 10;
(11)   else
(12)       x = y + 20;
(13) }
(14) }
```

要求:

（1）给以上代码画出控制流图。

（2）控制流图的环形复杂度 $V(G)$，写出独立路径。

7. 设一个控制流图如图 4.26 所示，请给出环形复杂度和基本测试路径。

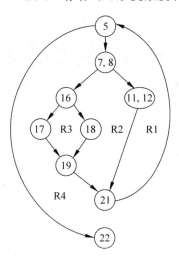

图 4.26 习题 7 用图

第 **5** 章

单元测试和集成测试

1. 概述

通过本章的学习，读者能够掌握单元测试和集成测试的定义和内容，能够应用所学的测试用例设计方法进行单元测试和集成测试设计及执行，能够运用适合的方法进行单元测试和集成测试。

2. 课程的重点和难点

1）重点

（1）单元测试的内容；

（2）单元测试的流程；

（3）单元测试的方法；

（4）集成测试的内容；

（5）集成测试的流程；

（6）集成测试的方法。

2）难点：

（1）单元测试方法的应用；

（2）集成测试方法的应用。

5.1 单元测试

5.1.1 单元测试的定义

所谓"单元"，是指：

（1）具有明确的功能；

（2）具有明确的规格定义；

（3）具有与其他部分明确的接口定义；

（4）能够与程序的其他部分清晰地进行分区。

关于单元测试的几个关键问题：

（1）单元测试的定义。

单元测试（unit testing），是指对软件中的最小可测试单元进行检查和验证。对于单元测试中单元的含义，一般来说，要根据实际情况去判定其具体含义，如 C 语言中单元指一个函数，Java 里单元指一个类，图形化的软件中可以指一个窗口或一个菜单等。总的来说，单元就是人为规定的最小的被测功能模块。单元测试是在软件开发过程中要进行的最低级别的测试活动，软件的独立单元将在与程序的其他部分相隔离的情况下进行测试。

（2）单元测试的对象。

一般认为，在结构化程序中，单元测试所说的单元是指函数；在面向对象编程中，单元测试的单元一般是指类。从实践来看，以类作为测试单位，复杂度高，可操作性较差，仍然主张以类中的方法作为单元测试的测试单位，但可以用一个测试类来组织某个类的所有测试函数。单元测试不应过分强调面向对象，因为局部代码依然是结构化的。单元测试的工作量较大，简单实用高效才是硬道理。

（3）单元测试的时间。

单元测试当然是越早越好，通常在编码阶段进行。在源程序代码编制完成、经过评审和验证、确认没有语法错误之后，就可以开始进行单元测试的测试用例设计。XP（极限编程）开发理论要求测试驱动开发（Test-Driven Development，TDD），先编写测试代码，再进行开发。在实际的工作中，不必过分强调开发和测试的顺序，重要的是效果。一般是先编写产品函数的框架，然后编写测试函数，针对产品函数的功能编写测试用例，然后编写产品函数的代码，每写一个功能点都运行测试，随时补充测试用例。所谓先编写产品函数的框架，是指先编写函数空的实现，有返回值的随便返回一个值，编译通过后再编写测试代码，这时，函数名、参数表、返回类型都应该确定下来了，所编写的测试代码以后需修改的可能性比较小。

（4）单元测试人员。

在绝大部分情况下，由开发人员做单元测试的设计和执行。如果单元测试的需求非常清晰，开发人员之外的人都可以轻易掌握，那么单元测试可以由独立的测试人员完成。但是大部分情况下很难做到这一点，因此就要求开发人员在编写测试用例的时候绝不能假定任何函数的实现，而应该完全按照它应该有的需求来做。

图 5.1 所示是单元测试在整个软件测试中的作用图。

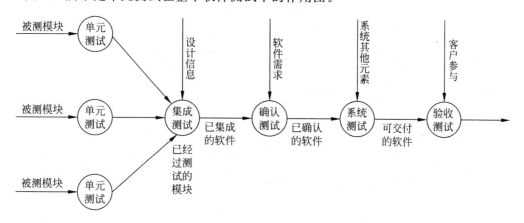

图 5.1 单元测试在软件测试中的作用图

5.1.2 单元测试的重要性

单元测试是软件测试的基础,因此单元测试的效果会直接影响到软件的后期测试,最终在很大程度上影响到产品的质量。从如下几个方面就可以看出单元测试的重要性。

(1)时间方面:如果认真地做好了单元测试,在系统集成联调时非常顺利,那么会节约很多时间,反之那些由于时间原因不做单元测试或随便做做的则在集成时总会遇到那些本应该在单元测试就能发现的问题,而这些问题在集成时往往很难让开发人员预料到,最后在苦苦寻觅中才发现这是个很低级的错误而悔恨时已经浪费了很多时间,这种时间上的浪费一点都不值得,正所谓得不偿失。

(2)测试效果:根据以往的测试经验来看,单元测试的效果是非常明显的,首先它是测试阶段的基础,做好了单元测试,后期的集成测试和系统测试就会很顺利。其次在单元测试过程中能发现一些很深层次的问题,同时还会发现一些很容易发现而在集成测试和系统测试时很难发现的问题。最后单元测试关注的范围也特殊,它不仅仅是证明这些代码做了什么,最重要的是代码是如何做的,是否做了它该做的事情而没有做不该做的事情。

(3)测试成本:在单元测试时某些问题就很容易发现,如果在后期的测试中发现问题所花的成本将成倍数上升。比如在单元测试时发现 1 个问题需要 1 个小时,则在集成测试时发现该问题需要 2 个小时,在系统测试时发现则需要 3 个小时,同理还有定位问题和解决问题的费用也是成倍上升的,这就是要尽可能早地排除尽可能多的 bug 来减少后期成本的原因之一。

(4)产品质量:单元测试的好与坏直接影响到产品的质量,可能就是由于代码中的某一个小错误就导致了整个产品的质量降低一个指标,或者导致更严重的后果,如果做好了单元测试这种情况是可以完全避免的。

图 5.2 列出了以一个功能点为基准,各测试阶段的效率。单元测试的效率大约是集成测试的 2 倍、系统测试的 3 倍。

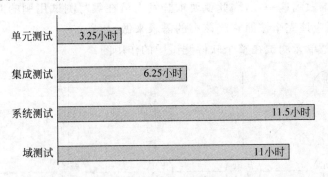

图 5.2   测试活动的效率图

单元测试是构筑产品质量的基石,不要因为节约单元测试的时间不做单元测试或随便做而导致在后期浪费太多的时间,也不要因为节约那些时间而导致开发出来的整个产品失败或重来。

5.2 单元测试的内容与方法

5.2.1 单元测试的内容

单元测试一般包括 5 个方面的测试,如图 5.3 所示。

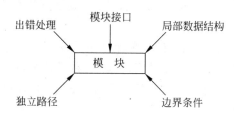

图 5.3 单元测试的内容

(1) 模块接口测试。

模块接口测试是单元测试的基础。只有在数据能正确流入、流出模块的前提下,其他测试才有意义。模块接口测试也是集成测试的重点,这里进行的测试主要是为后面打好基础。

测试接口正确与否应该考虑下列因素:

① 输入的实际参数与形式参数的个数是否相同;

② 输入的实际参数与形式参数的属性是否匹配;

③ 输入的实际参数与形式参数的量纲是否一致;

④ 调用其他模块时所给实际参数的个数是否与被调模块的形参个数相同;

⑤ 调用其他模块时所给实际参数的属性是否与被调模块的形参属性匹配;

⑥ 调用其他模块时所给实际参数的量纲是否与被调模块的形参量纲一致;

⑦ 调用预定义函数时所用参数的个数、属性和次序是否正确;

⑧ 是否存在与当前入口点无关的参数引用;

⑨ 是否修改了只读型参数;

⑩ 对全程变量的定义各模块是否一致;

⑪ 是否把某些约束作为参数传递。

如果模块功能包括外部输入输出,还应该考虑下列因素:

① 文件属性是否正确;

② OPEN/CLOSE 语句是否正确;

③ 格式说明与输入输出语句是否匹配;

④ 缓冲区大小与记录长度是否匹配;

⑤ 文件使用前是否已经打开;

⑥ 是否处理了文件尾;

⑦ 是否处理了输入/输出错误;

⑧ 输出信息中是否有文字性错误。

(2) 局部数据结构测试是为了保证临时存储在模块内的数据在程序执行过程中完整、正确。局部数据结构往往是错误的根源,应仔细设计测试用例,力求发现下面几类错误:

① 不合适或不相容的类型说明;

② 变量无初值;

③ 变量初始化或默认值有错;

④ 不正确的变量名(拼错或不正确地截断);

⑤ 出现上溢、下溢和地址异常。

⑥ 使用尚未赋值或尚未初始化的变量。

除了局部数据结构外,如果可能,单元测试时还应该查清全局数据(例如 Fortran 的公用区)对模块的影响。

(3) 模块边界条件测试是单元测试中最重要的一项任务。众所周知,软件经常在边界上失效,采用边界值分析技术,针对边界值及其左、右设计测试用例,很有可能发现新的错误。边界条件测试是一项基础测试,也是后面系统测试中的功能测试的重点,边界测试执行得较好,可以大大提高程序健壮性。

(4) 模块中所有独立路径测试是在模块中应对每一条独立执行路径进行测试,单元测试的基本任务是保证模块中每条语句至少执行一次。测试目的主要是为了发现因错误计算、不正确的比较和不适当的控制流造成的错误。具体做法就是程序员逐条调试语句。常见的错误包括:

① 误解或用错了算符优先级;

② 混合类型运算;

③ 变量初值错;

④ 精度不够;

⑤ 表达式符号错。

比较判断与控制流常常紧密相关,测试时注意下列错误:

① 不同数据类型的对象之间进行比较;

② 错误地使用逻辑运算符或优先级;

③ 因计算机表示的局限性,期望理论上相等而实际上不相等的两个量相等;

④ 比较运算或变量出错;

⑤ 循环终止条件或不可能出现;

⑥ 迭代发散时不能退出;

⑦ 错误地修改了循环变量。

(5) 模块的各条错误处理通路测试是指程序在遇到异常情况时不应该退出,好的程序应能预见各种出错条件,并预设各种出错处理通路。如果用户不按照正常操作,程序就退出或者停止工作,实际上也是一种缺陷,因此单元测试要测试各种错误处理路径。一般这种测试着重检查下列问题:

① 输出的出错信息难以理解;

② 记录的错误与实际遇到的错误不相符;

③ 在程序自定义的出错处理程序运行之前,系统已介入;

④ 异常处理不当;

⑤ 错误陈述中未能提供足够的定位出错信息。

5.2.2 单元测试的方法

以下是一些单元测试案例的常见设计方法,通过对这些方法的综合运用,可以帮助我们发现上述错误。

1. 规格导出法

规格导出法是根据相关的规格说明来设计测试用例,每一个测试用例用来检验一个或多个规格陈述的语句。一个比较实际的办法是按照规格陈述的语句顺序来为被测单元设计测试用例。这种测试用例的设计可以保证在规格说明中所有的要求在测试案例中都能得到体现,但是它只是一种正向测试的思路,需要其他的测试用例的补充才能达成测试的完整性。

2. 等价类划分法

等价类划分是一种正式的测试用例设计方法,它基于被测单元的输入、输出所做的划分,对每一个划分中的所有输入、被测单元都有相同(等价)的反应。例如对一个范围是 0～100 的整数输入来说,2、38、66 应该都具有相同的效力,而 -1、120 也有相同的效力。等价类划分法就是针对每一个等价类设计至少一个测试用例来确保被测程序单元的处理是完整的。等价类划分的设计方法也属于正向测试的技术。

3. 边界值分析法

边界值分析法使用与等价类划分法相同的划分,只是边界值分析假定错误更多地存在于两个划分的边界上,相应地为边界上及两侧的情况设计测试用例。

4. 状态转移测试

对于那些以状态机作为模型或者设计为状态机的软件,状态转移测试是合适的。状态转移测试法的测试用例涵盖能导致状态迁移的事件来测试状态之间的转换是否正确。用这种方法可以测试逆向的测试用例,如状态和事件的非法组合。

5. 分支测试法

在分支测试中,根据单元中控制流分支或者判断点来设计测试用例。这通常用于达到一定的测试覆盖率。在单元测试中,如果使用黑盒测试技术,那么需要去猜测存在哪些逻辑分支并相应为这些分支的执行准备测试用例;如果使用白盒测试技术,则需要根据该程序单元中的控制流设计测试用例,完成分支覆盖的要求。

6. 条件测试法

条件测试法中包含了很多测试用例设计技术,它们都致力于弥补在遇到复杂逻辑条件的时候分支测试的弱点。条件测试的目标是测试在每个逻辑条件的单个成分及它们组合的情况下程序都是正确的。在考虑各个逻辑条件的组合时,决策表是一种有用的工具。在条件测试法中,需要设计足够的测试用例,确保每种逻辑条件的组合都被测试到。

7. 数据定义——使用测试法

数据定义是指数据被赋值的地方,数据使用是指数据项被读取或者使用的地方。使用这种方法设计测试用例时,主要考虑用用例来驱动数据被定义到被使用的路径。这种方法主要用于检查数据的初始化和处理的正确性,也可以在静态检查中使用。

8. 内部边界值测试法

这种方法与边界值分析法类似,但是它偏重的是白盒测试技术,也就是说,从程序单元的规格说明中导出等价类和边界值。除了外部可见的数据之外,程序内部的数据也存在等价类和边界值,它们只能通过对程序单元的设计规格说明进行分析而得到。内部边界值测试法一般只作为测试用例设计的补充方法,与其他方法结合使用。

9. 错误猜测法

错误猜测是基于经验和其他一些测试技术的。在经验的基础上,测试设计者猜测错误的类型及在特定的软件中错误发生的位置,并设计测试用例去发现它们。例如,如果所有的资源需要动态申请,那么就需要判断是否所有的资源都被正确释放了。一个发现错误的好地方就是资源释放的地方。对一个有经验的工程师来说,错误猜测法可能是最好的设计测试用例的方法,因为它可能发现别的设计方法所遗漏的错误。为了最大限度地利用有效的经验并逐步丰富测试用例的设计技术,建立一个错误类型的列表是一个好方法,这个列表可以帮助工程师猜测程序单元中的错误会在哪里。这个列表需要通过在实践中不断地维护和扩充来帮助达成错误猜测的有效性。

10. 循环测试法

重点检查循环的条件-判断部分以及边界条件。测试循环是一种特殊的路径测试,因为循环比其他语句都复杂一些。循环中错误的发生机会比其他代码构成部分多。对于单层循环采用边界值测试法,对于嵌套循环应用如下方法设计测试用例:

(1) 把外循环设置为最小值,并运行内循环所有可能的情况;

(2) 把内循环设置为最小值,并运行外循环所有可能的情况;

(3) 把所有的循环变量都设置为最小值运行;

(4) 把所有的循环变量都设置为最大值运行;

(5) 把外循环设置为最大值,并运行内循环所有可能的情况;

(6) 把内循环设置为最大值,并运行外循环所有可能的情况。

5.3　单元测试的过程

单元测试是对软件基本组成单元进行的测试,单元测试的侧重点在于发现程序设计或者实现中的逻辑错误。它分为计划、设计、执行和评估4个步骤。

(1) 计划单元测试:确定测试需求,制订测试策略,确定测试所用资源,创建测试任务的时间表。

（2）设计单元测试：根据单元测试计划设计单元测试模型，制订测试方案，确认测试过程，制订具体的测试用例，创建可重用的测试脚本。

（3）执行单元测试：根据单元测试的方案、用例对软件单元进行测试，验证测试结果，并记录测试过程中出现的缺陷。

（4）评估单元测试：对单元测试的结果进行评估，主要从需求覆盖和代码覆盖的角度进行测试完备性的评估。

5.3.1　计划单元测试

1. 确定测试需求

单元测试其实难在测试策略上，对于一个上百万行代码量的软件系统，要完成所有单元模块的测试，对于很多软件企业来说几乎是不可能的。所以，在测试过程中由于时间或资源的原因可能会使测试处于紧张的局面，制定一个好的、有效的测试策略是至关重要的，也是能够有效地进行单元测试活动的途径。策略来源于为各模块制定测试优先级，其优先级的划分依据如下：

（1）哪些是重点模块；

（2）哪些程序是最复杂、最容易出错的；

（3）哪些程序是相对独立，应当提前测试的；

（4）哪些程序最容易扩散错误；

（5）哪些程序是开发者最没有信心的；

（6）8020 法则，即 80％的缺陷聚集在 20％的模块中，经常出错的模块改错后是否还会经常出错；

（7）哪些是底层模块；

（8）哪些是使用频率最多的模块。

单元测试的流程如图 5.4 所示，需要经过单元测试计划、单元测试用例设计、评审以及执行测试、缺陷跟踪、测试报告等过程。

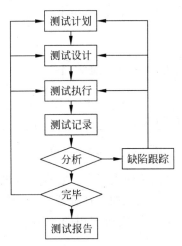

图 5.4　单元测试流程图

2．确定测试策略

一旦明确单元测试的重点，接下来就需要进一步确认应用什么样的测试方法。具体方法在前面已经介绍了，这里给出一个综合的策略。

首先，根据《需求规格说明书》和《概要设计说明书》、《详细设计说明书》，应用场景法、等价类划分法、规格导出法、状态转移法等检查程序是否正确实现了功能。

其次，采用静态测试方法，如代码审查、走查、桌面检查，重点在于检查代码是否符合编码规范，模块接口是否正确。

然后，应用条件测试法、分支测试法和循环测试法等测试程序路径，实现语句覆盖、判定覆盖、条件覆盖。

最后，应用边界值分析、错误猜测、健壮性分析等方法重点考察边界、异常、错误处理是否符合要求。

3．单元测试的输入

单元测试的输入包括软件需求规格说明书、软件详细设计说明书、软件编码与单元测试工作任务书、软件集成测试计划、软件集成测试方案、用户文档。

4．单元测试的输出

单元测试的输出包括单元测试计划、单元测试方案、需求跟踪说明书或需求跟踪记录、代码静态检查记录、正规检视报告、问题记录、问题跟踪和解决记录、软件代码开发版本。

5.3.2　设计单元测试

1．单元测试模型

在单元测试时，如果模块不是独立的程序，需要辅助测试模块，有两种辅助模块，如图 5.5 所示。

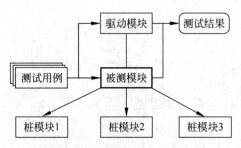

图 5.5　单元测试环境模型

（1）驱动模块（Driver）：所测模块的主程序。它接收测试数据，把这些数据传递给所测试模块，最后再输出测试结果。当被测试模块能完成一定功能时，也可以不要驱动模块。

（2）桩模块（Stub）：用来代替所测模块调用的子模块。被测试模块、驱动模块和桩模块共同构成了一个测试模型。

2. 单元测试方案

在制定测试计划的阶段已明确了此次单元测试的主体策略,本阶段需要具体到每个模块的测试角度以及测试方法的选择,通常包括常规的测试和特定的测试两种情况。

常规的用例设计方法包括规格导出法、等价类划分法、边界值分析法、状态转移测试法、分支测试法、条件测试法、数据定义使用测试法、内部边界值测试法、错误猜测法、循环测试法。

特定的用例设计方法如下:

(1) 声明测试——检查模块中的所有变量是否被声明。经验表明,大量重要的错误都是由于变量没有被声明或没有被正确地声明而引起的。

(2) 路径测试——要求模块中所有可能的路径都被执行一遍,属于逻辑覆盖测试。

(3) 基本路径测试——实际中一个模块中的路径可能非常多,由于时间和资源有限,不可能一一测试到。这就需要把测试所有可能路径的目标减少到测试足够多的路径,以获得对模块的信心。要测试的最小路径就是基本测试路径集。基本测试路径集要保证:每个确定语句的每一个方向都要测试到,每条语句最少执行一次。

(4) 循环测试:重点检查循环的条件-判断部分以及边界条件。测试循环是一种特殊的路径测试,循环中错误的发生机会比其他代码构成部分多,在前面单元测试的方法中已经进行了具体的介绍。

(5) 边界值测试:确定代码在任何边界情况下都不会出差错。重点检查小于、等于和大于边界条件的情况。边界值测试是指专门设计用来测试当条件语句中引用的值处在边界或边界附近时系统反应的测试。

(6) 接口测试:检查模块的数据流(输入、输出)是否正确。检查输入的参数和声明的自变量的个数,数据类型和输入顺序是否一致。检查全局变量是否被正确地定义和使用等。

(7) 确认测试:是否接受有效输入数据(操作),拒绝无效数据(操作)。

(8) 事务测试:输入能否正确输出,错误是否处理。

3. 测试用例的设计

(1) 测试用例的设计原则:一个好的测试用例在于能够发现至今没有发现的错误;测试用例应由测试输入数据和与之对应的预期输出结果这两部分组成;在测试用例设计时,应当包含合理的输入条件和不合理的输入条件;为系统运行起来而设计测试用例;为正向测试而设计测试用例;为逆向测试而设计测试用例;为满足特殊需求而设计测试用例;为代码覆盖而设计测试用例。

(2) 测试用例的规范。通常测试用例应该包括如下信息:用例运行前置条件、被测模块/单元所需环境(全局变量赋值或初始化实体)、启动测试驱动、设置桩、调用被测模块、设置预期输出条件判断、恢复环境(包括清除桩)。

5.3.3　执行单元测试

执行单元测试应遵循以下步骤:

(1) 设置测试环境,以确保所有必需的元素(硬件、软件、工具、数据等)已得到实施,并且都处于测试环境中。

（2）将测试环境初始化，以确保所有构件都处于正确的初始状态。

（3）执行测试过程。需要注意的是，测试过程的执行将随着具体情况而变化：测试方式是自动还是人工，以及必需的测试构件是作为驱动程序还是桩模块。自动测试的测试脚本在执行实施测试步骤的过程中创建，而人工测试则是"构建测试过程"活动中制定的结构化测试过程。

单元测试何时终止呢？测试执行在出现以下两个条件之一时结束或终止。

（1）正常：所有测试过程（或脚本）按预期方式执行。如果测试正常终止，则继续执行"核实测试结果"活动，目的在于确定测试结果是否可靠。

（2）异常或提前结束：测试过程（或脚本）没有按预期方式执行或没有完全执行。当测试异常终止时，测试结果可能不可靠。需要确定和纠正测试终止的原因，并在执行其他测试活动之前重新执行此测试。如果测试异常终止，则继续执行"恢复暂停的测试活动"，其目的在于确定测试是否成功完成，是否符合预期目标。

针对测试结果表明的测试过程或测试工作中存在的缺陷，确定合适的纠正措施，及时补充测试用例以及更新测试用例文档。测试完成后，应当复审测试结果以确保测试结果可靠，确保所报告的故障、警告或意外结果不是外部影响（例如不正确的设置或数据等）造成的。

如果所报告的故障是在测试工作中确定的错误导致的，或者是测试环境的问题造成的，则应当采取适当的纠正措施进行纠正，然后重新执行测试。

如果测试结果表明故障确实是由测试目标引起的，则完成"执行测试活动"后，下一步的活动是评估测试。

5.3.4　评估单元测试

单元测试完成以后，需要对单元测试的执行效果进行评估，主要从以下几方面进行：

（1）测试完备性评估。主要检查测试过程中是否已经执行了所有的测试用例，对新增的测试用例是否已及时更新测试方案等。

（2）代码覆盖率评估。主要是根据代码覆盖率工具提供的语句覆盖情况报告，检查是否达到方案中的要求，大多数情况下，要求语句覆盖达到 100%。但很多情况下，第一轮测试用例执行完成后是很难达到的，这时在评估过程中要对覆盖率进行分析，主要从这几方面来考虑：不可能的路径或条件，不可达的或冗余的代码，不充分的测试用例。

（3）从覆盖的角度看。测试应该做到功能覆盖、输入域覆盖、输出域覆盖、函数交互覆盖和代码执行覆盖。

大多数有效的测试用例都来自于分析，而不是仅仅为了达到测试覆盖率目标而草率设计测试用例。测试覆盖并不是最终的目的，它只是评价测试的一种方式，为测试提供指导和依据。

5.3.5　实例分析

假设要测试一个 SimpleParser 类。它有一个 ParseAndSum 方法，可接受 0 个或多个数字（以逗号分隔）组成的一个字符串输入。如果字符串中没有数字，则返回 0。如果只有一个数字,则以整型(int)返回该数字。如果有多个数字,则返回所有数字相加的总和(不过,目前的代码只能处理 0 个或 1 个数字的字符串)。

```csharp
public class SimpleParser
{
    public int ParseAndSum(string numbers)
    {
        if (numbers.Length == 0)
        {
            return 0;
        }
        if (!numbers.Contains(","))
        {
            return int.Parse(numbers);
        }
        else
        {
            throw new InvalidOperationException("目前只能接受数字 0 或 1!");
        }
    }
}
```

我们可以新建一个简单的控制台程序,并引用 SimpleParser 类所在的程序集,同时,写一个 SimpleParserTests 方法。该测试方法调用生产代码中被测试的类,然后检查其返回值。如果该值不是预期的结果,程序就输出文字到控制台。与此同时,程序也能捕获任何异常并将其输出到控制台。

```csharp
class SimpleParserTests
{
    public static void TestReturnsZeroWhenEmptyString()
    {
        try
        {
            SimpleParser p = new SimpleParser();
            int result = p.ParseAndSum(string.Empty);
            if (result != 0)
            {
                Console.WriteLine(
@"*** SimpleParserTests.TestReturnsZeroWhenEmptyString:
-------
传入空字符串时,ParseAndSum 方法必须返回 0");
            }
        }
        catch (Exception e)
        {
            Console.WriteLine(e);
        }
    }
}
```

接下来,使用简单的控制台程序,在 Main 方法里调用已经写好的测试。在这里,Main
方法作为简易的测试运行器,逐个调用测试,并使其输出到控制台。因为是可执行文件,所
以无须人工干预即可运行测试(假设测试不弹出任何交互式用户对话框)。

```csharp
public static void Main(string[] args)
{
    try
    {
        SimpleParserTests.TestReturnsZeroWhenEmptyString();
    }
    catch (Exception e)
    {
        Console.WriteLine(e);
    }
}
```

测试方法需要能够捕获出现的任何异常,并且将其输出到控制台,这样才不会妨碍后续
方法继续运行。之后,当我们给项目增加更多测试时,就可以在 Main 里增加更多的调用方
法语句。每个测试都要能够在出现问题的时候,把问题输出到控制台。

显然,这样写测试是很特殊的。如果要写多个此类测试,很容易想到需要一个通用方法
ShowProblem 格式化错误信息。此外,也可以增加特殊的辅助方法,用于检查如空对象、空
字符串等各种情况,这样就不必在多个测试中写着同样的冗长代码。

它们使用更通用的 ShowProblem 方法。

```csharp
public class TestUtil
{
    public static void ShowProblem(string test, string message)
    {
        string msg = string.Format(@"
--- {0} ---
    {1}
--------------------
", test, message);
        Console.WriteLine(msg);
    }
}


    public static void TestReturnsZeroWhenEmptyString()
    {
        // 使用.NET 反射 API 取得当前方法名
        // 这里也可以硬编码方法名
        // 但知道动态取方法名的技巧还是有用的
        string testName = MethodBase.GetCurrentMethod().Name;
        try
        {
```

```
SimpleParser p = new SimpleParser();
int result = p.ParseAndSum(string.Empty);
if(result != 0)
{
    // 调用辅助方法
    TestUtil.ShowProblem(testName, "传入空字符串时，ParseAndSum 方法必须返回 0");
}
}
catch (Exception e)
{
    TestUtil.ShowProblem(testName, e.ToString());
}
}
```

单元测试框架能帮助辅助方法变得更通用，因而更容易编写测试。

单元测试的策略总结：

(1) 单元测试是早期测试，最好在代码编译通过后就开始做单元测试。单元测试与静态分析并不冲突，可以同时进行。实际上，单元测试本身就应包括静态分析的内容，单元测试的多项内容使用静态分析比使用动态测试更容易，也更充分，所以不能将单元测试简单地等同于动态测试。单元测试是一种静态测试与动态测试相互配合的白盒测试，其中用到了代码规则检查、代码走查。

(2) 单元测试的覆盖率。在实际点的单元测试中，不同的软件对覆盖率有不同的要求，单纯追求测试用例覆盖率的方法并不可取，而是应该按照分类推理法、元素分析法、规格导出法、边界值法、等价类划分法和随机数法等来设计测试用例。

单元测试中代码的覆盖率主要存在如下问题：

① 绝大多数情况下，不能把代码覆盖率作为衡量单元测试的唯一指标，更不能使其成为单元测试结束的唯一指标。

② 当代码覆盖率达到某个程度（大约 70% 以上）时，其测试用例和桩的维护就变得异常困难，为了达到很高的覆盖率，测试人员不得不设计一些极端的测试数据以覆盖那些特殊的代码。

(3) 单元测试的一项重要内容就是功能测试，测试人员需要依据软件的详细设计文档，设计足够的设计用例来对程序的正常功能和异常功能进行测试。测试人员根据代码进行静态分析之后，按照详细设计文档的功能需求设计功能测试用例，测试无论怎样充分，都是不能发现将高级需求翻译成低级需求时所引入的错误的。

5.4　集成测试

集成测试，也叫组装测试或联合测试。在单元测试的基础上，将所有模块按照设计要求组装成为子系统或系统，进行集成测试。表 5.1 所示为单元测试、集成测试与系统测试的区别。图 5.6 为模块结构图。

表 5.1　单元测试、集成测试与系统测试的区别

测试名称	对　　象	目　　的	测试依据	测试方法
单元测试	模块内部程序错误	消除局部模块逻辑和功能上的错误和缺陷	模块逻辑设计模块外部说明	大量采用白盒测试方法
集成测试	模块间的集成和调用关系	找出与软件设计相关的程序结构,模块调用关系,模块间接口方面的问题	程序结构设计	灰盒测试,采用较多黑盒方法构造测试用例
系统测试	整个系统,包括系统软硬件等	对整个系统进行一系列的整体、有效性测试	系统结构设计目标说明书、需求说明书等	黑盒测试

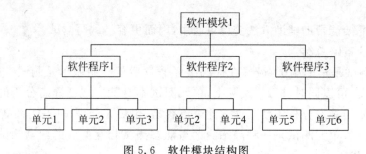

图 5.6　软件模块结构图

5.4.1　集成测试概述

1. 集成测试的目的

集成测试的目标是按照设计要求使用那些通过单元测试的构件来构造程序结构。单个模块具有高质量并不足以保证整个系统的质量。有许多隐蔽的失效是高质量模块间发生非预期交互而产生的。以下两种测试技术可用于集成测试:

(1) 功能性测试。使用黑盒测试技术针对被测模块的接口规格说明进行测试。

(2) 非功能性测试。对模块的性能或可靠性进行测试。

另外,集成测试的必要性还在于一些模块虽然能够单独地工作,但并不能保证连接起来也能正常工作。程序在某些局部反映不出来的问题,有可能在全局上会暴露出来,影响功能的实现。此外,在某些开发模式中,如迭代式开发,设计和实现是迭代进行的。在这种情况下,集成测试的意义还在于它能间接地验证概要设计是否具有可行性。

集成测试是确保各单元组合在一起后能够按既定意图协作运行,并确保增量的行为正确。它所测试的内容包括单元间的接口以及集成后的功能。使用黑盒测试方法测试集成的功能,并且对以前的集成进行回归测试。

集成测试有以下不可替代的特点:

(1) 单元测试具有不彻底性,对于模块间接口信息内容的正确性、相互调用关系是否符合设计无能为力。只能靠集成测试来进行保障。

(2) 同系统测试相比,由于集成测试用例是从程序结构出发的,目的性、针对性更强,测

试项发现问题的效率更高,定位问题的效率也较高;

(3) 能够较容易地测试到系统测试用例难以模拟的特殊异常流程,从纯理论的角度来讲,集成测试能够模拟所有实际情况;

(4) 定位问题较快,由于集成测试具有可重复性强、对测试人员透明的特点,发现问题后容易定位,所以能够有效地加快进度,减少隐患。

2. 集成测试的层次

一个产品的开发过程包括了分层的设计和逐步细化的过程,从最初的产品到最小的单元,由于集成的力度不同,一般可以把集成测试划分为 3 个级别:

(1) 模块内集成测试。

(2) 子系统内集成测试(模块)。先测试子系统内的功能模块(不能单独运行的程序),然后将各个功能模块组合起来确认子系统的功能是否达到预期要求。

(3) 子系统间集成测试(可执行程序)。测试的单元是子系统之间的接口,这里的子系统是可单独运行的程序或进程。

这里简单介绍一下模块与子系统的区别。一个完整的软件系统通常包括若干个具有不同功能的子系统。例如,配用电监测与管理系统由很多个子系统组成,如通信子系统、数据采集子系统、报警服务子系统、前置机应用子系统等。而每个子系统又由多个功能模块组成,如数据采集子系统由档案参数模块、任务处理模块、规约解析模块等。如图 5.7 所示。

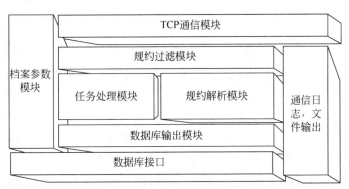

图 5.7 集成测试的层次图

3. 集成测试的方法

集成测试可以采用静态测试技术和动态测试技术,使用灰盒测试用例设计方法。

1) 静态测试

静态测试主要是指对概要设计的测试。

2) 动态测试

动态测试基本以黑盒测试为主,但有时需了解内部细节并结合白盒测试,即结合白盒测试、黑盒测试的灰盒测试。

在集成测试阶段,测试方法是动态变化的,从白盒测试方法向黑盒测试方法逐渐过渡。在自底向上集成的早期,白盒测试方法占较大的比例,随着集成测试的不断深入,这种比例在测试过程中将越来越少,而黑盒测试慢慢占据主导地位。

采用灰盒测试的优点:

(1)能够进行基于需求的测试和基于路径的覆盖测试。

(2)可深入被测对象的内部,便于错误的识别分析和解决。

(3)能够保证设计的黑盒测试用例的完整性,防止功能或功能组合的遗漏。

(4)能够减小需求或设计不详细或不完整性对测试有效性造成的影响。

4.集成测试的原则

集成测试应针对总体设计尽早开始筹划,为了做好集成测试,需要遵循以下原则:

(1)要测试所有的公共接口,尤其是那些与系统相关联的外部接口,测试的重点是要检查数据的交换、传递和控制管理过程,还包括处理的次数。

(2)关键模块必须进行充分的测试。对于一个系统的关键模块,在集成的过程中应该重点关注。在确定测试需求时,测试人员就要确定系统的关键模块,这些关键模块包含在最希望测试的那些模块中。一般我们可以把系统中的模块划分为 3 个等级:高危模块、一般模块和低危模块。一个关键模块应该有一个或多个下列特性:

① 与多个软件需求有关,或与关键功能相关;

② 处于程序控制机构的顶层;

③ 本身是复杂的或者是容易出错的;

④ 含有确定性的性能需求;

⑤ 被频繁使用的模块。

(3)集成测试应当按一定的层次进行。系统的模块之间是有层次关系的,就像函数之间的相互调用关系。在对系统进行集成时,要按照一定的层次顺序进行集成,避免集成过程中发生错误无法对错误进行定位。

(4)集成测试的策略选择应当综合考虑质量、成本和进度之间的关系。风险分析贯穿于整个集成测试过程中,总的原则是尽可能花费最少的成本,取得最大的测试效果。

(5)集成测试应当尽早开始,并以总体设计为基础。

(6)在模块与接口的划分上,测试人员应当和开发人员进行充分的沟通。

(7)对测试执行结果应当如实记录。

5.集成测试的环境

集成测试又称组装测试、联合测试、子系统测试或部件测试。集成测试是在单元测试的基础上,将所有模块按照设计要求组装成子系统或系统而进行的测试活动。

按照软件测试过程模型,集成测试所持的主要标准是《软件概要设计说明书》和《详细设计说明书》,任何不符合该说明的程序模块行为都应该加以记载并上报。

集成测试一般由测试人员和从开发组中选出的开发人员共同完成。一般情况下,集成测试的前期测试由开发人员或白盒测试人员来做,通过组长负责保证在合理的质量控制和监督下使用合适的测试技术执行充分的集成测试。

对于一个简单的系统来说,其集成测试的环境与单元测试环境比较类似。但对于复杂得系统,往往一个系统会分布在不同的硬件和软件平台上,其集成测试环境要复杂得多。这时往往需要依赖一些商用测试工具或专门开发一些接口模拟工具。集成测试环境的搭建可以从以下几个方面进行：

（1）硬件环境。在进行集成测试时，尽可能考虑实际的环境。如果实际环境不可用，考虑可替代的环境或在模拟环境下使用。

（2）操作系统环境。考虑不同机型使用的不同操作系统版本。对于实际环境可能使用的操作系统环境，尽可能都要被测试到。

（3）数据库环境。数据库的选择要根据实际的需要，从性能、版本、容量等多方面考虑。

（4）网络环境。一般的网络环境可以使用以太网。

（5）测试工具运行环境。根据实际需要考虑使用何种测试工具或者自行开发测试工具。如对于一些以界面为主的产品集成测试，可以使用一些界面测试工具。使用时就要考虑测试工具的运行环境，对实际系统运行环境不产生副作用。

5.4.2　集成策略

集成策略就是在测试对象分析的基础上，描述软件模块集成（组装）的方式、方法。集成的基本策略比较多，分类比较复杂，但不管怎样分，所有分类方法都可以归结为非增量式集成和增量式集成两大类，其余的很多方法都是在此基础上的细分。

在进行集成测试时，一般有两种考虑：一是使用非增量集成，即把所有的构件都预先结合在一起，整个程序作为一个整体来进行测试，这样做的结果通常会遇到许多错误，而且错误的修正将会非常困难，因为在整个程序庞大的区域中想要分离出一个错误是很复杂的，即使能修正这个错误，新的错误也可能出现；二是考虑增量集成的方法。先将程序分成小的部分进行构造和测试，这样错误就比较容易分离和修正，对接口也容易进行彻底地测试，而且可以使用系统化的测试方法。下面介绍两种主要的增量集成方法。

1. 自顶向下集成

1）概述

自顶向下集成测试是一种构造程序结构的增量方法。模块集成的顺序从主控模块开始，然后按照控制层次结构向下进行集成，把从属于主程序的模块按照一定的优先级集成到整个结构中去。

2）方法

自顶向下集成的整个过程分为下列3个步骤：

（1）首先测试主程序的正确性。主程序的正确性是整个集成过程的基础，应使用白盒测试和黑盒测试的方法，对主控模块进行详细测试。

（2）按照一定的优先级，例如可根据功能来划分模块的优先级，将各个模块逐个集成到软件中去。每个模块在集成前都要进行测试，可根据不同模块的重要性，有重点地进行测试。

（3）对软件进行回归测试，即测试由于新模块的引入，是否引入了附加的错误。在进行回归测试时，需要注意两点：一是要使用具有代表性的测试用例；二是重点测试新模块引入之后对软件有影响的部分。

完成步骤（3）之后，回到步骤（2），直到所有模块被集成进来。

2．自底向上集成

1）概述

自底向上集成是从程序结构中最底层的模块开始进行构造和测试。运用该策略需要事先对软件进行合理的功能划分，并完成各功能模块的开发。

2）方法

自底向上的集成策略分为以下3个步骤：

（1）对各功能模块进行较为完备的测试，对重点的模块重点测试。

（2）将若干个可以完成特定功能的模块进行组合，形成主控模块下的一个分支，对组合后的功能模块进行测试。

（3）将组合之后的功能模块集成到主程序中，对整个程序进行测试。

重复步骤（2）和（3），直到所有的模块都被集成到主程序中，并完成测试。

3．两种方法的比较

集成测试方法的选择主要取决于软件的特点，也可以采用混合的测试策略：在程序结构的高层使用自顶向下的策略，在较底层中使用自底向上的策略。上述两种方法的优缺点如表5.2所示。

表 5.2　两种集成测试方法比较

集成测试方法 比较项目	自顶向下集成	自底向上集成
优点	较早地验证了主要控制和判断点； 按深度优先可以首先实现和验证一个完整的软件功能；功能较早证实，带来信心；只需一个驱动，减少驱动器开发的费用；支持故障隔离	对底层组件行为较早验证；工作最初可以并行集成，比自顶向下效率高；减少了桩的工作量；支持故障隔离
缺点	桩的开发量大；底层验证被推迟；底层组件测试不充分	驱动的开发工作量大；对高层的验证被推迟，设计上的错误不能被及时发现
适用范围	产品控制结构比较清晰和稳定；高层接口变化较小；底层接口未定义或经常可能被修改；希望尽早能看到产品的系统功能行为	底层接口比较稳定；高层接口变化比较频繁；底层组件较早被完成

5.4.3　面向对象的集成测试

传统的自顶向下或自底向上的集成测试策略在面向对象软件的集成测试中没有意义，而面向对象软件的集成测试需要在整个程序编译完成后进行，面向对象程序具有动态特征，程序的控制流无法确定，只能对翻译完成的程序做基于黑盒的集成测试。

1. 集成策略

1）基于事件（消息）的集成

对于许多基于状态机的系统来说，其工作原理是基于状态变迁，内部模块间的接口主要是通过消息来完成的。因此验证消息路径的正确性对于这类系统具有比较重要的意义，基于事件的继承就是针对这一特点而设计的一种策略。

使用这种集成策略时，可按以下的步骤来进行：

（1）从系统的外部看，分析系统可能输入的消息集；

（2）选取一条消息，分析其穿越的模块；

（3）集成这些模块进行消息接口测试；

（4）选择下一条消息，重复步骤（2）和（3），直到所有模块都被集成到系统中。

在选择消息时，可以从以下 3 个角度来考虑：

（1）消息的重要性程度。尽早验证重要的消息路径。

（2）消息路径的长度。为了能有效验证接口的完整性和正确性，尽可能选择路径较短的消息。

（3）新的消息的选择是否能够使得新的模块被加入到系统中。

以上所提及的模块包括类和进程。

2）基于使用的集成

在一个面向对象的系统中，存在一些独立的类和一些相互耦合的类。基于使用的集成从分析类之间的依赖关系出发，通过从最小依赖关系的类开始集成，逐步扩大到有依赖关系的类，最后集成到整个系统。通过该集成方法，可以验证类之间接口的正确性。

基于使用的集成步骤如下：

（1）划分类之间的耦合关系；

（2）首先测试独立的类；

（3）其次测试使用一些服务器的类；

（4）最后逐步增加具有依赖性的类（即使用独立类的类），直到整个系统被集成到一起

2. 集成过程

首先进行静态测试。针对程序的结构进行，测试程序结构是否符合设计要求。通过使用测试软件的"可逆性工程"功能，得出源程序的类系统图和函数功能调用关系图，与 OOD 结果相比较，测试程序结构和实现上是否有缺陷，检测 OOP 是否达到了设计要求。

然后进行动态测试。根据静态测试得出的函数功能调用关系图或类关系图作为参考，按照如下步骤设计测试用例：

（1）选定检测的类，参考 OOD 分析结果，确定出类的状态和相应的行为；

（2）确定覆盖标准；

（3）利用结构关系图确定待测类的所有关联；

（4）根据程序中类的对象构造测试用例，确认使用什么输入激发类的状态，使用类的服务和期望产生什么行为等，还要设计一些类禁止的例子，确认类是否有不合法的行为产生。

5.4.4 集成测试流程

根据 IEEE 标准,集成测试划分为 4 个阶段:计划阶段,设计阶段,实施阶段、执行阶段和评估阶段,最后对集成测试进行评估。

1. 制定集成测试计划

根据项目组提供设计模型和集成构建计划,制定出适合本项目的集成测试计划。集成测试计划应在概要设计阶段完成,一般情况下,概要设计结束并完成评审后一个星期,集成测试计划应完成。

集成测试计划内容包括:确定集成测试对象和测试范围;确定集成测试阶段性时间进度;确定测试角色和分工;考虑外部技术支援的力度和深度,以及相关培训安排;初步考虑测试环境和所需资源;集成测试活动风险分析和应对;定义测试完成标准。

在这一阶段,活动的主要安排是:

(1) 时间安排——概要设计完成评审后大约一个星期。

(2) 输入——需求规格说明书、概要设计文档、产品开发计划路标。

(3) 入口条件——概要设计文档已经通过评审。

(4) 活动步骤。

① 确定被测试对象和测试范围;

② 评估集成测试被测试对象的数量及难度,即工作量;

③ 确定角色分工和任务;

④ 标识出测试各阶段的时间、任务、约束等;

⑤ 考虑一定的风险分析及应急计划;

⑥ 考虑和准备集成测试需要的测试工具、测试仪器、环境等资源;

⑦ 考虑外部技术支援的力度和深度,以及相关培训安排;

⑧ 定义测试完成标准。

(5) 输出集成测试计划。

(6) 出口条件——集成测试计划通过概要设计阶段基线评审。

2. 集成测试分析和设计

集成测试分析和设计的主要目的是制定测试大纲(测试方案)。集成测试大纲规定了今后的集成测试内容、测试方法以及可测试性接口,以后所有集成测试均在该大纲的框架下进行,所以,制定一份完善的集成测试大纲非常重要。

该阶段的主要活动如下:

(1) 时间安排——详细设计阶段开始。

(2) 输入——需求规格说明书概要设计集成测试计划。

(3) 入口——条件概要设计基线通过评审。

(4) 活动步骤。

① 被测对象结构分析;

② 集成测试模块分析;

③ 集成测试接口分析；

④ 集成测试策略分析；

⑤ 集成测试工具分析；

⑥ 集成测试环境分析；

⑦ 集成测试工作量估计和安排。

（5）输出集成测试设计（方案）。

（6）出口条件——集成测试设计通过详细设计基线评审。

3．集成测试的实施

实施阶段主要活动如下：

（1）时间安排——在编码阶段开始后进行。

（2）输入——需求规格说明书、概要设计集成测试计划、集成测试设计。

（3）入口——条件详细设计阶段。

（4）活动步骤。

① 集成测试用例设计；

② 集成测试过程设计；

③ 集成测试代码设计（如果需要）；

④ 集成测试脚本（如果需要）；

⑤ 集成测试工具（如果需要）。

（5）输出——集成测试用例、集成测试规程、集成测试代码、集成测试脚本、集成测试工具。

（6）出口条件——测试用例和测试规程通过编码阶段基线评审。

4．集成测试的执行

在集成测试的执行阶段，主要活动事项安排如下：

（1）时间安排——单元测试已经完成后就可以开始执行集成测试了。

（2）输入——需求规格说明书、概要设计集成测试计划、集成高度设计、集成测试用例、集成测试规程、集成测试代码（如果有）、集成测试脚本、集成测试工具、详细设计代码、单元测试报告。

（3）入口条件——单元测试阶段已经通过基线化评审。

（4）活动步骤。

① 执行集成测试用例；

② 回归集成测试用例；

③ 撰写集成测试报告。

（5）输出——集成测试报告。

（6）出口条件——集成测试报告通过集成测试阶段基线评审。

表 5.3 所示为集成测试各阶段的工作内容、担当人员及职责。

表 5.3　集成测试各阶段工作内容、担当人员及职责

过　　程	工　作　内　容	工　作　结　果	担当人员和职责
制定集成测试计划	设计模型、集成构建计划	集成测试计划	测试设计人员负责制定集成测试计划
设计集成测试	集成测试计划、设计模型	集成测试用例、测试过程	测试设计人员负责设计集成测试用例和测试过程
实施集成测试	集成测试用例、测试过程、工作版本	测试脚本(可选)、测试过程(更新)	测试设计人员负责编制测试脚本(可选),更新测试过程
		驱动程序或稳定桩	设计人员负责设计驱动程序和桩,实施人员负责实施驱动程序和桩
执行集成测试	测试脚本(可选)、工作版本	测试结果	测试人员负责执行测试并记录测试结果
评估集成测试	集成测试计划、测试结果、测试评估摘要	测试评估摘要	测试设计人员负责会同集成人员、编码人员、设计人员等有关人员(具体化)评估此次测试,并生成测试评估摘要

5.4.5　实例分析

1. 需求描述

被测试段代码实现的功能是：如果 a＞b,则返回 a,否则返回 a/b。

被测试段代码由两个函数实现,分别是：

```
int  max (int a, int b, char * msg)
void divide (int * a, int * b)
```

divide 函数实现 a/b 功能,max 函数实现其他对应功能,并进行结果输出。

```
int max (int a, int b, char * msg)
{
char dsp[20];                    /* 声明一个大小为 20 的 char 型数组 */
if (a<0 ‖ b<0)                   /* 如果 a 和 b 中有一个数不是正数 */
return －1;                       /* 则直接返回 */
if (a>b)                         /* 如果 a 大于 b, */
;                               /* 什么也不做 */
else
divide (&a, &b);
sprintf (dsp, " % s % d",msg,a);
printf (dsp);
return a;
}
void divide (int * a, int * b)
{
```

```
( * a) = ( * a)/( * b);
return ;
}
```

程序结构如图5.8所示。

图 5.8　程序结构图

2.集成测试操作步骤

(1) 采用自底向上的测试策略确定集成测试粒度。

(2) 采用等价类划分和边界值分析等测试用例设计方法。

3.编写测试用例

先测试 divide(int * a，int * b)函数,测试用例如表5.4所示。

表 5.4　测试用例

ID	Int * a	Int * b	预　期　结　果
1	4	2	2
2	0	3	0
...	...	...	...

构造驱动(其中 m 和 n 是测试用例输入):

```
int test ( )
{
int a = m;
int b = n;
divide( &a, &b);
}
```

依次执行测试用例,完成测试。

4.发现并跟踪处理缺陷

程序存在的缺陷:

(1) 没有对 b 不能为 0 的情况进行限制;

(2) 当字符串 msg 的长度加上 a 整数的位数超过 20 时,会使 dsp 数组溢出;

(3) 当 msg 的值(指针的值)为 NULL 时,sprintf 函数将出现问题。

课后习题

1. 编写三角形问题的程序,学习小组实施代码评审,并提交评审结论。

2. 编写 NextDate 问题的程序,编写驱动模块和所需的桩模块,应用恰当的测试用例设计方法设计测试用例并执行测试。

3. 什么是集成测试?

4. 简述集成测试的过程及各阶段的主要工作。

5. 比较集成测试策略的优缺点。

第6章

系统测试

1. 概述

通过本章的学习,读者能够掌握系统测试策略,包括功能测试、性能测试、安全性测试、可用性测试、本地化测试、配置测试等;并能够对实际项目进行系统测试。

2. 教学重点与难点

1) 重点

(1) 功能测试;

(2) 性能测试

(3) 可用性测试。

2) 难点

(1) 性能测试的几种情况;

(2) 可用性测试的实践。

6.1 系统测试概述

6.1.1 系统测试基础

系统测试(System Testing)是将已经确认的软件、计算机硬件、外设、网络等其他元素结合在一起,进行信息系统的各种组装测试和确认测试,系统测试是针对整个产品系统进行的测试,目的是验证系统是否满足了需求规格的定义,找出与需求规格不符或与之矛盾的地方,从而提出更加完善的方案。系统测试发现问题之后要经过调试找出错误的原因和位置,然后进行改正。基于系统整体需求说明书的黑盒类测试,应覆盖系统所有联合的部件。对象不仅仅包括需测试的软件,还要包含软件所依赖的硬件、外设甚至包括某些数据、某些支持软件及其接口等。

系统测试是将经过集成测试的软件,作为计算机系统的一个部分,与系统中其他部分结合起来,在实际运行环境下对计算机系统进行的一系列严格有效的测试,以发现软件潜在的问题,保证系统的正常运行。

系统测试的目的是验证最终软件系统是否满足用户规定的需求。

系统测试的主要内容包括：

(1) 功能测试。即测试软件系统的功能是否正确，其依据是需求文档，如《产品需求规格说明书》。由于正确性是软件最重要的质量因素，所以功能测试必不可少。

(2) 健壮性测试。即测试软件系统在异常情况下能否正常运行的能力。健壮性有两层含义：一是容错能力，二是恢复能力。

系统测试是通过与系统的需求规格做比较，发现软件与系统需求规格不相符合或与之矛盾的地方。它将通过确认测试的软件，作为整个基于计算机系统的一个元素，与计算机硬件、外设、某些支持软件、数据和人员等其他系统元素结合起来，在实际运行(使用)环境下，对系统进行系统测试。

从软件测试的 V 模型来看，系统测试是产品提交给用户之前进行的最后阶段的测试，因此很多公司将其视为产品质量管控的最后一道防线。系统测试一般不由软件开发人员执行，而由软件企业中独立的测试部门或第三方测试机构来完成，主要使用黑盒方法设计测试用例。系统测试所用的数据必须尽可能地像真实数据一样精确和有代表性，也必须和真实数据的大小和复杂性相当，满足上述测试数据需求的一个方法是使用真实数据。

系统测试依据为系统的需求规格说明书、概要设计说明书、各种规范。通信产品与一般的软件产品不同，其系统测试往往需要依据大量的既定规范，对于海外产品，系统测试依据还应包括各个国家自定的规范。

单元测试、集成测试与系统测试的区别主要在于测试方法不同，如表 6.1 所示。

表 6.1　不同测试方法对比

测试名称	测试对象	测试依据	测试人员	测试方法
单元测试	最小模块，如函数、类等	《详细设计说明书》	白盒测试工程师、开发人员	主要采用白盒测试
集成测试	模块间的接口，如参数传递等	《概要设计说明书》	白盒测试工程师、开发人员	黑盒和白盒测试相结合
系统测试	整个系统，包括软硬件	《需求规格说明书》	黑盒测试工程师	黑盒测试

6.1.2　系统测试策略

系统测试包括功能测试、性能测试、压力测试、容量测试、安全性测试、GUI 测试、可用性测试、安装测试、配置测试、异常测试、备份测试、健壮性测试、文档测试、在线帮助测试、网络测试、稳定性测试。

软件测试策略是为软件工程定义的一个软件测试的模板，也就是把特定的测试用例方法放置进去的一系列步骤。

软件测试策略包含如下特征：

(1) 测试从模块层开始，然后扩大延伸到整个基于计算机的系统集合中。

(2) 不同的测试技术适用于不同的时间点。

(3) 测试是由软件的开发人员和(对于大型系统而言)独立的测试组来管理的。

(4) 测试和调试是不同的活动，但是调试必须能够适应任何的测试策略。

系统测试有如下 4 个层次：

（1）用户层测试。

用户层测试主要是面向产品最终的使用操作者的测试。着眼点是从操作者的角度出发，测试系统对用户支持的情况，用户界面的规范性、友好性、可操作性以及数据的安全性。用户层测试是面向产品使用者的测试，它包括用户支持测试、用户界面测试、安全性测试、可维护性测试。

（2）应用层测试。

应用层测试主要是针对产品工程稳定性的测试，它考察一个产品在实际应用背景下的功能实现、性能表现等情况，它包括以下几个测试方面：系统性能、系统可靠性、稳定性、版本兼容性、系统安装升级。

（3）功能层测试。

在设计功能层的系统测试方案时，需要考虑以下几个步骤：

① 根据市场调查或规格说明书输出产品的功能概图，概图提供产品的功能列表和功能使用频度；

② 功能概图应该保证重要的产品功能的完全覆盖；

③ 产品功能测试可根据功能概图提供的测试优先次序进行进度和资源的调配；

④ 产品特性里概念性功能可逐步分解，直至能够对产品进行输入和输出测试的可实施操作（基本功能）；

⑤ 对产品的不同功能进行组合，考虑各类功能的组合测试方案。

（4）指标/协议层测试。

指标/协议层测试是根据规格说明书和产品标准（包括国际和国内标准）进行验证测试，它强调的是标准的符合性，测试项目为预定义的产品规格、行业标准、如新国际测试、ITUT（国际电信联盟）标准测试等。

6.2　功能测试

6.2.1　基本概念

功能测试（functional testing）也称为行为测试（behavioral testing），根据产品特性、操作描述和用户方案，测试一个产品的特性和可操作行为以确定它们满足了设计需求。本地化软件的功能测试，用于验证应用程序或网站对目标用户能正确工作。使用适当的平台、浏览器和测试脚本，以保证目标用户的体验足够好，就像应用程序是专门为该市场开发的一样。功能测试是为了确保程序以期望的方式运行而按功能要求对软件进行的测试，通过对一个系统的所有的特性和功能都进行测试确保符合需求和规范。

功能测试也叫黑盒测试或数据驱动测试，只需考虑需要测试的各个功能，不需要考虑整个软件的内部结构及代码。一般从软件产品的界面、架构出发，按照需求编写测试用例，输入数据在预期结果和实际结果之间进行评测，使产品能够满足用户使用的要求。

功能测试主要是为了发现以下错误：

（1）是否有不正确或遗漏了的功能。

（2）功能实现是否满足用户需求和系统设计的隐藏需求。

（3）能否正确地接受输入，能否正确地输出结果。

测试设计者需要对产品的规格说明、需求文档、产品业务功能都非常熟悉，同时对测试用例的设计方法也有一定掌握，才能设计出好的测试方案和测试用例，高效地进行功能测试。

6.2.2　分析方法

在进行功能测试时，首先需要对需求规格进行分析，因为这是功能测试的基本输入。对需求规格的分析可以分为以下步骤：

（1）对每个明确的功能需求进行标号（对于在需求规格文档中已经有标号的可以直接引用）。

（2）对每个可能隐含的功能需求进行标号。

（3）对于可能出现的功能异常进行分类分析，并标号。

（4）对于前面3个步骤获得的功能需求进行分级；由于不可能测试所有内容，因此可以根据风险来决定对每个功能投入多少关注。一般来说，可以把功能划分为关键功能和非关键功能。

（5）对每个功能进行测试分析，分析其是否可测、如何测试、可能的输入、可能的输出等。

（6）脚本化和自动化。

功能测试中常用的测试用例设计方法有规范导出法、等价类划分法、边界值分析法、因果图法、判定表法、正交实验设计法、基于风险的测试、错误猜测法等。

6.2.3　功能测试实例

表6.2给出了一个功能测试的实例。

表 6.2　"宠物网站后台管理模块"功能测试

用例 ID	用例名称	测试目的	输入描述	预期结果	实际结果	测试数据
WZHT0001	配置信息		1. 输入网站名称 2. 输入网站地址 3. 输入网站关键字 4. 输入网站说明 5. 输入电话 6. 输入 E-mail	1. 可以正常显示网站名称 2. 可以使用网站地址 3. 可以通过关键字搜索 4. 可以显示备案号电话，E-mail 等		
WZHT0002	退出系统		单击退出后台	退出后台		

续表

用例 ID	用例名称	测试目的	输入描述	预期结果	实际结果	测试数据
WZHT0003	产品管理		1. 添加子类别 2. 添加名称 3. 添加图片 4. 添加价格和销量 5. 添加链接和产品简介 6. 可以显示已有的产品类别	1. 可以正常添加各个类别的产品 2. 可以使用产品简介 3. 可以看见已有的产品 4. 可以管理产品		
WZHT0004	网站导航		1. 添加导航,单击更新 2. 删除导航,单击删除 3. 添加链接名称	1. 提示"更新"成功 2. 提示"删除"成功 3. 可以正常链接		
WZHT0005	会员管理		1. 单击"删除"会员 2. 单击"修改"会员	1. 提示"删除"成功 2. 可以修改会员账号、密码和权限		
WZHT0006	下载管理		1. 单击添加资料 2. 单击资料列表 3. 删除资料	1. 可以上传一个资料 2. 可以查看各个资料,并且可以修改、删除 3. 提示"删除成功"		旧密码＝eftweb 新密码＝123456 确认密码＝123456
WZHT0007	版本信息		1. 单击 laiwang 1.0、 2. 单击 laiwang.com	1. 可以看见 laiwang1.0 的版本信息 2. 可以查看 laiwang.com		

6.3 性能测试

6.3.1 性能测试基础

性能测试是通过自动化的测试工具模拟多种正常、峰值以及异常负载条件来对系统的各项性能指标进行测试。负载测试和压力测试都属于性能测试,两者可以结合进行。通过负载测试,确定在各种工作负载下系统的性能,目标是测试当负载逐渐增加时,系统各项性能指标的变化情况。压力测试是通过确定一个系统的瓶颈或者不能接受的性能点,来获得系统能提供的最大服务级别的测试。

响应时间是对计算机系统的查询或请求开始到一个响应结束所使用的时间。对某个系统或应用的用户来讲,响应时间就是用户必须等待服务所花的时间。响应时间越短,用户就越满意。

性能测试主要检验软件是否达到需求规格说明书中规定的各类性能指标,并满足一些性能相关的约束和限制条件。

1．性能测试的内容

（1）评估系统的能力。测试中得到的负荷和响应时间等数据可以被用于验证所计划的模型的能力，并帮助做出决策。

（2）识别系统中的弱点。受控的负荷可以被增加到一个极端的水平并突破它，从而修复系统的瓶颈或薄弱的地方。

（3）系统调优。重复运行测试，验证调整系统的活动得到了预期的结果，从而改进性能，检测软件中的问题。

2．性能测试的指标

（1）响应时间：从应用系统发出请求开始，到客户端接收到最后一个字节数据为止所消耗的时间。合理的响应时间取决于实际的用户需求。

（2）并发用户数：一般是指同一时间段内访问系统的用户数量。

（3）吞吐量：指单位时间内系统处理的客户请求数量。

（4）性能计数器：描述服务器或操作系统性能的一些数据指标。

3．性能测试的执行

（1）计划阶段。

① 定义目标并设置期望值。

② 收集系统和测试要求。

③ 定义工作负载。

④ 选择要收集的性能度量值。

⑤ 标出要运行的测试并决定什么时候运行它们。

⑥ 决定工具选项和生成负载。

⑦ 编写测试计划，设计用户场景并创建测试脚本。

（2）测试阶段。

① 做准备工作（如建立测试服务器或布置其他设备）。

② 运行测试。

③ 收集数据。

（3）分析阶段。

① 分析结果。

② 改变系统以优化性能。

③ 设计新的测试。

用户对软件性能的关注是软件对用户操作的响应时间，如用户提交一个查询操作，打开一个 Web 页面的链接等，业务可用度或者系统的服务水平如何。如图 6.1 所示。

系统管理员对软件性能的关注，如表 6.3 所示。

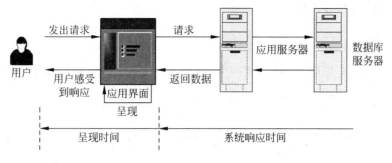

图 6.1 用户对软件性能的关注图

表 6.3 系统管理员对软件性能的关注表

管理员关心的问题	软件性能描述
服务器的资源使用状况合理吗	资源利用率
应用服务器和数据库的资源使用状况合理吗	资源利用率
系统是否能够实现扩展	系统可扩展性
系统最多能支持多少用户的访问，系统最大的业务处理量是多少	系统容量
系统性能可能的瓶颈在哪里	系统可扩展性
更换哪些设备能够提高系统性能	系统可扩展性
系统能否支持 7×24 小时的业务访问	系统稳定性

开发人员对软件性能的关注，如表 6.4 所示。

表 6.4 开发人员对软件性能的关注表

开发人员关心的问题	问题所属层次
架构设计是否合理	系统架构
数据库设计是否存在问题	数据库设计
代码是否存在性能方面的问题	代码
系统中是否有不合理的内存使用方式	代码
系统中是否存在不合理的线程同步方式	设计与代码
系统中是否存在不合理的资源竞争	设计与代码

6.3.2 性能测试实例

【服务器性能测试案例】

1. 现场测试环境

硬件：50 台 PC，Web 服务器

软件：Loadrunner 7.0，Windows 2000，IE 5.0 和 IE 6.0。

2. 人员

质控部 2 人，执行现场测试。

项目部 22 人，提供现场环境。

技术部1人,提供技术支持。

3. 测试要求

50个用户拥有独立IP地址,不同的用户及密码登录,试题完成后各自同时提交。

4. 测试内容

50个用户以不同的用户名和密码登录试题库。试题完成后,提交考试结果。测试考试结果是否能正常提交以及正确评分。

5. 测试方案

(1) 完全20台实际的PC进行现场测试。

① 准备工作,并做计划。第一轮测试执行三遍,设定用户考试内容全部同时提交,第一遍全部使用IE 5.0,第二遍10台使用IE 5.0,10台使用IE 6.0,第三遍全部使用IE 6.0。

② 9:00,20个用户同时登录系统。

③ 9:05,20个用户同时全部提交。

④ 分别记录第一轮测试(三遍)的结果。

⑤ 第二轮测试准备工作,设定15个用户考试内容同时提交,另外5个用户延时5min提交,全部使用IE 5.0。

⑥ 9:15,20个用户同时登录系统。

⑦ 9:20,15个用户同时提交。

⑧ 9:25,剩余5个用户同时提交。

⑨ 记录第二轮测试结果。

⑩ 第三轮测试准备工作,设定15个用户考试内容同时提交,另外5个用户延时5min提交,全部使用IE 6.0。

⑪ 9:15,20个用户同时登录系统。

⑫ 9:20,15个用户同时提交。

⑬ 9:25,剩余5个用户同时提交。

⑭ 记录第三轮测试结果。

(2) 模拟20个用户进行测试。其中,10台是PC,另外10台机器的IP地址是Loadrunner模拟出来的。

① 在10台实际的PC中抽取其中一台虚拟10个IP地址,包括自身的IP地址,该机器上共11个IP地址,这11个IP地址只能全部使用IE 5.0或者全部使用IE 6.0。

② 其余9台实际的PC分别由9个人操作,另外一台机器由一位质控部人员操作。

③ 对于异常情况,延时提交和强制提交全部由实际的机器来模拟。

(3) 模拟20个用户进行测试。其中,5台是PC,另外15台机器的IP地址是用Loadrunner模拟出来的。

① 在5台实际的PC中抽取其中一台虚拟15个IP地址,包括自身的IP地址,该机器上共16个IP地址,这16个IP地址只能全部使用IE 5.0或者全部使用IE 6.0。

② 其余4台实际的PC分别由4个人操作,另外一台机器由一位质控部人员操作;对

于异常情况,延时提交和强制提交全部由实际的机器来模拟,其余过程参见(1),模拟 35 个用户进行测试。其中,20 台是 PC,另外 15 台是虚拟机。

③ 其余 4 台实际的 PC 分别由 4 个人操作,另外一台机器由一位质控部人员操作。

④ 对于异常情况,延时提交和强制提交全部由实际的机器来模拟。

(4) 模拟 35 个用户进行测试。其中,20 台是 PC,另外 15 台机器的 IP 地址是用 Loadrunner 模拟出来的。

① 在 20 台实际的 PC 中抽取其中两台分别虚拟 7 个、8 个 IP 地址,这 17 个 IP 地址只能全部使用 IE 5.0 或者全部使用 IE 6.0。

② 其余 18 台实际的 PC 分别由 18 个人操作,另外两台机器由两位质控部人员操作。

③ 对于异常情况,延时提交和强制提交全部由实际的机器来模拟。

(5) 模拟 50 台用户进行测试。其中,20 台是 PC,另外 30 台机器的 IP 地址是分别用两台实际的 PC 模拟出来的。记录测试结果。

① 在 20 台实际的 PC 中抽取其中两台分别虚拟 15 个 IP 地址,这 32 个 IP 地址只能全部使用 IE 5.0 或者全部使用 IE 6.0。

② 其余 18 台实际的 PC 分别由 18 个人操作,另外两台机器由两位质控部人员操作。

③ 对于异常情况,延时提交和强制提交全部由实际的机器来模拟。

6.4　本地化测试

6.4.1　本地化测试基础

本地化就是将软件版本语言进行更改,并不是单纯的单个单词翻译,而是软件版本的本地化。本地化测试的目的是测试特定目标区域设置的软件本地化质量。

本地化测试的环境是在本地化的操作系统上安装本地化的软件。从测试方法上可以分为基本功能测试、安装/卸载测试、当地区域的软硬件兼容性测试。测试的内容主要包括软件本地化后的界面布局和软件翻译的语言质量,包含软件、文档和联机帮助等部分。

本地化就是翻译产品的 UI,有时也更改某些初始设置以使产品适合于另一个地区。本地化测试检查针对特定目标区域性或区域设置的产品本地化质量。此测试基于全球化测试的结果,后者验证对特定区域性或区域设置的功能性支持。本地化测试只能在产品的本地化版本上进行。

软件的国际化(I18N)和软件(L10N)的本地化是开发用于全球发行的软件的两个过程和技术。

软件本地化是将一个软件产品按特定国家/地区或语言市场的需要进行加工,使之满足特定市场上的用户对语言和文化的特殊要求的软件生产活动。

软件本地化并不只是单纯地翻译用户界面、用户手册和联机帮助。软件本地化的目的是消除产品本身的文化障碍,从而吸引更多的用户。

软件国际化是在软件设计和文档开发过程中,使得功能和代码设计能处理多种语言和遵循相应的文化传统,使创建不同语言版本时,不需要重新设计源程序代码的软件工程方法。是软件本地化的前提。软件国际化的理想状态是使软件本地化过程不需要修改任何代码。图 6.2 所示是本地化、全球化与翻译之间的关系。

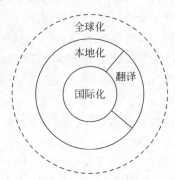

图 6.2　本地化、全球化与翻译的关系图

软件本地化测试的目的主要是：

（1）保证本地化的软件与源语言软件具有相同的功能和性能。

（2）保证本地化的软件在语言、文化、传统观念等方面符合当地用户的习惯。

（3）软件本地化测试是尽可能多地发现本地化软件中由于本地化而引起的软件问题（bug）。

软件本地化测试既有一般测试的特点，又有自己的测试要求，它们的主要区别是：本地化软件测试的重点是报告与本地化有关的问题，包括翻译语言的质量、与区域有关的特征、软件界面控件布局等。一般测试主要测试软件的功能和性能。本地化软件测试通常需要与源软件对比测试，确认错误是属于本地化错误，还是源语言功能错误。

本地化测试策略：

（1）软件功能测试。

原始语言开发的软件的功能测试主要测试软件的各项功能是否实现以及是否正确，而本地化软件的功能测试主要测试软件经过本地化后，软件的功能是否与源语言软件一致，是否存在因软件本地化而产生的功能错误，例如，某些功能失效或功能错误。本地化软件的功能测试相对于其他测试类型具有较大难度，由于大型软件的功能众多，而且有些功能不经常使用，可能需要多步组合操作才能完成，因此本地化软件的功能测试需要测试工程师熟悉软件的使用操作，对于容易产生本地化错误之外的错误能够预测，以便减少软件测试的工作量，这就要求测试工程师具有丰富的本地化测试经验。

除了某些菜单和按钮的本地化功能失效错误外，本地化软件的功能错误还包括软件的热键和快捷键错误，例如，菜单和按钮的热键与源语言软件不一致或者丢失热键。另外一类是排序错误，例如，排序的结果不符合本地化语言的习惯。发现本地化功能错误后，需要在源语言软件上进行相同的测试，如果源语言软件也存在相同的错误，则不属于本地化功能错误，而属于源语言软件的设计错误，需要报告源语言软件的功能错误。

（2）安装/卸载测试。

测试本地化的软件是否可以在本地语言的操作系统上正确地安装/卸载（包括是否支持本地语言的安装目录名）。安装/卸载前后安装文件、快捷方式、程序图标和注册表等的变化是否与源语言一致。

（3）软件界面测试。

本地化软件的用户界面测试（UI Testing）也称作外观测试（Cosmetic Testing），主要对软件的界面文字和控件布局（大小和位置）进行测试。用户界面至少包括软件的安装和卸载界面、软件的运行界面和软件的联机帮助界面。软件界面的主要组成元素包括窗口、对话框、菜单、工具栏、状态栏、屏幕显示文字等内容。用户界面的布局测试是本地化界面测试的重要内容，由于本地化的文字通常比原始开发语言长度增长，所以一类常见的本地化错误是软件界面上的文字显示不完整，例如，按钮文字只显示一部分。另一类常见的界面错误是对话框中的控件位置排列不整齐、大小不一致。相对于其他类型的本地化测试，用户界面测试可能是最简单的测试类型，软件测试工程师不需要过多的语言翻译知识和测试工具，但是由于软件的界面众多，而且某些对话框可能隐藏得比较深入，因此，软件测试工程师必须尽可能地熟悉被测软件的使用方法，这样才能找出那些较为隐蔽的界面错误。另外，某个界面错误可能是一类错误，需要报告一个综合的错误，例如，软件安装界面的"上一步"或"下一步"按钮显示不完整，则可能所有安装对话框的同类按钮都存在相同的错误。

（4）帮助文件功能和翻译质量。

测试帮助文件的功能与源语言软件是否一致，布局是否合理、美观，文字翻译是否准确、专业，找出没有翻译的段落。本地化项目后期要对联机帮助和相关文档（各种用户使用手册等）进行本地化，这个阶段的语言质量测试，除了对翻译的表达正确性和专业性进行测试之外，还要注意联机帮助文件和软件用户界面的一致性。如果对于某些软件专业术语的翻译存在疑问，需要报告一个翻译问题，请软件开发商审阅，如果确认是翻译错误，需要修改术语表和软件的翻译。关于本地化软件的语言质量测试，一个值得注意的问题是"过翻译"，就是如果对软件中不应该翻译的内容（例如软件的名称等）进行了翻译，应该报告软件"过翻译"错误。

6.4.2 关于 Java 用户界面本地化实例

首先程序需要查找特定 Locale 对象关联的资源包，所以应该定义一个 Local 对象，来获取本地默认的地区！然后可以调用 ResourceBundle 的 getBundle 方法，并将 locale 对象作为参数传入。

清单一：

```
Locale locale = Locale.getDefault();        //获取地区：默认
//获取资源束.如未发现则会抛出 MissingResourceException 异常
ResourceBundle bundle = ResourceBundle.getBundle("Properties.Dorian",locale);
```

清单一中的 Properties.Dorian 代表 Properties 包下以 Dorian 命名的默认资源文件。这样就可以使用资源文件了！让我们来看看资源文件是如何定义的。

清单二：

```
#Dorian.properties 是默认的"Dorian"资源束文件.
#作为中国人，我用自己的地区作为默认
Title = \u4e2d\u56fd;
red.label = \u7ea2\u8272;
green.label = \u7eff\u8272;
```

blue. label = \u84dd\u8272;

清单三：

```
＃文件 Dorian_en_US.properties,是美国地区的资源束
＃它覆盖了默认资源束
Title = America;
red. label = Red;
green. label = Green;
blue. label = Blue ;
```

清单一和清单二定义了一个默认资源文件，和美国地区的资源文件。其中等号左边的字符串表示主键，它们是唯一的。为了获得主键对应的值，可以调用 ResourceBundle 类的 getString 方法，并将主键作为参数。此外，文件中以"＃"号开头的行表示注释行。需要注意的是，清单二中的"\u4e2d\u56fd"，是字符"中国"的 Unicode 字符码，是使用 Java 自带的 native2ascii 工具转换的（native2ascii in. properties out. properties），这是为了不在程序界面中产生乱码。

清单四：

```
cmdRed. setText(bundle. getString("red. label"));
cmdBlue. setText (bundle. getString("blue. label"));
cmdGreen. setText (bundle. getString("green. label"));
```

清单二中的 cmdRed、cmdBlue、cmdGreen 为按钮。bundle. getString("red. label")为得到资源文件中主键是 red. label 的值。

到此为止，Java 程序用户界面的本地化就是这么简单。值得注意的是，在为用户界面事件编写事件监听器代码时，要格外小心。请看下面这段代码。

清单五：

```
public class MyApplet extends Japplet implements ActionListener{
public void init(){
JButton cancelButton = new JButton("Cancel");
CancelButton. addActionListener(this);
...
}
public voidactionPerformed(ActionEvent e){
String s = e. getActionCommand();
if(arg. equals("Cancel");
doCancel();
else …
}
}
```

如果对清单五的代码不进行本地化，它可能会运行得很好。但当按钮被本地化为中文时，Cancel 变为了"取消"。这时就会出现不愿意看到的问题。下面有 3 个方法可以消除这个潜在的问题。

（1）使用内部类而不使用独立的 actionPerformed 程序。

（2）使用引号而不使用标签来标识组件。

（3）使用 name 属性来标识组件。

本例稍后的代码就是采用第一种方法来消除这个问题的。

清单六（完整的代码）：

```
//: MyNative.java
/**
Copyright (c) 2003 Dorian. All rights reserved
@(#)MyNative.java 2003-12-21
@author Dorian
@version 1.0.0
visit http://www.Dorian.com/Java/
*/
import java.awt.*;
import java.awt.event.*;
import javax.swing.*;
import java.util.*;
/**
```

这是一个将 Java 程序界面本地化的例子，本例采用读取属性文件的方法来达到目的。

```
@see java.util.Locale;
@see java.util.ResourceBundle;
@see java.util.MissingResourceException;
*/
public class MyNative{
public static void main(String[] args){
JFrame frame = new MyNativeFrame();
frame.setDefaultCloseOperation(JFrame.EXIT_ON_CLOSE);
frame.setResizable(false);
frame.setVisible(true);              //弹出窗口
}
}
class MyNativeFrame extends JFrame{
public MyNativeFrame(){
Locale locale = Locale.getDefault();     //获取地区：默认
//获取资源束。如未发现则会抛出 MissingResourceException 异常
//"Properties.Dorian"为在 Properties 下以 Dorian 为文件名的默认属性文件
ResourceBundle bundle = ResourceBundle.getBundle("Properties.Dorian",locale);
setTitle(bundle.getString("Title"));   //通过 getString()的返回值来设置 Title
setSize(WIDTH,HEIGHT);               //设置窗口大小
panel = new MyNativePanel();
Container contentPane = getContentPane();
contentPane.add(panel);
//通过获取资源束中 *.label 的值对 3 个按钮设置其 Label
panel.setCmdRed(bundle.getString("red.label"));
panel.setCmdBlue(bundle.getString("blue.label"));
panel.setCmdGreen(bundle.getString("green.label"));
}
private MyNativePanel panel;
private static final int WIDTH = 400;
```

```
private static final int HEIGHT = 100;
}
class MyNativePanel extends JPanel{
public MyNativePanel(){
layout = new BorderLayout();
setLayout(layout);
txt = new JTextField(50);
add(txt,layout.CENTER);
cmdRed = new JButton();
cmdBlue = new JButton();
cmdGreen = new JButton();
panel.add(cmdRed);
panel.add(cmdBlue);
panel.add(cmdGreen);
add(panel,layout.SOUTH);
cmdRed.addActionListener(new ActionListener(){
public void actionPerformed(ActionEvent e){
String s = e.getActionCommand();
txt.setBackground(Color.red);
txt.setText(s);
}
});
cmdBlue.addActionListener(new ActionListener(){
public void actionPerformed(ActionEvent e){
String s = e.getActionCommand();
txt.setBackground(Color.blue);
txt.setText(s);
}
});
cmdGreen.addActionListener(new ActionListener(){
```

6.4.3 本地化测试的错误分类

软件本地化测试策略是本地化软件要在这种"干净"的本地化操作系统上安装并测试。源语言软件安装在另一台具有相同源语言的操作系统上,以进行对比测试。手工测试和自动测试相结合。

软件本地化的错误主要分为两大类:

第一,由源程序软件编码错误引起的;

第二,由软件本地化引起的。其中由软件本地化产生的错误类型包括语句没有翻译、翻译错误、控件布局错误。对于东亚语系软件,可能存在双字节字符显示错误等。

当前,常用的本地化测试工具有:

(1) 自动化测试工具——SilkTest;

(2) Html 文件测试工具——HtmlQA;

(3) 本地化安装/卸载测试工具——InCtrl;

(4) 软件资源文件(. RC)测试工具——Catalyst、Passolo、LocStudio、Helium、RC-WinTrans;

（5）MSI 文件测试辅助工具——Orca；

（6）ISO 文件测试辅助工具——Daemon Tools。

6.5　可用性测试

6.5.1　可用性测试基础

让一群具有代表性的用户对产品进行典型操作，同时观察员和开发人员在一旁观察、聆听、做记录。该产品可能是一个网站、软件或者其他任何产品，它可能尚未成型。测试可以是早期的纸上原型测试，也可以是后期成品的测试。

可用性最早来源于人因工程（human factors）。人因工程又称工效学（ergonomics），起源于"二战"时期，设计人员研发新式武器时需研究如何使用机器、人的能力限度和特性，从而诞生了工效学，这是一门涉及多个领域的学科，包括心理学、人体测量学、环境医学、工程学、统计学、工业设计、计算机等。

可用性测试已经成为产品（服务）设计开发和改进维护各个阶段必不可少的重要环节。它的价值在于初期及早地发现产品（服务）中可能会存在的问题，在开发或投产之前提供改进方案，从而节约设计开发成本。而在产品（服务）的销售疲软或是使用过程中出现问题却无法及时精确地找到问题关键时，可用性测试可以在很大程度上提高解决问题的效率。通过可用性测试不但可以获知用户对产品（服务）的认可程度，还可以获知一些隐含的用户行为规律。

现在，有很多网站开发人员往往出于时间、经济上的压力，只追求在尽可能短的时间内用尽可能低的成本发布一个站点或对网站进行改进，忽略了在网站开发前进行必要的需求收集和可用性测试。一个网站往往只有一次展示好的第一印象的机会，如果新用户第一次使用网站在线表单时遇到问题，或者在错综复杂的导航系统中迷路，那么这个网站绝对不会被用户收藏，甚至永远放弃。结果会造成用户的流失，并且造成后期改进难度大、工作量大的尴尬局面。

对可用性进行总结，其中包含 4 个方面的特点：

（1）可用性既是用来评估用户界面和产品是否易用（ease-of-use）的质量参数，也是在设计过程中提升产品综合质量的方法。用户对不同产品的易用性要求并不相同，可用性也需要根据不同产品有所改变，而作为提升质量的方法是指可用性包含的一些研究手段，如用户测试和专家评估等；

（2）可用性与用户使用产品的功能紧密联系，用户使用产品功能的目的是不同的，这时可用性成为是否符合用户目的，满足用户行为需要、认知需要的评判指标；

（3）可用性关注特定用户在特定情景下满足特定目的这一个过程，这反映了可用性不是固定不变的，而是需要根据具体的产品、用户、环境情况灵活变化的；

（4）可用性贯穿于整个产品周期之中，为了保证产品的可用性，在产品设计之初就应考虑并投入到可用性工作中，针对已有产品、相似产品的测试评估，或采用原型方式进行测试评估，完善新的设计。

6.5.2 可用性测试方法

提升可用性最主要的方式就是采用迭代式设计(iterative design),通过产品前期开发阶段的反复评估,不断获得用户反馈,进而修改、优化产品设计,直到达到可以接受的可用性水平。这其中的评估过程就是进行可用性测试的过程,可用性测试就是选择不同方法测试产品使用质量的过程。它的目的是建立评价标准,尽可能多地发现可用性问题,并指导产品界面的设计和改进。

在研发过程中,常见的可用性测试方法包括以用户为主的测试和以专家为主的测试方式。以用户为主的测试包括用户测试(user testing)和有声思维(think aloud),以专家为主的测试包括认知预演(cognitive walkthrough)和探索式评估(Heuristic Evaluation)。

1. 用户测试

用户测试方法是测试人员要求用户完成一系列设定的任务,用户在操作使用过程中出现的问题和失误将被测试人员记录,在任务结束时对问题和失误点进行追问,从而快速发现及判断产品中的不足,进而修改。测试采用的产品可以是最终完成的,也可以是基于不同保真度原型的非完成产品。该方法的目的是通过在产品设计阶段用户参与设计测试,预测最终产品可能出现的问题,进行修正以规避风险。采用用户测试的优点在于可以在特定任务条件下,获得特定用户的客观反馈结果,满足可用性测试的要求。

2. 有声思维

有声思维应用在可用性测试过程和心理学、社会学领域研究中,是获取用户数据反馈的有效方法。最初由 Lewis 在 IBM 公司提出,之后被 Ericsson 和 Simon 进一步修正。该方法要求用户在完成一系列由测试人员设定的任务过程中,口述自己所看所想和感受,以帮助观察测试人员获得第一手反馈,并最终发现问题。观察测试人员在整个测试过程中被要求,客观全面地记录用户所说的每一句话,不能打断用户的行动和表达。该方法的目的是明确"谁"在完成特定的任务时出现了什么样的"问题",强调特定的用户和特定的问题。

3. 认知预演

认知预演方法,最初在 20 世纪 90 年代初由 Wharton 等人提出,在 2000 年由 Spencer 优化了该方法,使其能够更加有效地适应软件开发的要求。该方法将用户行动过程(目的、计划、实施、评价)及系统反馈,按照任务流程进行步骤划分,之后由专家(设计人员和开发人员)对每一个步骤进行一系列检查评估,从而判断可能出现的可用性问题。

该方法因为可以低成本、高效率地发掘可用性问题,而被广泛用于早期开发阶段。但由于是从专家角度来判断用户的行为,而专家和用户有着本质差别,这导致专家和真实用户所认为的可用性问题存在差异;而且不同专家之间的差异也较大,一般所发现的可用性问题只有20%~30%是一致的,这也使得认知预演方法所得到的结果应用存在一定的局限性。

4．探索式评估

Nielsen 和 Molich 在 1990 年项目合作的过程中提出了探索式评估方法,该方法是非结构化的可用性研究方法,通过研发人员和行业专家,依照可用性原则来评估用户界面中的问题,不需要设定任务和情景,专家根据经验和可用性原则完成评估。

尽管探索式评估可以在很短的时间内发现大部分可用性问题,但是该方法也因为受到专家的背景知识、观点经验等方面的影响而被质疑,这种由专家评估所得到的结果与用户测试相比得到的结果差异性大,可信度不高。

6.5.3 传统 ATM 可用性测试报告

1．参与测试者

共有 12 人参与本次的可用性测试。其中 75% 为男性,25% 为女性。大约 60% 的测试者为学生,有一位 65～75 周岁的老人,其他为上班族。测试者全部不同程度地使用过ATM 自动取款机。

2．程序

测试被安排在室外进行,利用笔记本电脑播放的 Flash 全屏 Demo 虚拟取款机系统,使用笔记本电脑屏幕对应取款机屏幕,外接键盘表示取款机按键,且提供街道的背景声音,以最大限度地模拟真实的用户使用过程和环境。

测试之前,测试者被告知该次测试的目的和内容,介绍了本次测试需要完成的任务,并且说明了在测试过程中将减少与测试者的对话,使测试者在没有帮助的情况下完成任务,并请测试者尝试着以自言自语的方式表达自己的想法。测试全程采用了屏幕录像。

3．任务

完成一次可取金额最高值的取款操作,并在回放屏幕录像的时候表述自己当时的状态以及对该系统和测试活动的意见。

4．测试过程与结果

(1)插入磁卡,出现选择操作语言界面,如图 6.3 所示。

由于画面中英文和中文选项被表现得太像按钮,而使用户产生了其能够点选的第一印象,而忽视了该正确操作为按下屏幕两侧对应的金属按键。从而使约 91% 的用户最先尝试触摸屏幕上的提示选项来选择语言。且在错误操作之后,用户并没有得到操作不当的反馈,迷惑的用户紧接着又连续触击,平均每位用户在此画面上的错误点击达到了 2.8 次,如果粗略地利用 GOMS 法测试计算且忽略机器响应时间,仅在这个画面上的视觉错误就平均耽误了每位用户约 8.54s 的操作时间。对整个取款过程进行统计平均,每个用户平均因这些可用性问题犯的错误共 6.7 个,影响操作时间约 15.46s。

(2)进入中文操作界面,出现提示画面,如图 6.4 所示。

测试中,用户快速浏览了安全说明文字,并且着重记忆了疑问咨询电话(但当进入下一

图 6.3　操作语言界面

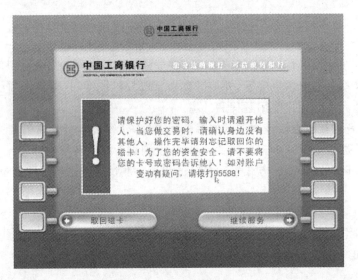

图 6.4　中文操作界面

个画面之后,大多数用户承认自己已经忘记了这个号码)。

　　同样,在这个画面中用户也出现了误认为屏幕上显示的选项文字为可操作按钮。之后的画面中也都有出现这种情况。

　　(3) 选择继续服务,出现输入密码框,如图 6.5 所示。

　　在输入密码的过程中,文字的描述充当了主要的角色(最可怕的是它描述得相当不准确),测试用户平均通过大约 3s 的时间来回忆密码。在测试过程中,出人意料的是,通过点击文字内容描述的键盘确认键来结束输入的,只占所有测试者的 33.4%。而其他大部分的测试者由于之前几步确认键在屏幕右下角的设置的印象记忆,都在输入完密码后将视线回到屏幕右下角处寻找确认提示。然而因为屏幕中并没有设置确认键,所以,造成了许多用户的疑惑、犹豫不决和烦躁不安。

图 6.5　密码框

（4）输入密码正确，提示选择交易，如图 6.6 所示。

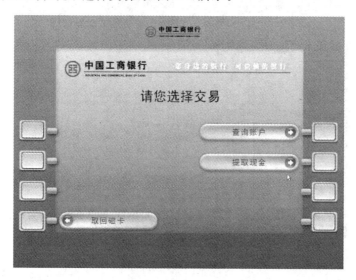

图 6.6　选择交易界面

测试中有 50% 的用户直接选择提取现金，而非先进行账户余额查询（因此，这些用户中的 66.7% 在之后的取款金额输入中遇到了相当大的困难）。其中 16.7% 的用户在取款后查询了账户余额。同样，也有 16.7% 的用户在选择取款之后又跳回到查询账户界面。

（5）选择查询账户，并选择账户类型，如图 6.7 所示。

测试中，有两位用户误解了继续服务的含义而跳回到选择交易界面。因为用户已默认右下角按键表示前进，而左下角按键表示返回的交互模式。

（6）进入储蓄账户，显示账户余额，如图 6.8 所示

查询余额的过程系统运转了约 3s。进入这个界面的测试者全部都用很长时间理解并努力记忆余额。而且还有一个很奇怪的现象：有 16.7% 的测试者在记下余额后，下意识地

图 6.7　选择账户类型界面

图 6.8　显示账户余额界面

点击了屏幕右边最上面的按钮。

　　(7) 选择继续服务,并选择提取现金和选择账户类型,出现输入取款金额框,如图 6.9 所示。

　　通过查询余额步骤的用户,用很长时间回忆先前看到的余额数量,但当输入刚刚系统显示的可取金额数量并确认时,框下面出现了"金额应为以下面值的倍数,100,请输金额"的提示。测试用户对文字的含义感到很迷惑。并且仍有 16.7% 的用户没有理解文字的含义或是根本没有注意到文字提示,并再次输入了系统不能接受的金额数字。

　　没有通过查询余额步骤的用户,则全部输入了错误的金额数字。更为过分的是,当用户想要退回到查询余额的画面时,界面中确并没有离开的出口。导致有一位用户心情烦躁地输入了 5 遍金额才通过。

图 6.9 取款金额框

(8) 正确输入取款金额成功取款,选择是否打印凭条,如图 6.10 所示。

图 6.10 打印凭条

有 83% 的用户选择了不打印凭条。

(9) 取回磁卡。

几乎所有的用户在选择取回磁卡的时候都不自觉地试图去点击屏幕的右下方习惯放置确认键的位置。可见,在这里"取回磁卡"并不是传统意义上的取消模式,而是被理解为"用户意识"的继续操作模式。

测试用户反馈意见:

① 希望在所有操作的最后取款,那样会有安全感。

② 输入取款金额时希望不要使用倍数概念,太抽象了,难以理解。

③ 输入取款金额时希望用选择而不是输入。

④ 按钮的很多颜色重复,不够明确。

⑤ 小键盘和屏幕交替使用频繁。

⑥ 界面太灰暗了,希望鲜亮一些。

⑦ 希望取款的时候显示余额。

⑧ 选项提示太像按钮了。

⑨ 希望在输入取款金额时能够显示可取的面值,最好能取 10 元的。

⑩ 放在左边的按钮用起来很别扭。

本 ATM 机用户界面的流程图如图 6.11 所示。

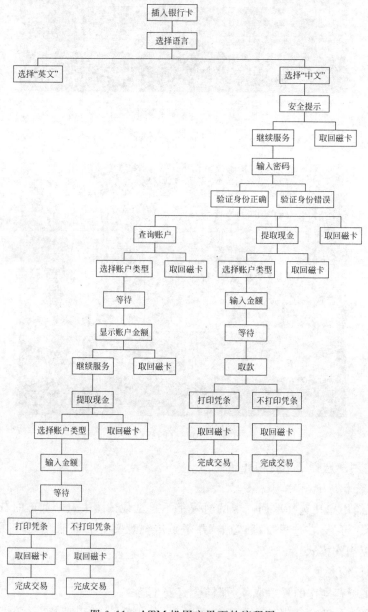

图 6.11　ATM 机用户界面的流程图

目前,可用性测试在某些高校已经成为一门单独的学科。因为它向我们揭示了软件测试的核心问题,在市场经济环境下,我们不仅注重投资,更看重回报。可用性测试有以下6个发展趋势。

(1) 完整的用户体验将是产品设计和评估的核心。测试从业人员已经有了理解功能性和可用性的手段,但是现在他们必须添加一些新的方法,用于理解产品,愉悦用户,满足用户对产品的需求。最新的一些情感化设计、愉悦性设计和趣味学等方面的书籍和文章都表明了这一趋势。

(2) 从业人员应该考虑他们对公司投资回报率(ROI)的影响。更应该考虑可用性活动怎么把产品变得更好,了解这些活动如何影响内部开发过程。收集那些可以展示可用性活动怎么改进流程和产品的度量方法。

(3) 在新兴的协作和电子商务技术的设计中,社会心理学正变得日趋重要。随着网络及在线社区和虚拟群体的出现,理解一个系统如何影响个体和群体之间的交互就变得更加迫切。因此,从业人员应该在他们可用性的知识和技能的储备中增加社会心理学的基础知识。

(4) 是否具备商业技能和头脑将成为从业人员的重要标准。为了让用户体验获得与产品设计的其他方面同等重要的地位,从业人员必须了解商业目标、战略、谈判技巧、创新、组织变更和项目管理等各个方面的知识。

(5) 协调技能将变得与设计及评估同等重要。

(6) 可用性方法将接受有效性和可靠性两个方面的检验。

6.6 配置测试

6.6.1 配置测试基础

配置测试(Configuration Testing)用于测试和验证软件,在不同的软件和硬件配置中运行。配置测试就是测试软件是否和系统的其他与之交互的元素之间兼容,如浏览器、操作系统、硬件等,验证被测软件在不同的软件和硬件配置中的运行情况。

配置测试执行的环境是所支持软件运行的环境。测试环境适合与否严重影响测试结果的真实性和正确性。硬件环境指测试必需的服务器、客户端、网络连接设备、打印机等,软件环境指被测试软件运行时的操作系统、软件平台和数据库等其他应用软件构成的环境。

怎样分离出配置错误? 简单的做法就是,如果在测试的过程中遇到了问题(bug),可在其他一些不同配置的机器上运行同样的操作,看问题是否能够重现,如果缺陷没有产生,就极有可能是特定的配置问题,这样即可分离出引起这个问题的最根本原因。判定该问题是开发过程中的问题,还是硬件问题要找出问题所在,通常有以下几种情况:

(1) 软件可能包含在多种配置中都出现的缺陷。

(2) 软件可能只包含在某一特殊配置中出现的缺陷。

(3) 硬件设备或者其设备驱动程序可能包含仅由软件揭示的缺陷。

(4) 硬件设备或者其设备驱动程序可能包含一个借助许多其他软件才能揭示的缺陷。

配置错误通常会有以下几种表现形式:

（1）软件在一系列的硬件配置条件下出现错误，例如连上激光打印机就出现错误。

（2）软件在一个特定型号的硬件下出现错误，例如只是连接上 Magus 牌扫描仪才出现错误。

（3）软件因为受到某个硬件或者硬件的驱动程序的影响而出现错误。

（4）硬件或者它的驱动程序本身是有问题的，也影响了其他的一些软件，不过我们测试的软件在当前硬件配置下受到的影响特别大。

对于前两种情况，可以通过软件厂商来修复。对于后面两种情况，需要软件厂商与硬件厂商一起沟通协调来解决问题。比如，某些软件在发布不久，就推出补丁；或者某些软件的光盘上直接有一些硬件的补丁；这些估计就是配置测试过程发现的问题，所以加入补丁来解决问题。

目前，我们使用的软硬件成千上万种，它们之间的组合数以万计。在做配置测试时，不能够实现完全测试，并且一些测试只做一次是不可以完成的，还可能测试多次。所以，需要做一些工作来减少配置测试的工作量。通常用等价类划分来减少工作量，尽可能地将测试控制在可以接受的范围，由于没有完全测试，因此存在一定的问题。

6.6.2　3D 游戏的配置测试

对于一款新的 3D 游戏，我们至少需要考虑使用各种图形卡、声卡、网卡和打印机进行配置测试。如果决定进行完整、全面的配置测试，检查所有可能的制造者和型号组合，就会面临巨大的工作量。市场上大致有 336 种显卡、210 种声卡、1500 种网卡、1200 种打印机，则测试组合的数目就是 $336 \times 210 \times 1500 \times 1200$，总计上亿种，规模之大难以想象。减少工作量的办法是等价类的划分。需要找出一个方法把巨量的配置可能性减少到尽可能可控的范围。由于没有完全测试，因此存在一定的风险，但这正是软件测试的特点。

确定测试哪些设备和如何测试的决定过程是相当直观的等价划分工作。什么重要，怎样才会成功，是需要决定的内容。

（1）确定所需的硬件类型。

联机注册：在选择用哪些硬件来测试时容易忽略的一个特性例子是联机注册。

如果软件需要联机注册成功，就需要把调制解调器和网络通信考虑在配置测试之中。

（2）确定有哪些厂商的硬件、型号和驱动程序可用。

确定要测试的设备驱动程序，一般选择操作系统附带的驱动程序、硬件附带的驱动程序或者硬件或操作系统公司网站上提供的最新的驱动程序。

（3）确定可能的硬件特性、模式和选项。

（4）将确定后的硬件配置缩减到可控制范围。

假设没有时间和计划测试所有配置，就需要把成千上万种可能的配置缩减到可以接受的范围，即要测试的范围。一种方法是把所有配置信息放在电子表格中，列出生产厂商、型号、驱动程序版本和可选项。软件测试员和开发小组可以审查这张表，确定要测试哪些配置。

注意：把众多配置等价划分为较小范围的决定过程最终取决于软件测试员和开发小组。这没有一个定式，每一个软件工程都不相同，都有不同的选择标准。一定要保证项目小组中的每一个人（特别是项目经理），搞清楚什么配置要测试（什么不测试），确定它们引起的变化有哪些。

（5）明确与硬件配置有关的软件的唯一特性。

不应该也没有必要在每一种配置中完全测试软件。只需测试那些与硬件交互时互不相同的特性即可。

（6）设计在每一种配置中执行的测试用例。测试用例执行步骤如下：

① 从清单中选择并建立下一个测试配置。

② 启动软件。

③ 打开文件 configtest.doc。

④ 确认显示出来的文件正确无误。

⑤ 打印文档。

⑥ 确认没有错误提示信息，而且打印的文档符合标准。

⑦ 将任何不符之处作为软件缺陷记录下来。

实际上，这些步骤还有更多内容，包括具体要做什么、有哪些细节和说明。目标是建立任何人都可以执行的步骤。

（7）在每种配置中执行测试。

软件测试员执行测试用例，仔细记录并向开发小组汇报，必要时还要向硬件厂商报告。注意明确配置缺陷的准确原因很难，需要和开发人员以及白盒测试人员密切配合，分离问题的原因。

（8）反复测试直到小组对结果满意为止。

配置测试一般不会贯穿整个项目周期，可能最初只是测试一些配置，接着整个测试通过，然后在越来越小的范围内确认缺陷的修复，最后达到没有未解决的缺陷或缺陷限于不常见或不可能的配置上。

进行配置测试是软件测试新手经常被指派的工作，因为它容易定义，是基本组织技能和等价划分技术的入门，是与其他项目小组成员合作的任务。

6.7　压力测试

1. 压力测试的定义

压力测试是一种基本的质量保证行为，它是每个重要软件测试工作的一部分。软件压力测试的基本思路很简单：不是在常规条件下运行手动或自动测试，而是在计算机数量较少或系统资源匮乏的条件下运行测试。通常要进行软件压力测试的资源包括内部内存、CPU 可用性、磁盘空间和网络带宽。

2. 压力测试的目的

需要了解被测应用程序一般能够承受的压力，同时能够承受的用户访问量（容量），最多支持有多少用户同时访问某个功能。在压力测试中选择用户最常用的 5 个功能作为本次测试的内容，包括登录。

3. 压力测试的要求

1）首先是对脚本的要求

（1）录制脚本（注意所有的脚本都应录制到 Action 中），自定义事务，事务从提交用户名和口令的脚本之前开始；

（2）在定义事务开始的脚本前加入集合点；

（3）在脚本中加入检查点，以登录成功的页面出现登录用户的 ID 即可；

（4）参数化登录用户的身份。

2）其次是对场景设置的要求

（1）因为事先我们不知道将有多少用户访问是临界点，所以在测试过程中需要多次改变用户数来确定；

（2）建议修改运行时设置，优化对服务器的访问；

（3）计划的设置，每 x 时间后加载 10 用户（根据总用户数设置），完全加载后持续运行不超过 5min（根据需要设置）；

（4）集合策略，当运行中的用户数 100％达到集合点时释放；

（5）注意事项，需要注意几个时间：

① 服务器响应超时时间；

② 登录事务迭代一次所使用的时间；

③ 集合点等待超时时间；

④ 计划中设置的间隔时间。在我们的测试中事务运行一次的时间不超过 30s，通过修改脚本使它的运行时间达到 1min 左右，服务器响应超时时间、结合点等待超时时间、计划中设置的间隔时间都设置为 2min。

这样场景开始运行后运行用户数呈阶梯状增长，另外在每个上升点新增的用户都会随原来已经运行的用户并发访问服务器。

通过多次的运行和对测试结果中正在运行用户数与错误用户的对比，然后根据定义可接受错误率就可得到该功能的最大并发访问的用户数。

以上测试中排除了对网络、客户端等的要求。在实际测试中首先要保证这些资源是足够的。

4. 压力测试实例

1）测试计划名称

河北省公安交通管理信息系统压力测试计划。

2）测试内容

本次测试中的压力测试是指模拟实际应用的软硬件环境及用户使用过程的系统负荷，长时间运行测试软件来测试被测系统的可靠性，同时还要测试被测系统的响应时间。

3）用户的实际使用环境

（1）由两台 IBM XSeries 250 PC Server 组成的 Microsoft Cluster；

（2）数据库管理系统采用 Oracle 8.1.6；

（3）应用服务器程序和数据库管理系统同时运行在 Microsoft Cluster 上。

（4）有 200 个用户使用客户端软件进行业务处理，每年通过软件进行处理的总业务量为 150 万笔业务。

4）测试计划

（1）测试强度估算。

测试压力估算时采用如下原则：

① 全年的业务量集中在 8 个月完成，每个月 20 个工作日，每个工作日 8 个小时；

② 采用 80-20 原理，每个工作日中 80% 的业务在 20% 的时间内完成，即每天 80% 的业务在 1.6 小时内完成；

（2）测试压力的估算结果。

① 去年全年处理业务约 100 万笔，其中 15% 的业务处理每笔业务需对应用服务器提交 7 次请求；

② 70% 的业务处理每笔业务需对应用服务器提交 5 次请求；其余 15% 的业务每笔业务向应用服务器提交 3 次请求；

③ 根据以往统计结果，每年的业务增量为 15%，考虑到今后 3 年业务发展的需要，测试需按现有业务量的 2 倍进行。每年总的请求数量为：（$100 \times 15\% \times 7 + 100 \times 70\% \times 5 + 100 \times 15\% \times 3) \times 2 = 300$ 万次。

每天的请求数量为：$300/160 = 1.875$ 万次。每秒的请求数量为：$(18750 \times 80\%)/(8 \times 20\% \times 3600) = 2.60$ 次。正常情况下，应用服务器处理请求的能力应达到：3 次/秒。

课后习题

1. 系统测试的方法有哪些？
2. 描述系统测试的全过程。
3. 描述性能测试的主要类别及重要指标。

第 7 章

验收测试

1. 概述

通过本章的学习,读者能够理解验收测试策略、验收测试过程及验收测试的思路;能够运用合适的方法对课程项目进行验收测试。

2. 教学重点与难点

1) 重点

(1) 验收测试策略;

(2) 验收测试过程。

2) 难点

验收测试策略的运用。

7.1 验收测试概述

用户验收测试是软件开发结束后,用户对软件产品投入实际应用以前进行的最后一次质量检验活动。它要检查开发的软件产品是否符合预期的各项要求,以及确认用户能否接受该产品。它不只是检验软件某个方面的质量,而是要进行全面的质量检验,并且要决定软件是否合格。

7.1.1 基本概念

验收测试是部署软件之前的最后一个测试操作。在软件产品完成了单元测试、集成测试和系统测试之后,产品发布之前所进行的软件测试活动。它是技术测试的最后一个阶段,也称为交付测试。验收测试的目的是确保软件准备就绪,并且可以让最终用户将其用于执行软件的既定功能和任务。

验收测试是向未来的用户表明系统能够像预定要求那样工作。经集成测试后,已经按照设计把所有的模块组装成一个完整的软件系统,接口错误也已经基本排除了,接着就应该进一步验证软件的有效性,这就是验收测试的任务,即软件的功能和性能如同用户期待的那样。

验收测试是系统开发生命周期的一个阶段,这时相关的用户和独立测试人员根据测试计划和结果对系统进行测试和接收。它让系统用户决定是否接受系统。它是一项确定产品是否能够满足合同或用户所规定需求的测试。这是管理性和防御性控制。

在工程及其他相关领域中，验收测试是指确认系统是否符合设计规格或契约之需求内容的测试，可能会包括化学测试、物理测试或是性能测试。在系统工程中，验收测试可能包括系统(例如一套软件系统、许多机械零件或是一批化学制品)交付前的黑箱测试。软件开发者常会将系统开发者进行的验收测试和客户在接受产品前进行的验收测试分开。后者一般会称为使用者验收测试、终端客户测试、实机(验收)测试、现场(验收)测试。在进行主要测试程序之前，常用冒烟测试作为一个阶段的验收测试。

7.1.2 验收测试的总体思路

用户验收测试是软件开发结束后，用户对软件产品投入实际应用以前进行的最后一次质量检验活动。它要回答开发的软件产品是否符合预期的各项要求，以及用户能否接受的问题。由于它不只是检验软件某个方面的质量，而是要进行全面的质量检验，并且要决定软件是否合格，因此验收测试是一项严格的正式测试活动。需要根据事先制订的计划，进行软件配置评审、功能测试、性能测试等多方面检测。

用户验收测试可以分为两个大的部分：软件配置审核和可执行程序测试，其大致顺序可分为文档审核、源代码审核、配置脚本审核、测试程序或脚本审核、可执行程序测试。

需要注意的是，在开发方将软件提交用户方进行验收测试之前，必须保证开发方本身已经对软件的各方面进行了足够的正式测试(当然，这里的"足够"，本身是很难准确定量的)。

用户在按照合同接收并清点开发方的提交物时(包括以前已经提交的)，要查看开发方提供的各种审核报告和测试报告内容是否齐全，再加上平时对开发方工作情况的了解，基本可以初步判断开发方是否已经进行了足够的正式测试。

用户验收测试的每一个相对独立的部分，都应该有目标(本步骤的目的)、启动标准(着手本步骤必须满足的条件)、活动(构成本步骤的具体活动)、完成标准(完成本步骤要满足的条件)和度量(应该收集的产品与过程数据)。在实际验收测试过程中，收集度量数据，不是一件容易的事情。

对于一个外包的软件项目而言，软件承包方通常要提供如下相关的软件配置内容：源程序、可执行程序、配置脚本、测试程序或脚本，主要的开发类文档有《需求分析说明书》《概要设计说明书》《详细设计说明书》《数据库设计说明书》《测试计划》《测试报告》《程序维护手册》《程序员开发手册》《用户操作手册》《项目总结报告》。主要的管理类文档有《项目计划书》《质量控制计划》《配置管理计划》《用户培训计划》《质量总结报告》《评审报告》《会议记录》《开发进度月报》。

审核要达到的基本目标是：

(1) 根据共同制定的审核表，尽可能地发现被审核内容中存在的问题，并最终得到解决。

(2) 在根据相应的审核表进行文档审核和源代码审核时，还要注意文档与源代码的一致性。

7.1.3　α、β测试简介

事实上,软件开发人员不可能完全预见用户实际使用程序的情况。例如,用户可能错误地理解命令,或提供一些奇怪的数据组合,亦可能对设计者自认明了的输出信息迷惑不解,等等。因此,软件是否真正满足最终用户的要求,应由用户进行一系列的"验收测试"。验收测试既可以是非正式的测试,也可以是有计划、有系统的测试。有时,验收测试长达数周甚至数月,不断暴露错误,导致开发延期。一个软件产品,可能拥有众多用户,不可能由每个用户验收,此时多采用称为α、β测试的过程,用来发现那些似乎只有最终用户才能发现的问题。α测试是指软件开发公司组织内部人员模拟各类用户对即将面市软件产品(称为α版本)进行测试,试图发现错误并修正。α测试的关键在于尽可能逼真地模拟实际运行环境和用户对软件产品的操作并尽最大努力涵盖所有可能的用户操作方式。经过α测试调整的软件产品称为β版本。紧随其后的β测试是指软件开发公司组织各方面的典型用户在日常工作中实际使用β版本,并要求用户报告异常情况、提出批评意见;然后软件开发公司再对β版本进行改错和完善。一般包括功能度、安全可靠性、易用性、可扩充性、兼容性、效率、资源占用率、用户文档8个方面。

7.2　验收测试的常用策略

实施验收测试的常用策略有3种,分别是:正式验收、非正式验收或α测试、β测试,策略通常建立在合同需求、组织和公司标准以及应用领域的基础上。

7.2.1　正式验收测试

正式软件验收测试是一项管理严格的过程,它通常是系统测试的延续。计划和设计这些测试的周密和详细程度不亚于系统测试。选择的测试用例应该是系统测试中所执行测试用例的子集。不要偏离所选择的测试用例方向,这一点很重要。在很多组织中,正式软件验收测试是完全自动执行的。

对于系统测试,活动和工件是一样的。在某些组织中,开发组织(或其独立的测试小组)与最终用户组织的代表一起执行验收测试。在其他组织中,软件验收测试则完全由最终用户组织执行,或者由最终用户组织选择人员组成一个客观公正的小组来执行。

这种测试形式的优点是:

(1) 要测试的功能和特性都是已知的。

(2) 测试的细节是已知的并且可以对其进行评测。

(3) 这种测试可以自动执行,支持回归测试。

(4) 可以对测试过程进行评测和监测。

(5) 可接受性标准是已知的。

缺点包括:

(1) 要求大量的资源和计划。

(2) 这些测试可能是系统测试的再次实施。

(3) 可能无法发现软件中由于主观原因造成的缺陷,这是因为你只查找预期要发现的缺陷。

7.2.2 非正式验收测试

在非正式验收测试中,执行测试过程的限定不像正式验收测试那样严格。在此测试中,确定并记录要研究的功能和业务任务,但没有可以遵循的特定测试用例。测试内容由各测试员决定。这种验收测试方法不像正式验收测试那样组织有序,而且更为主观。

大多数情况下,非正式验收测试是由最终用户组织执行的。

这种测试形式的优点是:

(1) 要测试的功能和特性都是已知的。

(2) 可以对测试过程进行评测和监测。

(3) 可接受性标准是已知的。

(4) 与正式验收测试相比,可以发现更多由于主观原因造成的缺陷。

缺点包括:

(1) 要求资源、计划和管理资源。

(2) 无法控制所使用的测试用例。

(3) 最终用户可能沿用系统工作的方式,并可能无法发现缺陷。

(4) 最终用户可能专注于比较新系统与遗留系统,而不是专注于查找缺陷。

(5) 用于验收测试的资源不受项目的控制,并且可能受到压缩。

7.2.3 β测试

在以上两种验收测试策略中,β测试需要的控制是最少的。在β测试中,采用的细节多少、数据和方法完全由各测试员决定。各测试员负责创建自己的环境、选择数据,并决定要研究的功能、特性或任务。各测试员负责确定自己对于系统当前状态的接受标准。β测试由最终用户实施,通常开发(或其他非最终用户)组织对其的管理很少或不进行管理。β测试是所有验收测试策略中最主观的。

β测试是软件的多个用户在一个或多个用户的实际使用环境下进行的测试。开发者通常不在测试现场,β测试不能由程序员或测试员完成。

该测试形式的优点是:

(1) 测试由最终用户实施。

(2) 大量的潜在测试资源。

(3) 提高客户对参与人员的满意程度。

(4) 与正式或非正式验收测试相比,可以发现更多由于主观原因造成的缺陷。

缺点包括:

(1) 未对所有功能和/或特性进行测试。

(2) 测试流程难以评测。

(3) 最终用户可能沿用系统工作的方式,并可能没有发现或没有报告缺陷。

(4) 最终用户可能专注于比较新系统与遗留系统,而不是专注于查找缺陷。

（5）用于验收测试的资源不受项目的控制，并且可能受到压缩。

（6）可接受性标准是未知的。

（7）需要更多辅助性资源来管理 β 测试员。

7.3 验收测试过程

（1）测试计划在需求分析阶段建立，主要了解软件功能和性能要求、软硬件环境要求等，并特别要了解软件的质量要求和验收要求。根据软件需求和验收要求编制测试计划，制定需测试的测试项，制定测试策略及验收通过准则。

（2）建立测试环境。根据验收测试计划、项目或产品验收准则完成测试用例的设计，并经过评审。

（3）准备测试数据、执行测试用例，记录测试结果。

（4）分析测试结果。根据验收通过准则分析测试结果，给出验收是否通过的结论及测试评价。

通常会有 4 种情况：

① 测试项目通过。

② 测试项目没有通过，并且不存在变通方法，需要做很大的修改。

③ 测试项目没有通过，但存在变通方法，在维护后期或下一个版本改进。

④ 测试项目无法评估或者无法给出完整的评估。此时必须给出原因。如果是因为该测试项目没有说清楚，应该修改测试计划。

（5）提交测试报告。根据产品设计说明书、详细设计说明书、验收测试结果和发现的错误信息，评价系统的设计与实现，最终通过验收测试报告和缺陷报告等体现出来。

图 7.1 所示为验收测试的流程图。

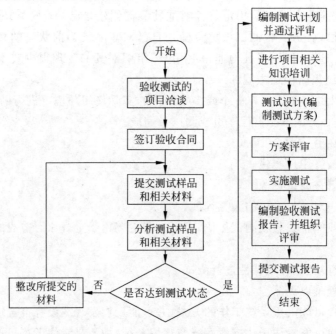

图 7.1 验收测试过程流程图

7.4 用户验收测试实施

用户验收测试可以分为两大部分：软件配置审核和可执行程序测试，其大致顺序可分为：

（1）文档审核；

（2）源代码审核；

（3）配置脚本审核；

（4）测试程序或脚本审核；

（5）可执行程序测试。

软件配置审核是对于一个外包的软件项目而言，软件承包方通常要提供如下相关的软件配置内容：可执行程序、源程序、配置脚本、测试程序或脚本。

审核的文档类型：

（1）主要的开发类文档包括《需求分析说明书》《概要设计说明书》《详细设计说明书》《数据库设计说明书》《测试计划》《测试报告》《程序维护手册》《程序员开发手册》《用户操作手册》《项目总结报告》。

（2）主要的管理类文档包括《项目计划书》《质量控制计划》《配置管理计划》《用户培训计划》《质量总结报告》《评审报告》《会议记录》《开发进度月报》。

在开发类文档中，容易被忽视的文档有《程序维护手册》和《程序员开发手册》。

《程序维护手册》的主要内容包括系统说明（包括程序说明）、操作环境、维护过程、源代码清单等，编写目的是为将来的维护、修改和再次开发工作提供有用的技术信息。

《程序员开发手册》的主要内容包括系统目标、开发环境使用说明、测试环境使用说明、编码规范及相应的流程等，实际上就是程序员的培训手册。

通常，正式的审核过程分为 5 个步骤：

① 计划；

② 预备会议（可选）：对审核内容进行介绍并讨论；

③ 准备阶段：各责任人事先审核并记录发现的问题；

④ 审核会议：最终确定工作产品中包含的错误和缺陷；

⑤ 问题追踪。

审核要达到的基本目标是：

（1）根据共同制定的审核表，尽可能地发现被审核内容中存在的问题，并最终得到解决。

（2）在根据相应的审核表进行文档审核和源代码审核时，还要注意文档与源代码的一致性。

在文档审核、源代码审核、配置脚本审核、测试程序或脚本审核都顺利完成后，就可以进行验收测试的最后一个步骤——可执行程序的测试。

可执行程序的测试包括功能、性能等方面的测试，每种测试也都包括目标、启动标准、活动、完成标准和度量 5 部分。

需要注意的是，不能直接使用开发方提供的可执行程序用于测试，而要按照开发方提供的编译步骤,从源代码重新生成可执行程序。

在真正进行用户验收测试之前一般应该已经完成了以下工作(也可以根据实际情况有选择地采用或增加):

① 软件开发已经完成,并全部解决了已知的软件缺陷。

② 验收测试计划已经过评审并批准,并且置于文档控制之下。

③ 对软件需求说明书的审查已经完成。

④ 对概要设计、详细设计的审查已经完成。

⑤ 对所有关键模块的代码审查已经完成。

⑥ 对单元、集成、系统测试计划和报告的审查已经完成。

⑦ 所有的测试脚本已完成,并至少执行过一次,且通过评审。

⑧ 使用配置管理工具且代码置于配置控制之下。

⑨ 软件问题处理流程已经就绪。

⑩ 已经制定、评审并批准验收测试完成标准。

具体的测试内容通常可以包括:

① 安装(升级);

② 启动与关机;

③ 功能测试(正例、重要算法、边界、时序、反例、错误处理);

④ 性能测试(正常的负载、容量变化);

⑤ 压力测试(临界的负载、容量变化);

⑥ 配置测试、平台测试、安全性测试、恢复测试(在出现掉电、硬件故障或切换、网络故障等情况时,系统是否能够正常运行)、可靠性测试等。

7.5 验收测试实例

1. 项目简介

上海电气商和网——电子合同管理系统是一个与上海电气商和网整合在一起的系统,将商和网用户最终形成的采购结果,包括价格、数量、型号等信息以电子合同的形式保存起来,并为交易双方提供了使用商和网颁发的个人证书和企业证书对电子合同进行签名和盖章操作,在网上直接签署合同的功能。

2. 测试内容

上海市软件评测中心(SHSTC)受上海电气网络科技有限公司委托,根据 GB/T 17544—1998《信息技术软件包质量要求和测试》、GB/T 16260.1《软件工程产品质量　第 1 部分:质量模型》、GB/T 16260.2—2006《软件工程产品质量　第 2 部分:外部度量》的标准,和 SHSTC 软件产品测试规范规定的检测方法,于 2010 年 5 月 28 日至 6 月 23 日,对上海电气网络科技有限公司开发的"上海电气商和网——电子合同管理系统 V1.0"进行了功能和性能测试。

3. 效果及总结

通过对整个系统的功能测试,发现并协助开发方有效地修改了系统中存在的功能方面的缺陷,提升了软件的质量,使软件的具体实现达到了需求规格说明书的要求,有效地预防了系统上线后可能造成的业务风险。通过对常用业务模块多用户并发状况下的负载压力测试,协助开发方定位性能瓶颈,优化系统和网络设置,显著提升了系统的性能,使委托方能对系统上线后可承受的并发用户和操作响应时间有预先的了解。通过对缺陷的确认测试,确认了发现的缺陷得到了有效修改。

课后习题

1. 验收测试是由谁完成的? 通常包含哪些过程?
2. 验收测试的主要任务是什么?
3. 针对网上书店系统,编写验收测试的测试计划。

第 ② 篇

软件质量保证

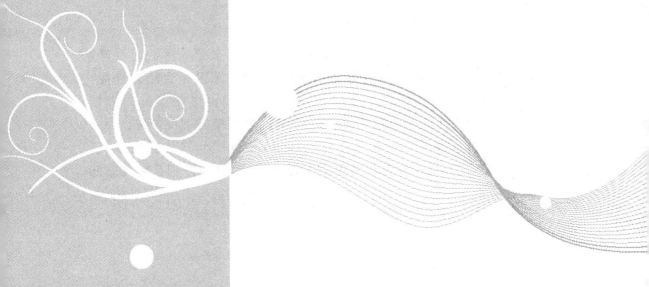

本篇分为 4 章,第 8 章软件过程能力评估,第 9 章软件缺陷及缺陷管理,第 10 章软件质量保证,第 11 章配置管理。第 8 章介绍软件能力成熟度模型及软件测试成熟度模型,掌握软件测试过程改进的方法。第 9 章系统讲解了如何有效管理在软件测试过程中发现的缺陷。第 10 章介绍了软件质量保证的相关概念,以及软件测试与软件质量保证的关系。第 11 章介绍了软件配置管理的基本理论、活动原则及配置方法。

第8章 软件过程能力评估

1. 概述

通过本章的学习，可以了解软件能力成熟度模型及软件测试成熟度模型，掌握软件测试过程改进的方法。

2. 教学重点与难点

1）重点
（1）软件能力成熟度模型；
（2）软件测试成熟度模型。

2）难点
软件测试过程改进的方法。

"软件过程及能力成熟度评估"（简称 SPCA）是软件过程能力评估和软件能力成熟度评估的统称，是工业和信息化部会同国家认证认可监督委员会在研究了国际软件评估体制，尤其是美国卡内基·梅隆大学 SEI 所建立的能力成熟度模型 CMMI，并考虑国内软件产业实际情况所建立的软件评估体系。SPCA 依据的评估标准是 SJ/T 11234 和 SJ/T 11235，这两个标准是在深入研究了 CMM、CMMI、ISO/IEC TR15504、ISO 9000、TL 9000 以及其他有关的资料和文件以及国外企业实施 CMM 的实际情况后，结合国内企业的实际情况，以 CMMI 作为主要参考文件最终形成的，工业和信息化部于 2001 年 5 月 1 日发布实施。

SPCA 评估遵循《软件过程及能力成熟度评估指南》，该指南是国家认监委及工业和信息化部于 2002 年 8 月共同发布的利用 SJ/T 11234 或 SJ/T 11235 实施评估的操作指南。评估过程由经过培训的专业队伍以评估参考模型作为确定过程的强项和弱项的基础，而对一个或多个过程进行检查。从不同用途考虑，评估分为内部过程改进评估和顾客选择评价两种。

目前，国家认证认可监督管理委员会（CNCA）及工业和信息化部已经联合发布《软件过程及能力成熟度评估监督管理办法》，CNCA 授权的中国认证机构国家认可委员会（CNAB）和中国国家认证人员培训认可委员会（CNAT），已制定和试点实施"软件过程及能力成熟度评估"认可规则，并成立 SPCA 工作组，以推动中国软件过程及能力成熟度评估的实施。

8.1 软件能力成熟度模型

软件的能力成熟度模型(CMM/CMMI)是一个行业标准模型,它是在美国国防部的指导下,由卡内基·梅隆大学软件工程研究所开发的用于定义和评价软件公司开发过程的成熟度,提供怎样做才能提高软件质量的指导。

软件能力成熟度模型中融合了全面质量管理的思想,以不断进化的层次反映了软件过程定量控制中项目管理和项目工程的基本原则。CMM/CMMI 所依据的想法是只要不断地对企业的软件工程过程的基础结构和实践进行管理和改进,就可以克服软件生产中的困难,增强开发制造能力,从而能按时地、不超预算地制造出高质量的软件。

8.1.1 CMM/CMMI 的发展

CMM/CMMI 的思想来源于已有多年历史的产品质量管理和全面质量管理。Watts Humphrey 和 Ron Radice 在 IBM 公司将全面质量管理的思想应用于软件工程过程,收到了很大的成效。20 世纪 80 年代中期,为了保证软件产品的质量,美国联邦政府提出对软件承包商的软件开发能力进行评估的要求。1987 年,由美国卡内基·梅隆大学软件工程研究所(CMU/SEI)发布了软件过程成熟度框架,提供了软件过程评估和软件能力评价两种评估方法。4 年之后,SEI 将软件过程成熟度框架发展为软件能力成熟度模型(Capability Maturity Model For Software,简称 SW-CMM),并发布了最早的 SW-CMM 1.0 版。经过两年的试用,1993 年 SEI 正式发布了 SW-CMM 1.1 版。

1991 年 SW-CMM 首次发布后,便受到了软件工业界的热烈欢迎和认同。但是,随着 IT 产业的快速发展,软件的应用领域逐渐扩大,复杂度日趋增强,CMM 体系存在的不足逐渐显露。扩大 CMM 的使用领域,成为 CMU/SEI 对 CMM 进行完善的重要内容。在总结 CMM 应用的经验和教训基础上,CMU/SEI 提出了能力成熟度集成模型(Capability Maturity Model Integration,CMMI),该模型整合了不同模型中的最佳实践,覆盖了多个领域,供企业进行整个组织的全面过程改进。2001 年 12 月,CMU/SEI 正式发布了 CMMI 1.1 版本,这次发布标志着 CMMI 的正式使用。目前广泛使用的是 CMMI 1.2,这个版本是 2006 年 8 月发布的。

8.1.2 CMM/CMMI 应用领域

CMM/CMMI 从发布至今,在以下 3 个领域得到了广泛认可和应用。

1. 软件过程评估(Software Process Assessment,SPA)

指出该企业所面临的与软件过程有关的、最急需解决的问题,为组织领导层提供报告以获得组织对软件过程改善的支持。软件过程评估集中关注组织自身的软件过程,在一种合作的、开放的环境中进行。评估的成功取决于管理者和专业人员对组织软件过程改善的支持。

2. 软件过程改进（Software Process Improvement，SPI）

帮助软件企业对其软件（制作）过程的改变（进）进行计划、（措施）制定以及实施。其实施对象就是软件企业的软件过程，也就是软件产品的生产过程，当然也包括软件维护之类的维护过程，而对于其他的过程并不关注。

3. 软件能力评价（Software Capability Evaluation，SCE）

鉴别软件承包者的能力资格或检查、监督用于软件制作的软件过程的情况。软件能力评价集中关注、识别在预算和进度要求范围内完成制造出高质量的软件产品的软件合同及相关风险。评价在一种审核的环境中进行，重点在于揭示组织实际执行软件过程的文档化的审核记录。

8.1.3　CMM/CMMI 基本框架

1. CMM

CMM/CMMI 将软件过程的成熟度分为 5 个等级，以下是 5 个等级的基本特征（如图 8.1 所示）：

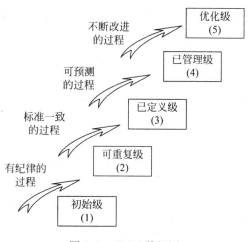

图 8.1　CMM 等级图

（1）初始级（initial）。工作无序，项目进行过程中常放弃当初的计划。管理无章法，缺乏健全的管理制度。开发项目成效不稳定，项目成功主要依靠项目负责人的经验和能力，负责人一旦离去，工作秩序将面目全非。

（2）可重复级（Repeatable）。管理制度化，建立了基本的管理制度和规程，管理工作有章可循。初步实现标准化，开发工作比较好地按标准实施。变更依法进行，做到基线化，稳定可跟踪，新项目的计划和管理基于过去的实践经验，具有重复以前成功项目的环境和条件。

（3）已定义级（Defined）。开发过程（包括技术工作和管理工作）均已实现标准化、文档化。建立了完善的培训制度和专家评审制度，全部技术活动和管理活动均可控制，对项目进行中的过程、岗位和职责均有共同的理解。

（4）已管理级（Managed）。产品和过程已建立了定量的质量目标。开发活动中的生产率和质量是可度量的。已建立过程数据库。已实现项目产品和过程的控制。可预测过程和产品质量趋势，如预测偏差，实现及时纠正。

（5）优化级（Optimizing）。可集中精力改进过程，采用新技术、新方法。拥有防止出现缺陷、识别薄弱环节以及加以改进的手段。可取得过程有效性的统计数据，并可据之进行分析，从而得出最佳方法。

2. CMMI

CMMI 在吸取了 CMM 和美国电子行业协会临时标准（EIA/IS）731 的表示方法的基础上，将软件过程能力成熟度分为阶段式和连续式两种形式。

阶段式主要用于对软件组织的过程能力成熟度的评估，基本沿用了 CMM 模型框架，仍然保留了 5 个成熟度等级，但过程域做了一些调整和扩充。

连续式将软件过程领域分为过程管理、项目管理、工程、支持，主要用于软件组织的某一个过程领域的能力度评估。连续式模型共有 6 个能力度等级，分别是 0 级（不完整级）、1 级（执行级）、2 级（管理级）、3 级（定义级）、4 级（量化管理级）、5 级（最佳化级）。如表 8.1 所示。

表 8.1　CMM、CMMI 模型的等级名称的对应关系

Level	CMM	CMMI（分级式）	CMMI（连续式）
0	—	—	不完整级
1	初始级	初始级	执行级
2	重复级	管理级	管理级
3	定义级	定义级	定义级
4	管理级	定量管理级	定量管理级
5	优化级	优化级	优化级

8.2　软件测试成熟度模型

软件测试是软件开发过程中的一个关键组成部分，为提高软件质量提供了有力保障。现有的软件过程评估模型（CMM、CMMI、ISO 9001 等）都没有对测试过程加以关注。为了提高软件测试的效率和质量，测试人员不仅要研究软件测试各种技术、方法和工具，还必须注重软件测试过程的管理和改进。软件测试成熟度模型（Test Maturity Model，TMM）正是在这种情况下产生的。

TMM 由美国 Illinois Institute of Technology 建立，是对 SEI-CMM 的有效补充。它依据 CMM 的框架提出测试的 5 个不同级别，关注测试能力的成熟度模型。

1. 第 1 级（初始级）

TMM 初始级软件测试过程的特点是测试过程无序，有时甚至是混乱的，几乎没有妥善

定义的。初始级中软件的测试与调试常常被混为一谈,软件开发过程中缺乏测试资源、工具以及训练有素的测试人员。初始级的软件测试过程没有定义成熟度目标。

2. 第 2 级(定义级)

在 TMM 的定义级中,测试已具备基本的测试技术和方法,软件的测试与调试已经明确地被区分开。这时,测试被定义为软件生命周期中的一个阶段,它紧随在编码阶段之后。但在定义级中,测试计划往往在编码之后才得以制订,这显然有悖于软件工程的要求。

1) 制订测试与调试目标

软件组织必须清晰地区分软件开发的测试过程与调试过程,识别各自的目标、任务和活动。正确区分这两个过程是提高软件组织测试能力的基础。与调试工作不同,测试工作是一种有计划的活动,可以进行管理和控制。这种管理和控制活动需要制订相应的策略和政策,以确定和协调这两个过程。

制订测试与调试目标包含 5 个子成熟度目标:

- 分别形成测试组织和调试组织,并有经费支持。
- 规划并记录测试目标。
- 规划并记录调试目标。
- 将测试和调试目标形成文档,并分发至项目相关人员。
- 将测试目标反映在测试计划中。

2) 启动测试计划过程

制订计划是使一个过程可重复、可定义和可管理的基础。测试计划应包括测试目的、风险分析、测试策略以及测试设计规格说明和测试用例。此外,测试计划还应说明如何分配测试资源,如何划分单元测试、集成测试、系统测试和验收测试的任务。

启动测试计划过程包含 5 个子目标:

- 建立组织内的测试计划组织并予以经费支持。
- 建立组织内的测试计划政策框架并予以管理上的支持。
- 开发测试计划模板并分发至项目的管理者和开发者。
- 建立一种机制,使用户需求成为测试计划的依据之一。
- 评价、推荐和获得基本的计划工具并从管理上支持工具的使用。

3) 制度化基本的测试技术和方法

为改进测试过程能力,组织中需应用基本的测试技术和方法,并说明何时和怎样使用这些技术、方法和支持工具。将基本测试技术和方法制度化有两个子目标:

- 在组织范围内成立测试技术组,研究、评价和推荐基本的测试技术和测试方法,推荐支持这些技术与方法的基本工具。
- 制订管理方针以保证在全组织范围内一致使用所推荐的技术和方法。

3. 第 3 级(集成级)

在集成级,测试不仅仅是跟随在编码阶段之后的一个阶段,它已被扩展成与软件生命周期融为一体的一组已定义的活动。测试活动遵循软件生命周期的 V 字模型。测试人员在需求分析阶段便开始着手制订测试计划,并根据用户或客户需求建立测试目标,同时设计测试用例并制订测试通过准则。在集成级上,应成立软件测试组织,提供测试技术培训,关键的测试活动应有相应的测试工具予以支持。在该测试成熟度等级上,没有正式的评审程序,没有建立质量过程和产品属性的测试度量。

集成级要实现 4 个成熟度目标,分别是建立软件测试组织、制订技术培训计划、软件全寿命周期测试、控制和监视测试过程。

1) 建立软件测试组织

软件测试的过程及质量对软件产品质量有直接影响。由于测试往往是在时间紧、压力大的情况下所完成的一系列复杂的活动,因此应由训练有素的专业人员组成测试组。测试组要完成与测试有关的多种活动,包括负责制订测试计划,实施测试执行,记录测试结果,制订与测试有关的标准和测试度量,建立测试数据库,测试重用,测试跟踪以及测试评价等。建立软件测试组织要实现 4 个子目标:

- 建立全组织范围内的测试组,并得到上级管理层的领导和各方面的支持,包括经费支持。
- 定义测试组的作用和职责。
- 由训练有素的人员组成测试组。
- 建立与用户或客户的联系,收集他们对测试的需求和建议。

2) 制订技术培训计划

为高效率地完成好测试工作,测试人员必须经过适当的培训。制订技术培训规划有 3 个子目标:

- 制订组织的培训计划,并在管理上提供包括经费在内的支持。
- 制订培训目标和具体的培训计划。
- 成立培训组,配备相应的工具、设备和教材。

3) 软件全生命周期测试

提高测试成熟度和改善软件产品质量都要求将测试工作与软件生命周期中的各个阶段联系起来。该目标有 4 个子目标:

- 将测试阶段划分为子阶段,并与软件生命周期的各阶段相联系。
- 基于已定义的测试子阶段,采用软件生命周期 V 字模型。
- 制订与测试相关的工作产品的标准。
- 建立测试人员与开发人员共同工作的机制。这种机制有利于促进将测试活动集成于软件生命周期中。

4) 控制和监视测试过程

为控制和监视测试过程,软件组织需采取相应措施,如:制订测试产品的标准,制订与测试相关的偶发事件的处理预案,确定测试里程碑,确定评估测试效率的度量,建立测试日志等。控制和监视测试过程有 3 个子目标:

- 制订控制和监视测试过程的机制和政策。
- 定义、记录并分配一组与测试过程相关的基本测量。
- 开发、记录并文档化一组纠偏措施和偶发事件处理预案,以备实际测试严重偏离计划时使用。

在 TMM 的定义级,测试过程中引入计划能力;在 TMM 的集成级,测试过程引入控制和监视活动。两者均为测试过程提供了可见性,为测试过程持续进行提供保证。

4. 第 4 级(管理和测量级)

在管理和测量级,测试活动除测试被测程序外,还包括软件生命周期中各个阶段的评审、审查和追查,使测试活动涵盖了软件验证和软件确认活动。根据管理和测量级的要求,软件工作产品以及与测试相关的工作产品,如测试计划、测试设计和测试步骤都要经过评审。因为测试是一个可以量化并度量的过程。为了测量测试过程,测试人员应建立测试数据库。收集和记录各软件工程项目中使用的测试用例,记录缺陷并按缺陷的严重程度划分等级。此外,所建立的测试规程应能够支持软件组织对测试过程的控制和测量。管理和测量级有 3 个要实现的成熟度目标:建立组织范围内的评审程序、建立测试过程的测量程序和软件质量评价。

1)建立组织范围内的评审程序

软件组织应在软件生命周期的各阶段实施评审,以便尽早有效地识别、分类和消除软件中的缺陷。建立评审程序有 3 个子目标:

- 管理层要制订评审政策支持评审过程。
- 测试组和软件质量保证组要确定并将整个软件生命周期中的评审目标、评审计划、评审步骤以及评审记录机制文档化。
- 评审项由上层组织指定。通过培训参加评审的人员,使他们理解和遵循相关的评审政策和评审步骤。

2)建立测试过程的测量程序

测试过程的测量程序是评价测试过程质量、改进测试过程的基础,对监视和控制测试过程至关重要。测量包括测试进展、测试费用、软件错误和缺陷数据以及产品质量等。建立测试测量程序有 3 个子目标:

- 定义组织范围内的测试过程、测量政策和目标。
- 制订测试过程测量计划。测量计划中应给出收集、分析和应用测量数据的方法。
- 应用测量结果制订测试过程改进计划。

3)软件质量评价

软件质量评价内容包括定义可测量的软件质量属性,定义评价软件工作产品的质量目标等项工作。软件质量评价有 2 个子目标:

- 管理层、测试组和软件质量保证组要制订与质量有关的政策、质量目标和软件产品质量属性。
- 测试过程应是结构化、已测量和已评价的,以保证达到质量目标。

5. 第 5 级(优化、预防缺陷和质量控制级)

由于本级的测试过程是可重复、已定义、已管理和已测量的,因此软件组织能够优化调整和持续改进测试过程。测试过程的管理为持续改进产品质量和过程质量提供指导,并提供必要的基础设施。

优化、预防缺陷和质量控制级有 3 个要实现的成熟度目标:

1）应用过程数据预防缺陷

这时的软件组织能够记录软件缺陷,分析缺陷模式,识别错误根源,制订防止缺陷再次发生的计划,提供跟踪这种活动的办法,并将这些活动贯穿于全组织的各个项目中。

应用过程数据预防缺陷有 4 个成熟度子目标:

- 成立缺陷预防组。
- 识别和记录在软件生命周期各阶段引入的软件缺陷和消除的缺陷。
- 建立缺陷原因分析机制,确定缺陷原因。
- 管理、开发和测试人员互相配合制订缺陷预防计划,防止已识别的缺陷再次发生。缺陷预防计划要具有可跟踪性。

2）支持统计质量控制

软件组织通过采用统计采样技术,测量组织的自信度,测量用户对组织的信赖度以及设定软件可靠性目标来推进测试过程。为了加强软件质量控制,测试组和质量保证组要有负责质量的人员参加,他们应掌握能减少软件缺陷和改进软件质量的技术和工具。支持统计质量控制的子目标有 4 个:

- 软件测试组和软件质量保证组建立软件产品的质量目标,如:产品的缺陷密度、组织的自信度以及可信赖度等。
- 测试管理者要将这些质量目标纳入测试计划中。
- 培训测试组学习和使用统计学方法。
- 收集用户需求以建立使用模型。

3）优化测试过程

优化测试过程在测试成熟度的最高级,已能够量化测试过程。这样就可以依据量化结果来调整测试过程,不断提高测试过程能力,并且软件组织具有支持这种能力持续增长的基础设施。基础设施包括政策、标准、培训、设备、工具及组织结构等。

测试能力成熟度框架如图 8.2 所示。

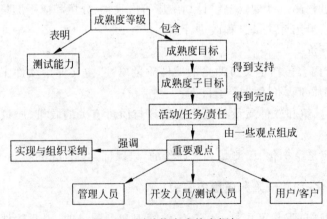

图 8.2　测试能力成熟度框架

优化测试过程包含:

- 识别需要改进的测试活动。
- 实施改进。

- 跟踪改进进程。
- 不断评估所采用的与测试相关的新工具和新方法。
- 支持技术更新。

测试过程优化所需的成熟度子目标包括 3 个：

- 建立测试过程改进组，监视测试过程并识别其需要改进的部分。
- 建立适当的机制以评估改进测试过程能力和测试成熟度的新工具和新技术。
- 持续评估测试过程的有效性，确定测试终止准则。终止测试的准则要与质量目标相联系。

8.3　软件测试过程改进

软件测试过程也就是软件测试生命周期，它严重影响着软件开发的效率和软件产品的质量。测试技术解决了测试采用的方法和技术问题，测试管理保证了各项测试活动的顺利开展。软件测试过程改进主要着眼于合理调整各项测试活动的时序关系，优化各项测试活动的资源配置以及实现各项测试活动效果的最优化。

在软件测试过程中，过程改进被赋予了举足轻重的地位，在测试计划、实施、检查、改进的循环中，过程改进既是一次质量活动的终点，又是下一次质量活动的原点，起着承上启下的作用，因此软件测试过程改进对于软件质量的提高相当重要。

8.3.1　软件测试过程改进的概念

测试过程的改进对象应该包括 3 个方面：组织、技术和人员。测试过程改进需要对组织给予特别关注，因为过程都是基于特定的组织架构建设的，而且组织设置是否合理对过程的好坏有决定性的影响。软件测试组织的不良架构通常表现在：

（1）没有恰当的角色追踪项目进展。

（2）没有恰当的角色进行缺陷控制、变更和版本追踪。

（3）项目在测试阶段效率低下、过程混乱。

（4）只有测试经理了解项目，项目成了个人的项目，而不是组织的项目。

（5）关心进度，而忘记了项目的另外两个要素：质量和成本。

上述问题可从组织中找出原因。因此在测试过程改进中可以先将测试从开发活动中分离出来，把缺陷控制、版本管理和变更管理从项目管理中分离出来。此外，需要给测试经理赋予明确的职责和目标。技术的改进包括对流程、方法和工具的改进，它包括组织或者项目对流程进行明确的定义，杜绝随机过程，引入统一的管理方法，并使用标准的经过组织认可的工具和模板。

人员的改进主要是指对企业文化的改进，它将促使建立高效率的团队和组织。

由于测试过程改进是一项长期的、没有终点的活动，而且要获得改进过程的收益也是长期的过程，所以在起步实施测试过程改进时，要充分考虑战略，并根据公司的战略目标确定测试部门的战略，描绘远景。将测试过程改进与公司战略目标相联系，是改进成功实施的必要条件，也是各公司在实施测试过程改进中获得的最佳实践。

8.3.2　组织的规划内容

（1）绘制远景，如提升管理成熟度，提高测试生产率，促使部门测试能力达到公司领先水平。

（2）战略分析，如在部门内制订三年计划。以内部人员为主，引入适当的培训，通过一年半到两年的内部过程，使得 VER/VAL 及其他相关过程域改进并达到 CMMI3 成熟度，适时进行评估，最终目标为 CMMI4。

（3）优缺点评估：上述战略方法的优点在于前期以内部改进为宗旨，避免了拔苗助长带来的风险，可以使过程改进更符合组织的实际情况。但缺点是不以正式评估作为目标，可能导致领导关注力度减弱，过程改进的动力不足，因此需要过程改进的负责人具有坚韧的斗志和持之以恒的信念。

8.3.3　主要策略

1. 重诊断，轻评估

要以诊断和解决测试过程中的实际问题作为测试过程改进的目的，不能盲目追求商业评估。在以往实施 ISO 9000 的过程中曾发现，组织拿证书的愿望常常会冲淡"过程改进"的真正目的。

2. 实施制度化的同时，建设企业文化

实施全面制度化的管理是过程改进的有效保障，制度和组织文化是互相依存的，没有良好的文化保障，制度化将困难重重；而没有制度的支撑，文化也将是无本之木。

3. 引入软件工具

推行配置、自动化测试和缺陷跟踪等工具，将有效地分解事务性工作，可以缓解人力资源不足的困难。常见的过程管理方面的工具包括 Rational 公司的 ClearCase、ClearQuest，CA 公司的 CCC/Harvest 等。

4. 建设管理和工程基础

为了解决基础薄弱的问题，需要在测试过程改进前期为相关部门和员工进行基础管理和基本软件工程的课程培训。

5. 发动全员参与

全员参与可以分 3 个层面来理解：第一，站在高于项目管理的层面；第二，站在项目管理的层面；第三，站在开发人员和测试人员层面。充分调动各方面人员的积极性。

6. 现有过程的复用

该原则可以充分利用现有过程的合理部分，提高被改进过程的可接受程度和使用价值。

8.3.4　软件测试过程改进的具体方法

过程改进在软件测试过程中占有举足轻重的位置,因此为了更好地保证软件质量,测试过程改进是测试人员经常要做的事情,下面列出了一些软件测试过程改进的具体方法:

(1) 调整测试活动的时序关系。在软件测试过程的测试计划中,不恰当的测试时序会引起误工和测试进度失控。例如,具体到某个工程实践中,有些测试活动是可以并行的,有些测试活动是可以归并完成的,有些测试活动在时间上存在线性关系等。所有这些一定要区分清楚并且要做最优化调整,否则会对测试进度产生不必要的影响。

(2) 优化测试活动资源配置。在软件测试过程中,必然会涉及人力、设备、场地、软件环境与经费等资源。那么如何合理地调配各项资源给相关的测试活动是非常值得斟酌的,否则会引起误工和测试进度的失控。在测试资源配置中最常见的是人力资源的调配,测试部门如果能深入了解员工的专长与兴趣所在,在进行人员分配时,根据其特点进行分配,就能对测试活动的开展产生事半功倍的效果。

(3) 提高测试计划的指导性。测试计划的指导性就是指测试计划的执行能力。在软件测试过程中,很多时候实际的测试和测试计划是脱节的,或者说很大程度上是没有按照测试计划去执行。测试计划的完成不仅仅是起草测试大纲,而是为了确保测试大纲中计划的内容能真正被执行、真正用于指导测试工作,为了更好地完成测试活动,保证软件的质量。

(4) 确立合理的度量模型和标准。在测试过程改进中,测试过程改进小组应根据企业与项目的实际情况制订适合自己公司的质量度量模型和标准,做出符合自己公司发展策略的投入。但是质量度量模型和标准的确立不是马上就可以进行的,而是测试过程改进小组随着测试过程的进行不断实践、不断总结、不断改进的。而质量度量模型和标准一旦确立,很多测试活动就不至于陷入过度测试或测试不够的尴尬状态中,使得测试活动在公司与项目不断发展变化的氛围中保持动态平衡。

(5) 提高覆盖率。覆盖率越高,表明测试的质量越高。覆盖率包括内容的覆盖和技术覆盖。内容的覆盖指的是起草测试计划、设计测试用例、执行测试用例和跟踪软件缺陷。内容覆盖率越高,就越能避免故障被遗漏的情况。技术的覆盖指一项技术指标要尽可能地做到测试技术的覆盖,采用科学的方法来验证某项指标,可以更好地保证产品的质量。

除了上面介绍的测试过程改进的具体方法外,还应注意如下事项:一是必须注意过程改进是跟公司的发展战略相关的,否则只会对测试过程产生不利的影响;二是测试过程的改进并不意味着必须投入大笔资金;三是在测试过程改进中可以参照 CMM 模型与技术。

课后习题

1. 谈谈你对 CMM 的 5 个等级及每个等级内的关键过程域的理解。
2. 谈谈你对软件测试成熟度模型的理解。
3. 简述软件测试过程改进的主要方法。

第 9 章

软件缺陷及缺陷管理

1. 概述

本章针对软件测试过程中发现的缺陷,如何进行有效的管理而进行系统讲解。通过本章的学习,读者能够掌握缺陷管理的有效方法以及最主流缺陷管理系统 Bugzilla 的安装和使用,包括缺陷的概念、管理缺陷的主要意义、缺陷报告的主要元素和缺陷管理系统等;能够运用缺陷报告和缺陷管理系统,对软件测试过程中出现的 Bug 进行提交和管理。

2. 教学重点与难点

1) 重点

(1) 软件缺陷概述;

(2) 缺陷的生命周期状态;

(3) 缺陷管理方法;

(4) Bugzilla 安装以及使用。

2) 难点

(1) 缺陷报告的主要元素;

(2) Bugzilla 安装以及使用。

9.1 软件缺陷

9.1.1 软件缺陷的定义

软件缺陷(Defect),常常又被叫做 Bug。所谓软件缺陷,即计算机软件或程序中存在的某种破坏正常运行能力的问题、错误,或者隐藏的功能缺陷。缺陷的存在会导致软件产品在某种程度上不能满足用户的需要。IEEE 729—1983 对缺陷有一个标准的定义:从产品内部看,缺陷是软件产品开发或维护过程中存在的错误、毛病等各种问题;从产品外部看,缺陷是系统所需要实现的某种功能的失效或违背。

9.1.2 软件测试中的常用术语

失效是指功能部件执行其规定功能的能力丧失。软件失效是指软件运行时产生的一种不希望或不可接受的外部行为。

软件失效的机理可描述为：软件错误→软件缺陷→软件故障→软件失效。

（1）软件错误（software error）：在可以预见的时期内，软件仍将由人来开发。在整个软件生存期的各个阶段，都贯穿着人的直接或间接的干预。然而，人难免犯错误，这必然给软件留下不良的痕迹。软件错误是指在软件生存期内的不希望或不可接受的人为错误，其结果是导致软件缺陷的产生。可见，软件错误是一种人为过程，相对于软件本身，是一种外部行为。

（2）软件缺陷（software defect）：软件缺陷是存在于软件（文档、数据、程序）之中的那些不希望或不可接受的偏差，如少一个逗号、多一条语句等。其结果是软件运行于某一特定条件时出现软件故障，这时称软件缺陷被激活。

（3）软件故障（software fault）：软件故障是指软件运行过程中出现的一种不希望或不可接受的内部状态。譬如，软件处于执行一个多余循环过程时，软件就会出现故障。此时若无适当的措施（容错）加以及时处理，便产生软件失效。显然，软件故障是一种动态行为。

（4）软件失效（software failure）：软件失效是指软件运行时产生的一种不希望或不可接受的外部行为结果。

9.1.3　软件缺陷产生的原因

在软件开发的过程中，软件缺陷的产生是不可避免的。那么造成软件缺陷的主要原因有哪些？从软件本身、团队工作和技术问题等角度分析，就可以了解造成软件缺陷的主要因素。软件缺陷的产生主要是由软件产品的特点和开发过程决定的。

1. 软件本身

（1）需求不清晰，导致设计目标偏离客户的需求，从而引起功能或产品特征上的缺陷。

（2）系统结构非常复杂，而又无法设计成一个很好的层次结构或组件结构，结果导致意想不到的问题或系统维护、扩充上的困难；即使设计成良好的面向对象的系统，由于对象、类太多，很难完成对各种对象、类相互作用的组合测试，而隐藏着一些参数传递、方法调用、对象状态变化等方面的问题。

（3）对程序逻辑路径或数据范围的边界考虑不够周全，漏掉某些边界条件，造成容量或边界错误。

（4）对一些实时应用，要进行精心设计和技术处理，保证精确的时间同步，否则容易引起时间上不协调、不一致性带来的问题。

（5）没有考虑系统崩溃后的自我恢复或数据的异地备份、灾难性恢复等问题，从而存在系统安全性、可靠性的隐患。

（6）系统运行环境的复杂，不仅用户使用的计算机环境千变万化，包括用户的各种操作方式或各种不同的输入数据，容易引起一些特定用户环境下的问题；在系统实际应用中，数据量很大，从而会引起强度或负载问题。

（7）由于通信端口多、存取和加密手段的矛盾性等，会造成系统的安全性或适用性等问题。

（8）新技术的采用，可能涉及技术或系统兼容的问题，事先没有考虑到。

2. 软件开发的过程

(1) 系统需求分析时对客户的需求理解不清楚,或者和用户的沟通存在一些困难。

(2) 不同阶段的开发人员相互理解不一致。例如,软件设计人员对需求分析的理解有偏差,编程人员对系统设计规格说明书的某些内容重视不够,或存在误解。

(3) 对于设计或编程上的一些假定或依赖性,相关人员没有充分沟通。

(4) 项目组成员技术水平参差不齐、新员工较多或培训不够等原因也容易引起问题。

3. 技术问题

(1) 算法错误:在给定条件下没能给出正确或准确的结果。

(2) 语法错误:对于编译性语言程序,编译器可以发现这类问题;但对于解释性语言程序,只能在测试运行时发现。

(3) 计算和精度问题:计算的结果没有满足所需要的精度。

(4) 系统结构不合理、算法选择不科学,造成系统性能低下。

(5) 接口参数传递不匹配,导致模块集成出现问题。

4. 项目管理的问题

(1) 缺乏质量文化,不重视质量计划,对质量、资源、任务、成本等的平衡性把握不好,容易挤掉需求分析、评审、测试等时间,遗留的缺陷会比较多。

(2) 系统分析时对客户的需求不是十分清楚,或者和用户的沟通存在一些困难。

(3) 开发周期短,需求分析、设计、编程、测试等各项工作不能完全按照定义好的流程来进行,工作不够充分,结果也就不完整、不准确,错误较多;周期短,还给各类开发人员造成太大的压力,引起一些人为的错误。

(4) 开发流程不够完善,存在太多的随机性和缺乏严谨的内审或评审机制,容易产生问题。

(5) 文档不完善,风险估计不足等。

9.1.4　软件缺陷的属性

软件缺陷的属性包括缺陷标识、缺陷类型、缺陷级别(或严重等级)、缺陷产生可能性(或概率)、缺陷优先级、缺陷状态、缺陷起源、缺陷来源、缺陷根源(原因)。

以上属性是为了准确描述缺陷而赋予的,具体介绍如下。

1. 缺陷标识

缺陷标识是标记某个缺陷的唯一标识,可以用数字序号表示。

2. 缺陷类型

缺陷类型包括功能、用户界面、文档、软件包、性能、接口、兼容性等。

(1) 功能:影响了各种系统功能、逻辑的缺陷;

(2) 用户界面:影响了用户界面、人机交互特性的缺陷;

（3）文档：影响发布和维护，包括注释、用户手册、设计文档等的缺陷；

（4）软件包：由于软件配置库、变更管理或版本控制引起的错误；

（5）性能：不满足系统可测量的属性值，如执行时间、事务处理速率等；

（6）接口：与其他组件、模块、调用参数、控制块等不匹配、冲突；

（7）兼容性：与工作环境、其他外设，如操作系统、浏览器、网络环境等不匹配、冲突。

3．缺陷级别

缺陷级别包括致命、严重、一般、轻微。

（1）致命：系统任何一个主要功能完全失效，用户数据受到破坏，系统崩溃、悬挂、涉及或者危及人身安全；

（2）严重：系统的主要功能部分失效，数据不能保存，系统的次要功能完全丧失，系统所提供的功能或服务受到明显影响；

（3）一般：系统的次要功能没有完全实现，但不影响用户的正常使用。如提示信息不准确或用户界面差、操作时间长等。

（4）轻微：使操作者不方便或遇到麻烦，但它不影响功能的操作和执行，如个别不影响理解的错别字、排列不整齐等。

4．缺陷产生可能性

缺陷产生的可能性分为必现、通常、有时、很少。

（1）必现：按照一定路径必定出现，其产生概率为100%；

（2）通常：按照测试用例（即已知步骤），通常情况下会产生这个缺陷，其产生概率大约是80%；

（3）有时：按照测试用例，有时候产生这个缺陷，其产生概率大约是30%；

（4）很少：按照测试用例，很少产生这个缺陷，其产生概率大约是1%以下；在实际测试中，仅出现过一次无法复现的缺陷也划分到此类；

5．缺陷状态

缺陷状态包括打开、已修复、关闭、拒绝、重复、重新打开、推迟、保留、不能重现（可根据实际情况增加或减少使用的缺陷状态）。

（1）打开：问题还没有解决，确认"提交的缺陷"，等待处理，如新报的缺陷；

（2）已修复：已被开发人员检查、修复过的缺陷，通过单元测试，认为已经解决但还没有被测试人员验证；

（3）关闭：测试人员验证后，确认缺陷不存在之后的状态；

（4）拒绝：开发人员认为不是缺陷；

（5）重复：开发人员认为此缺陷与某打开的缺陷重复；

（6）重新打开：测试人员验证后，确认缺陷仍然存在后的状态；

（7）推迟：这个软件缺陷可以在下一个版本中解决；

（8）保留：由于技术原因或者第三方软件的缺陷，开发人员不能修复的缺陷；

（9）不能重现：开发人员不能再现这个缺陷，需要测试人员确认缺陷再现的步骤。

6. 缺陷的起源

缺陷的起源包括需求、架构、设计、编码、测试、用户；在软件生命周期中，缺陷所占比例：需求和架构阶段54％、设计阶段25％、编码阶段15％、其他6％。

7. 缺陷的来源

缺陷的来源包括需求说明书、设计文档、系统集成接口、数据流（库）、程序代码。

（1）需求说明书：需求错误或不清楚引起的问题；

（2）设计文档：设计文档描述不准确，与需求说明书不一致的问题；

（3）系统集成接口：系统各模块参数不匹配、开发组之间缺乏协调引起的缺陷；

（4）数据流（库）：由于数据字典、数据库中的错误引起的缺陷；

（5）程序代码：纯粹由编码引起的缺陷。

8. 缺陷的根源

缺陷的根源来自于测试策略，过程、工具盒方法，团队/人，缺乏组织和沟通，硬件，软件，工作环境。

（1）测试策略：错误的测试范围，误解测试目标，超越测试能力等；

（2）过程、工具和方法：无效的需求收集过程，过失的风险管理过程，不适用的项目管理方法，无效的变更控制过程等；

（3）团队/人：项目团队职责较差，缺乏培训，没有经验的项目团队，缺乏士气等；

（4）缺乏组织和沟通：缺乏用户参与，职责不明确、管理失败等；

（5）硬件：硬件配置不对、缺乏等；

（6）软件：软件配置不对、缺乏，或操作系统错误导致无法释放资源，工具软件错误，编译器错误等；

（7）工作环境：组织机构调整，预算改变，工作环境恶劣等。

9.1.5 软件缺陷的类型

根据缺陷的自然属性来划分，软件缺陷可分为表9.1所示的类型。

表 9.1　软件缺陷的类型

缺 陷 类 型	描　　述	子 类 型
功能问题（F-Function）	影响了重要的特性、用户界面、产品接口、硬件结构接口和全局数据结构。并且设计文档需要正式的变更。如指针、循环、递归、功能等缺陷	功能错误 功能缺失 功能超越 设计二义性 算法错误
接口问题（I-Interface）	与其他组件、模块或设备驱动程序、调用参数、控制块或参数列表相互影响的缺陷	模块间接口 模块内接口 公共数据使用

续表

缺陷类型	描　述	子　类　型
逻辑问题（L-Logic）	需要进行逻辑分析，进行代码修改，如循环条件等	分支不正确 重复的逻辑 忽略极端条件 不必要的功能 误解 条件测试错误 循环不正确 错误的变量检查 计算顺序错误 逻辑顺序错误
计算问题（C-Computation）	等式、符号、操作符或操作数错误，精度不够、不适当的数据验证等缺陷	等式错误 缺少运算符 错误的操作数 括号用法不正确 精度不够 含入错误 符号错误
数据问题（A-Assignment）	需要修改少量代码，如初始化或控制块。如声明、重复命名，范围、限定等缺陷	初始化错误 存取错误 引用错误的变量 数组引用越界 不一致的子程序参数 数据单位不正确 数据维数不正确 变量类型不正确 数据范围不正确 操作符数据错误 变量定位错误 数据覆盖 外部数据错误 输出数据错误 输入数据错误 数据检验错误
用户界面问题 （U-User Interface）	人机交互特性：屏幕格式，确认用户输入，功能有效性，页面排版等方面的缺陷	界面风格不统一 屏幕上的信息不可用 屏幕上的错误信息 界面功能布局和操作不合常规

续表

缺 陷 类 型	描　　述	子　类　型
文档问题(D-Documentation)	影响发布和维护,包括注释等缺陷	描述含糊 项描述不完整 项描述不正确 项缺少或多余 项不能验证 项不能完成 不符合标准 与需求不一致 文字排版错误 文档信息错误 注释缺陷
性能问题(P-Performance)	不满足系统可测量的属性值,如执行时间、事务处理速率等缺陷	
配置问题(B-Build/package/merge)	由于配置库、变更管理或版本控制引起的错误	配置管理问题 编译打包缺陷 变更缺陷 纠错缺陷
标准问题(N-Norms)	不符合各种标准的要求,如编码标准、设计符号等缺陷	不符合编码标准 不符合软件标准 不符合行业标准
环境问题(E-Environments)	由于设计、编译和运行环境引发的问题	设计、编译环境 运行环境
兼容问题	软件之间不能正确地交互和共享信息	操作平台不兼容 浏览器不兼容 分辨率不兼容
其他问题(O-Others)	以上问题不包含的其他问题	

在实际项目组中,按照以上划分的方式是比较少见的,通常采取通用的缺陷分类方式,如下所示:

(1) 代码错误(Code bug);

(2) 功能错误(Function bug);

(3) 规范错误(Spec bug);

(4) 性能错误(Performance bug);

(5) 界面错误(UI bug)。

9.1.6　缺陷严重程度

缺陷严重程度指因缺陷引起的故障对软件产品的影响程度,具体如表 9.2 所示。

表 9.2 缺陷严重程度列表

严重级别	对应缺陷严重等级	描　　述
1-严重(Critical)	严重缺陷	不能执行正常工作功能或实现重要功能,包括: (1) 可能有灾难性的后果,如造成系统崩溃,造成事故等; (2) 数据库错误,如数据丢失等
2-重要(Major)	较大缺陷	产生错误的结果,导致系统不稳定,运行时好时坏,严重地影响系统要求或基本功能实现的问题。如: (1) 造成数据库不稳定的错误; (2) 在说明中的需求未在最终系统中实现; (3) 程序无法运行,系统意外退出; (4) 业务流程不正确
3-中等(Normal)	一般缺陷	不正确的,但不会影响系统稳定性的: (1) 过程调用或其他脚本错误; (2) 系统刷新错误; (3) 产生错误结果,如计算结果错误、数据不一致等; (4) 功能的实现有问题,如在系统实现的界面上,一些可接受输入的控件被单击后无反应,对数据库的操作不能正确实现; (5) 编码时数据类型、长度定义错误; (6) 虽然正确性、功能不受影响,但系统性能和响应时间受到影响; (7) 对于输入数据没有进行必要的类型校验
4-次要(Minor)	轻微缺陷	不正确的,使系统用起来不太方便的错误,重点指系统的UI问题: (1) 系统的提示语不明确,不简明; (2) 滚动条无效; (3) 可编辑区和不可编辑区不明显; (4) 光标跳转设置不好,鼠标(光标)定位错误; (5) 上下翻页,首尾页定位错误; (6) 界面不一致,或界面不正确; (7) 日期或时间初始值错误(起止日期、时间没有限定); (8) 出现错别字,标点符号错误,拼写错误,以及不正确的大小写等
5-有待改进(Enhancement)	其他缺陷	系统中需要改良的问题: (1) 容易给用户误解和歧义的提示; (2) 界面需要改进的,某个控件没有对齐等; (3) 对有疑虑的部分,提出修改建议

9.1.7　软件缺陷修复的代价

在讨论软件测试原则时,一开始就强调测试人员要在软件开发的早期,如需求分析阶段就应介入,问题发现得越早越好。发现缺陷后,要尽快修复缺陷。其原因在于错误并不只是在编程阶段产生,需求和设计阶段同样会产生错误。也许一开始,只是一个很小范围内的错误,但随着产品开发工作的进行,小错误会扩散成大错误,为了修改后期的错误所做的工作要大得多,即越到后来往前返工也越复杂。如果错误不能及早发现,那只可能造成越来越严重的后果。缺陷发现或解决时间越迟,成本就越高。如图 9.1 所示。

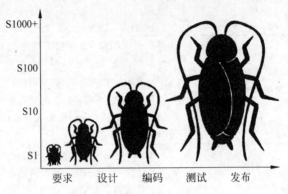

图 9.1　缺陷修复的成本代价

平均而言,如果在需求阶段修正一个错误的代价是 1,那么,在设计阶段就是它的 3～6 倍,在编程阶段是它的 10 倍,在内部测试阶段是它的 20～40 倍,在外部测试阶段是它的 30～70 倍,而到了产品发布出去时,这个数字就是 40～1000 倍,修正错误的代价不是随时间线性增长,而几乎是呈指数增长的。

9.1.8　缺陷优先级

缺陷优先级指缺陷必须被修复的紧急程度,如表 9.3 所示。"优先级"的衡量抓住了在严重性中没有考虑的重要程度因素。

表 9.3　缺陷优先级列表

缺陷优先级	描　　述
1-立即解决(Resolve Immediately)	导致测试无法继续进行,必须立刻进行修复;对用户产生很大影响,必须优先解决
2-高度关注(Highly Focus)	对此缺陷给以高度重视,应优先进行修复
3-正常排队(Normal Queue)	缺陷需要正常排队等待修复或列入软件发布清单
4-低优先级(Not Urgent)	缺陷可以在方便时被纠正

9.1.9　软件缺陷的生命周期

软件缺陷从被测试人员发现一直到被修复,也会经历一个特有的生命周期阶段。软件缺陷从被发现起经历了如下阶段:

(1) 测试人员找到并登记软件缺陷,软件缺陷被移交给程序修复人员。

(2) 程序修复人员修复软件中的软件缺陷,然后移交给测试人员。

(3) 测试人员确认软件缺陷被修复,关闭软件缺陷。

在许多情况下,软件缺陷生命周期的复杂程度仅为软件缺陷被打开、解决和关闭。然而,在有些情况下,生命周期变得更复杂一些。

理想的软件缺陷生命周期:新建(new)—打开(open)—解决(fixed)—关闭(closed)。

9.1.10　报告软件缺陷

在软件测试过程中,对于发现的大多数软件缺陷,要求测试人员简洁、清晰地把发现的问题报告给判断是否进行修复的小组,使其得到所需要的全部信息,然后才能决定怎么做。

1. 报告软件缺陷的基本原则

(1) 尽快报告软件缺陷。

(2) 有效地描述软件缺陷。对测试案例、测试过程进行准确、有效的描述。其要求如下:

① 简单并短小。

② 明确指明错误类型,如功能错误、字节错误等。

③ 单一,一个报告只针对一个软件缺陷。

④ 使用 IT 业界惯用的表达术语和表达方法。

(3) 在报告软件缺陷时不做任何评价。

(4) 补充和完善软件缺陷报告。

2. IEEE 软件缺陷报告模板

ANS/IEEE 829—1998 标准定义了一个称为软件缺陷报告的文档,用于报告“在测试期间发生的任何异常事件”。简言之,就是用于登记软件缺陷。模板标准如图 9.2 所示。

```
IEEE 829—1998 软件测试文档编制标准
软件缺陷报告模板
目录
1. 软件缺陷报告标识符
2. 软件缺陷总结
3. 软件缺陷描述
3.1  输入
3.2  期望得到的结果
3.3  实际结果
3.4  异常情况
3.5  日期和时间
3.6  软件缺陷发生步骤
3.7  测试环境
3.8  再现测试
3.9  测试人员
3.10  见证人
4. 影响
```

图 9.2　IEEE 软件缺陷报告模板

9.1.11　分离和再现软件缺陷

测试人员要想有效报告软件缺陷,就要对软件缺陷以明显、通用和再现的形式进行描述。

分离和再现软件缺陷是考验软件测试人员专业技能的地方,测试人员应该设法找出缩小问题范围的具体步骤。对测试人员有利的情况是,若建立起绝对相同的输入条件时,软件缺陷就会再次出现,不存在随机的软件缺陷。

如果找到的软件缺陷要采取繁杂的步骤才能再现,或者根本无法再现,碰到这种情况,可采取如下的方法来分离和再现软件缺陷。实践证明这些方法对测试人员是有所帮助的。

(1) 不要想当然地接受任何假设;

(2) 注意时间和运行条件上的因素;

(3) 注意软件的边界条件、内存容量和数据溢出的问题;

(4) 注意事件发生次序导致的软件缺陷;

(5) 考虑资源依赖性和内存、网络、硬件共享的相互作用;

(6) 不要忽视硬件。

9.2　测试总结报告

测试总结报告的目的是总结测试活动的结果,并根据这些结果对测试进行评价。这种报告是测试人员对测试工作进行总结,并识别出软件的局限性和发生失效的可能性。在测试执行阶段的末期,应该为每个测试计划准备一份相应的测试总结报告。从本质上讲,测试总结报告是测试计划的扩展,起着对测试计划"封闭回路"的作用。

图 9.3 所示的是符合 IEEE 829—1998 软件测试文档编制标准的测试总结报告模板。

```
IEEE 标准 829—1998 软件测试文档编制标准
测试总结报告模板
目录
1. 测试总结报告标识符
2. 总结
3. 差异
4. 综合评估
5. 结果总结
5.1　已解决的意外事件
5.2　未解决的意外事件
6. 评价
7. 建议
8. 活动总结
9. 审批
```

图 9.3　测试总结报告模板

9.3 软件缺陷跟踪管理

软件缺陷跟踪管理系统在现代软件开发中已经占据了很重要的位置。每一个软件组织都知道必须妥善处理软件中的缺陷。这是关系到软件组织生存和发展的质量根本。遗憾的是,并非所有的软件组织都知道如何有效地管理自己软件中的缺陷。CMM 及 CMMI 都对软件缺陷跟踪给予了关注并做出了相关规定。

缺陷跟踪管理是测试工作的一个重要部分,测试的目的是为了尽早发现软件系统中的缺陷,因此,对缺陷进行跟踪管理,确保每个被发现的缺陷都能够及时得到处理是测试工作的一项重要内容。

1. 缺陷跟踪管理的目标

缺陷能够引起软件运行时产生的一种不希望或不可接受的外部行为结果,软件测试过程简单说就是围绕缺陷进行的,对缺陷的跟踪管理一般而言需要达到以下目标:

(1) 确保每个被发现的缺陷都能够被解决。这里解决的意思不一定是被修正,也可能是其他处理方式(例如,在下一个版本中修正或是不修正),总之,对每个被发现缺陷的处理方式必须能够在开发组织中达到一致。

(2) 收集缺陷数据并根据缺陷趋势曲线识别测试过程的阶段。决定测试过程是否结束有很多种方式,通过缺陷趋势曲线来确定测试过程是否结束是常用并且较为有效的一种方式。

(3) 收集缺陷数据并在其上进行数据分析,作为组织的过程财富。

上述的第一条是最受重视的一点,在谈到缺陷跟踪管理时,一般人都会马上想到这一条,然而对第二和第三条目标却很容易忽视。其实,在一个运行良好的组织中,缺陷数据的收集和分析是很重要的,从缺陷数据中可以得到很多与软件质量相关的数据。

2. 缺陷管理的一般流程

缺陷管理的一般流程如图 9.4 所示。

1) 流程中的角色

(1) 测试人员:进行测试的人员,缺陷的发起者;

(2) 项目经理:对整个项目负责,对产品质量负责的人员;

(3) 开发人员:执行开发任务的人员,完成实际的设计和编码工作;

(4) 评审委员会:对缺陷进行最终确认,在项目成员对缺陷达不成一致意见时,行使仲裁权力。

2) 缺陷的状态

(1) 初始化:缺陷的初始状态;

(2) 待分配:缺陷等待分配给相关开发人员处理;

(3) 待修正:缺陷等待开发人员修正;

(4) 待验证:开发人员已完成修正,等待测试人员验证;

(5) 待评审:开发人员拒绝修改缺陷,需要评审委员会评审;

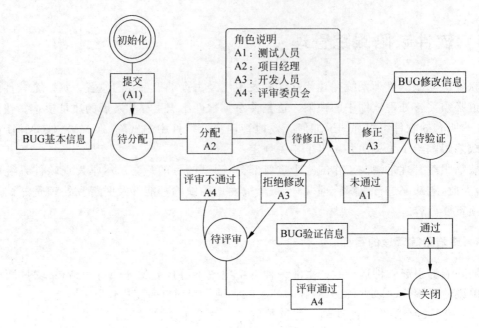

图 9.4　缺陷状态图

（6）关闭：缺陷已被处理完成。

3．缺陷数据统计

如前所述，缺陷数据统计也是缺陷跟踪管理系统的目标。一般而言，生成的缺陷数据统计图表包括缺陷趋势图、缺陷分布图、缺陷及时处理情况统计表等。

4．缺陷跟踪管理系统

目前已有的缺陷跟踪管理软件包括 Compuware 公司的 TrackRecord 软件（商业软件）、Mozilla 公司的 Buzilla 软件（免费软件）以及国内的微创公司的 BMS 软件，这些软件在功能上各有特点，可以根据实际情况选用。

当然，也可以自己开发缺陷跟踪软件，例如基于 Notes 或是 ClearQuese 开发缺陷跟踪管理软件。基于 Notes 的缺陷跟踪系统，除了具有上述功能外，还能够通过 Notes 的邮件系统方便地向相关人员发送提醒信息（缺陷处理超时提醒、缺陷待处理提醒等）。

除此之外，作为一个缺陷跟踪管理系统，还必须注意权限分配的问题。缺陷记录作为软件开发过程中的重要数据，不能轻易被删除；对于已经关闭的缺陷，也不能随意修改。因此，缺陷跟踪管理系统必须设置严格的管理权限，非相关人员不得进行相应操作，修改相应数据。在这一点上，通过 Notes 也很容易控制。

9.4　缺陷管理工具

目前市面上的软件缺陷管理工具不下几百种，为企业、为产品、为项目挑选合适的缺陷管理工具，是摆在我们面前的一项重要任务，软件缺陷管理工具（又称为软件缺陷跟踪系统）

可用于记录、跟踪、归类并处理软件开发过程出现的 Bug 和硬件系统中存在的缺陷。

使用缺陷管理工具,可以帮助项目更快更好地完成缺陷修复以及管理,提高项目组整体效率,并能根据缺陷统计分析产品目前质量状况。缺陷管理工具的使用具有以下特点:

(1) 保持高效率的测试过程;

(2) 提高软件缺陷报告的质量;

(3) 实施实时管理、安全控制;

(4) 利于项目组成员间的协同工作。

9.4.1 常见缺陷管理工具

1. Bugzilla

Bugzilla 是一个 Bug 追踪系统,设计用来帮助你管理软件开发过程。Bugzilla 是一开源 Bug 追踪系统,是专门为 UNIX 定制开发的。但是在 Windows 平台下依然可以成功安装使用。Testopia 是一款和 Bugzilla 集成到一起的测试用例管理系统。

它的强大功能表现在以下几个方面:

(1) 强大的检索功能;

(2) 用户可配置通过 E-mail 公布 Bug 变更;

(3) 历史变更记录;

(4) 通过跟踪和描述处理 Bug;

(5) 附件管理;

(6) 完备的产品分类方案和细致的安全策略;

(7) 安全的审核机制;

(8) 强大的后端数据库支持;

(9) Web、Xml、E-mail 和控制界面;

(10) 友好的网络用户界面;

(11) 丰富多样的配置设定;

(12) 版本间向下兼容。

2. BugFree

BugFree 是借鉴微软的研发流程和 Bug 管理理念,使用 PHP + MySQL 独立开发的一个 Bug 管理系统,简单实用、免费并且开放源代码(遵循 GNU GPL)。

3. Quality Center

HP Quality Center 提供了基于 Web 的系统,可在广泛的应用环境下自动执行软件质量测试和管理。仪表盘技术使用户可以了解验证功能和将业务流程自动化,并确定生产中阻碍业务成果的瓶颈。HP Quality Center 使 IT 团队能够在开发流程完成前就参与应用程序测试。这样将缩短发布时间表,同时确保最高水平的质量。

4. IBM Rational ClearQuest

IBM Rational ClearQuest 是一款强大的软件开发测试工具。集成自动化软件及系统开发的业务过程。IBM Rational ClearQuest V7.0 提供了增强的需求跟踪、构建跟踪、企业测试管理及部署跟踪的功能。这提供了从开发到部署的完整的审计跟踪,并扩展了跨生命周期的可追溯性。该软件增强了开发流程并使之自动化,同时还提高了软件生命周期的可理解性、可预测性和可控制性。

5. JIRA

JIRA 是集项目计划、任务分配、需求管理、错误跟踪于一体的商业软件。JIRA 功能全面、界面友好、安装简单、配置灵活,在权限管理以及可扩展性方面都十分出色。JIRA 创建的默认问题类型包括 New Feature、Bug、Task 和 Improvement 4 种,还可以自己定义,所以它也是一个过程管理系统。JIRA 融合了项目管理、任务管理和缺陷管理,许多著名的开源项目都采用了 JIRA。

JIRA 是目前比较流行的基于 Java 架构的管理系统,由于 Atlassian 公司对很多开源项目实行免费提供缺陷跟踪服务,因此在开源领域,其认知度比其他的产品要高得多,而且易用性也好一些。同时,开源则是其另一特色,在用户购买其软件的同时,也就将源代码购置进来,方便做二次开发。

6. Mantis

Mantis 是一个基于 PHP 技术的轻量级的缺陷跟踪系统,其功能与前面提及的 JIRA 系统类似,都是以 Web 操作的形式提供项目管理及缺陷跟踪服务。在功能上可能没有 JIRA 那么专业,界面也没有 JIRA 漂亮,但在实用性上足以满足中小型项目的管理及跟踪要求。更重要的是其开源,不需要负担任何费用。不过目前的版本还存在一些问题,期待在今后的版本中能够得以完善。

7. Bugzero

Bugzero 是一个多功能、基于网络(Web-based)并在浏览器下运行的 bug 缺陷管理和跟踪系统,可用来记录、跟踪,并归类处理软件开发过程出现的 bug 和硬件系统中存在的缺陷。Bugzero 也是一个完整的服务管理软件,包括集成服务台热线流程管理(Help Desk),可用来记录各种日常事务、变更请求和问题报告,及追踪和处理各种客户询问、反馈和意见。

Bugzero 提供了一个可靠的中央数据库使公司内部团队成员以及外部客户能在任何地点、任何时间进行协调和信息交流,并且使任何记录都有据可查。它使你省时省力。Bugzero 不但使用方便,而且功能齐全,变通性好,能够灵活设置各种实际工作流程,满足特定的业务和产品环境下的需求。这种灵活、易用的缺陷跟踪流程不仅增强了项目开发的质量,同时也提高了整个机构的生产效率。

9.4.2　Bugzilla 缺陷管理工具

1. Bugzilla 简介

Bugzilla 是一个共享的、免费的产品缺陷记录及跟踪工具,由 Mozilla 公司提供,创始人是 Terry Weissman,开始时使用一种名为 TCL 的语言创建,后用 Perl 语言实现,并作为开源产品发布。

Bugzilla 能够建立一个完善的 bug 跟踪体系,包括报告 bug、查询 bug 记录并产生报表、处理解决 bug、管理员系统初始化和设置 4 部分。

Bugzilla 具有如下特点:

(1) 基于 Web 方式,安装简单、运行方便快捷、管理安全。

(2) 有利于缺陷的清楚传达。本系统使用数据库进行管理,提供全面详尽的报告输入项,产生标准化的 bug 报告。提供大量的分析选项和强大的查询匹配能力,能根据各种条件组合进行 bug 统计。当缺陷在它的生命周期中变化时,开发人员、测试人员及管理人员将及时获得动态的变化信息,允许你获取历史记录,并在检查缺陷的状态时参考这一记录。

(3) 系统灵活、强大的可配置能力。Bugzilla 工具可以对软件产品设定不同的模块,并针对不同的模块设定开发人员和测试人员。这样可以实现提交报告时自动发给指定的责任人,并可设定不同的小组,权限也可划分。设定不同的用户对 bug 记录的操作权限不同,可有效控制进行管理。允许设定不同的严重程度和优先级。可以在缺陷的生命期中管理缺陷。从最初的报告到最后的解决,确保了缺陷不会被忽略。同时可以使注意力集中在优先级和严重程度高的缺陷上。

(4) 自动发送 E-mail,通知相关人员。根据设定的不同责任人,自动发送最新的动态信息,有效地帮助测试人员和开发人员进行沟通(每个人收到邮件后都要自觉进行相关处理)。

2. Bugzilla 的安装

1) 需要的软件

安装 Bugzilla 需要的软件有 MySQL 数据库软件,Activeperl 软件,Bugzilla 安装包,IIS 组件。

安装环境:

操作系统——Windows 平台

Bugzilla——4.2 或以上版本。

数据库——MYSQL:v5.5.21 For Windows 或以上版本。

Web 服务器——IIS 服务器或者 Web Server:Apache 2.2.22(released 2012-01-31)或以上版本。

Perl 解析器——ActivePerl-5.14.2.1402-MSWin32-x86-295342.msi 或以上版本。http://www.perl.org/。

2) 安装设置 MySQL 数据库

双击 MySQL 数据库安装软件进入如图 9.5 所示的界面。

单击 Next 按钮,出现如图 9.6 所示的界面。

选择 Custom 单选按钮,单击 Next 按钮,出现如图 9.7 所示的界面。

在此改变 MySQL 的安装目录,单击 Change 按钮,出现如图 9.8 所示的界面。

将 Folder name 文本框中的路径改为 c:\MySQL,单击 OK 按钮,出现如图 9.9 所示的界面。

单击 Next 按钮,检查改变的路径是否正确,界面如图 9.10 所示。

单击 Install 按钮,安装数据库完成后出现如图 9.11 所示的界面。

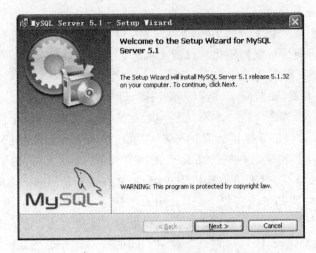

图 9.5　MySQL 数据库安装界面(1)

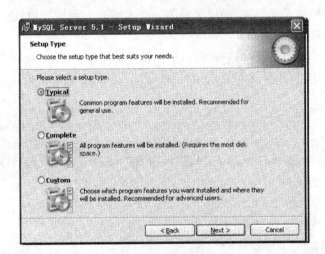

图 9.6　MySQL 数据库安装界面(2)

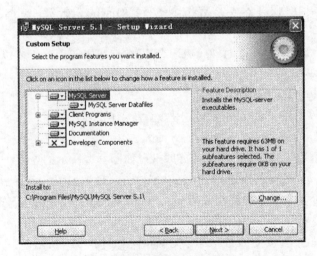

图 9.7　MySQL 数据库安装界面(3)

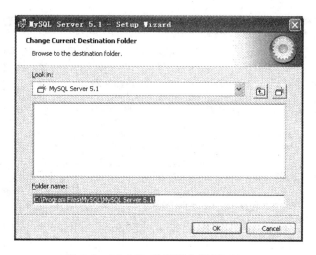

图 9.8　MySQL 数据库安装界面(4)

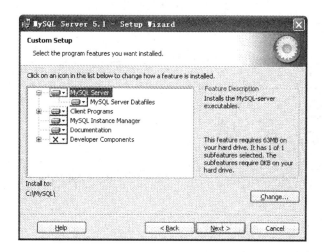

图 9.9　MySQL 数据库安装界面(5)

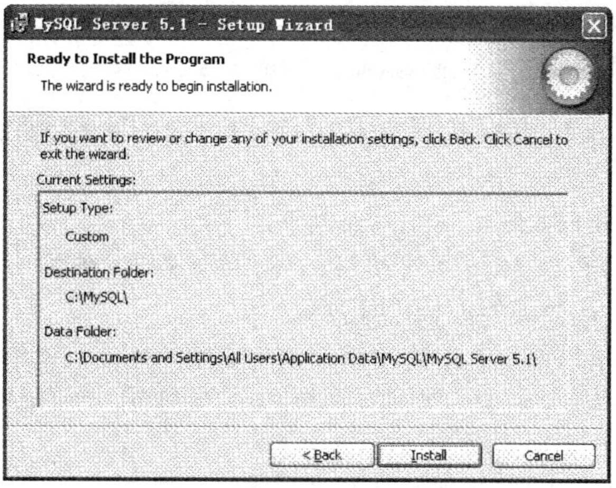

图 9.10　MySQL 数据库安装界面(6)

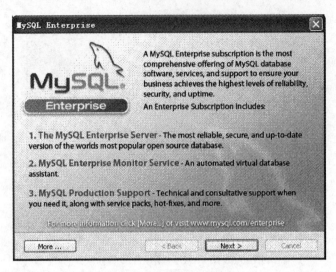

图 9.11　MySQL 数据库安装界面(7)

然后一直单击 Next 按钮直到出现如图 9.12 所示的界面。

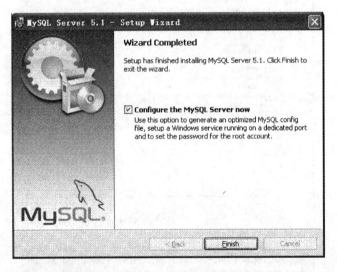

图 9.12　MySQL 数据库安装界面(8)

单击 Finsh 按钮,此时 MySQL 数据库安装成功,不过会出现如图 9.13 所示的界面,提示可对 MySQL 进行配置。

单击 Next 按钮,出现如图 9.14 所示的界面。

选择 Standard Configuration 单选按钮,单击 Next 按钮,在图 9.15 所示的界面选中 Include Bin Directory in Windows PATH 复选框。

单击 Next 按钮,会出现一个页面,在此页面中设置 root 用户密码,并选中 enable root access from remote machines 选项,创建一个匿名用户,单击 Next 按钮,出现如图 9.16 所示的界面。

单击 Execute 按钮,成功后出现如图 9.17 所示的界面。

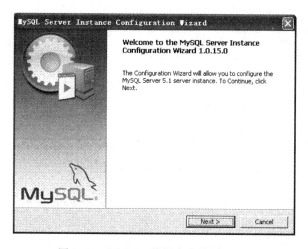

图 9.13　MySQL 数据库安装界面(9)

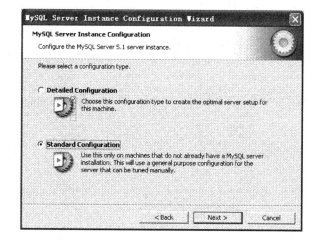

图 9.14　MySQL 数据库安装界面(10)

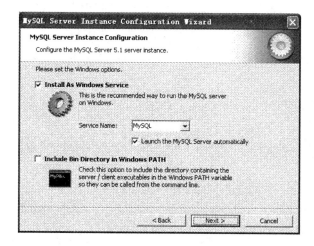

图 9.15　MySQL 数据库安装界面(11)

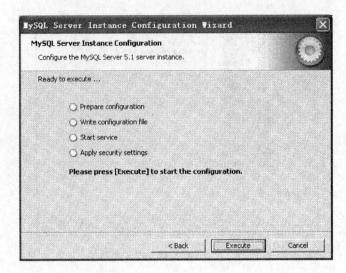

图 9.16　MySQL 数据库安装界面(12)

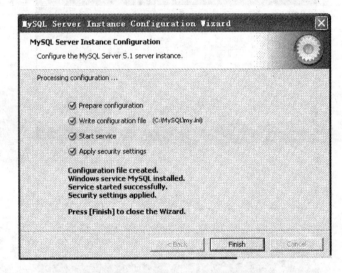

图 9.17　MySQL 数据库安装界面(13)

此时 MySQL 安装配置完成。

3) 设置 MySQL 数据库

单击"开始"→"所有程序"→MySQL→MySQL Server 5.1→MySQL Command Line Client 命令,出现如图 9.18 所示的界面。

在此输入刚才配置 MySQL 时输入的 root 密码,若没有问题将会出现如图 9.19 所示的界面。

注意:若输入密码后,听到一声警报,并且退出命令行界面,很有可能是 MySQL 服务没有启动,此时只要在计算机管理中的服务选项中启动 MySQL 服务即可。

下面在 MySQL 服务器中创建一个 bugs 数据库,和一个 bugs 用户,以及为该用户授予相应的权限,命令如下:

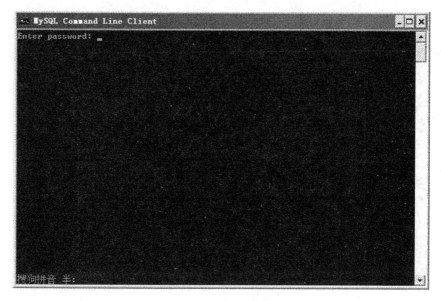

图 9.18 设置 MySQL 数据库(1)

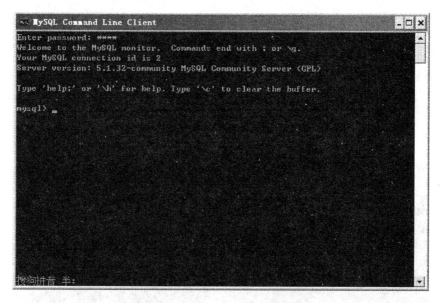

图 9.19 设置 MySQL 数据库(2)

create database bugs;	创建一个数据库 bugs
create user bugs@localhost ;	创建一个用户 bugs
grant all on bugs. * to bugs@'localhost';	为用户 bugs 授权
flush privileges;	刷新用户权限

成功出现如图 9.20 所示的界面。

输入 quit 命令,退出命令行界面。

至此,Bugzilla 与 MySQL 有关的工作已经完成。

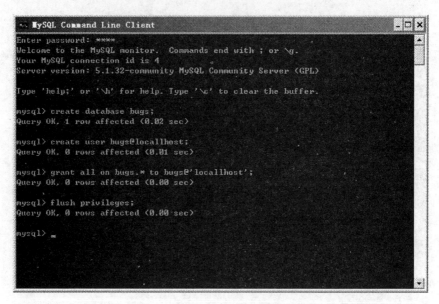

图 9.20　设置 MySQL 数据库(3)

4) 安装 Bugzilla

(1) 安装 Bugzilla 文件。

将 Bugzilla 安装包解压,由于使用的是 Bugzilla 4.2 版本,所以将解压后的 bugzilla-4.2 文件夹复制到 C 盘根目录下。然后配置 IIS 服务。

(2) 安装 Bugzilla 软件所需的 perl 模块。

使用 Bugzilla 自带的一个 checksetup.pl 来安装 Bugzilla 所需的 Perl 模块,如图 9.21 所示。

图 9.21　运行 checksetup.pl 以安装 Perl 模块

　　在此命令行下安装 Bugzilla 所需的 Perl 模块，用 checksetup. pl 可以找到需要安装的 Perl 模块，安装的方法如下：

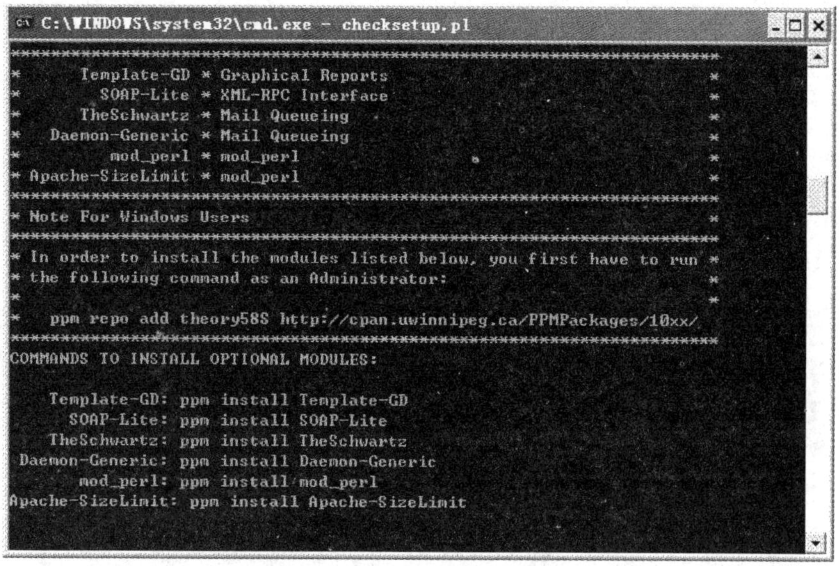

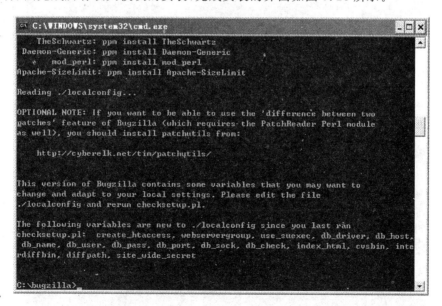

图 9.22　选择安装模块

　　若安装 Template-GD 模块，则右击选中标记，然后选中图 9.22 中的 ppm install Template-GD 选项，复制名称，然后右击，按下键盘中的回车键就可以完成该模块的安装。用上面的方法完成所有缺失模块的安装，完成安装的界面如图 9.23 所示。

图 9.23　完成 Perl 模块安装

注意：

一定要检查是否安装完成了所有的 Perl 模块，因为有的 Perl 模块是要基于已经安装的

Perl 模块的,所以第一次安装完成后最好再运行一次 checksetup. pl。

第 2 次运行 checksetup. pl 模块时,有些模块仍然没法安装,没关系,因为里面有些模块并不会影响到 Bugzilla 的安装,若安装成功将会在 bugzilla 目录下生成一个 localconfig 文件。

注意:生成的 localconfig 文件是一个没有任何后缀的文件,打开 localconfig 文件,将其中的"＄db_port＝0;"改为"＄db_port＝3306;",将"＄index_html＝0;"改为"＄index_html ＝1;",在命令行下再次运行 checksetup. pl,将会生成和数据库有关的数据表,生成数据表后会要求填入主机的地址服务器地址、管理员名字和账号(该账号是一个 E-mail 地址)以及管理员登录的密码和确认密码,如图 9.24~图 9.28 所示。

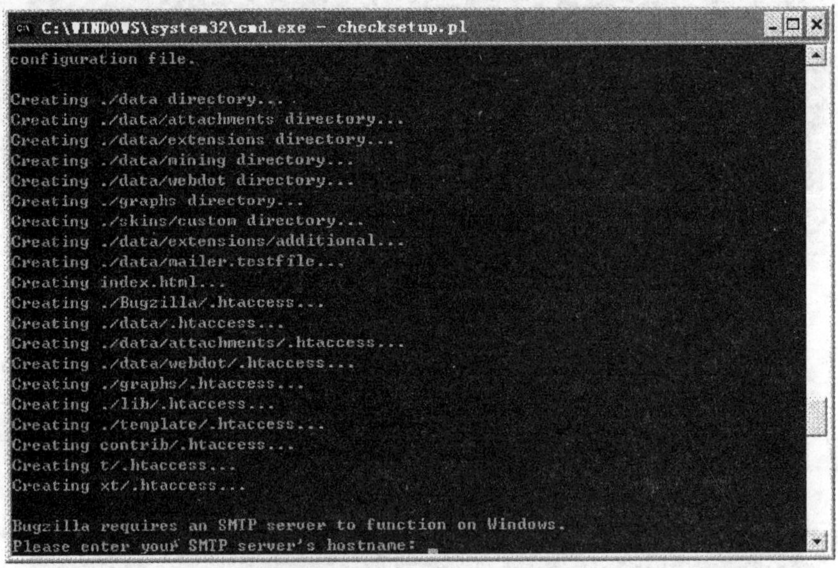

图 9.24　输入 SMTP 服务器主机名

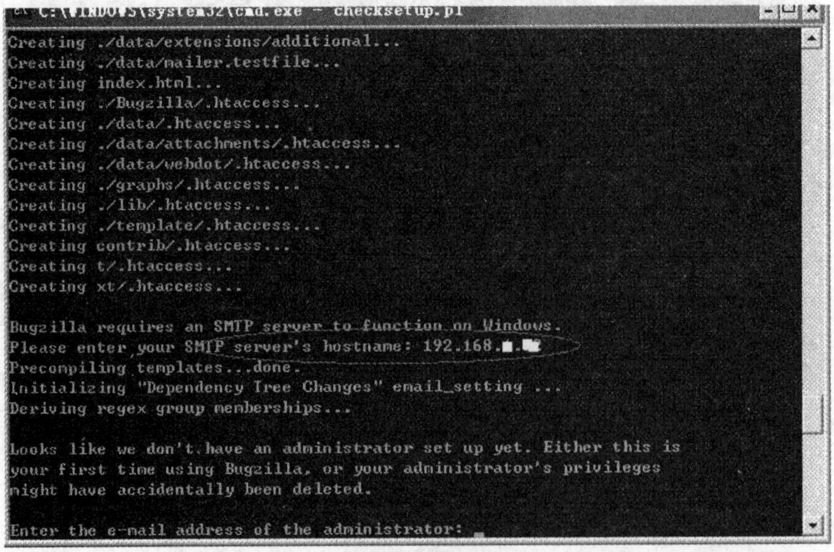

图 9.25　输入管理员 E-mail 地址

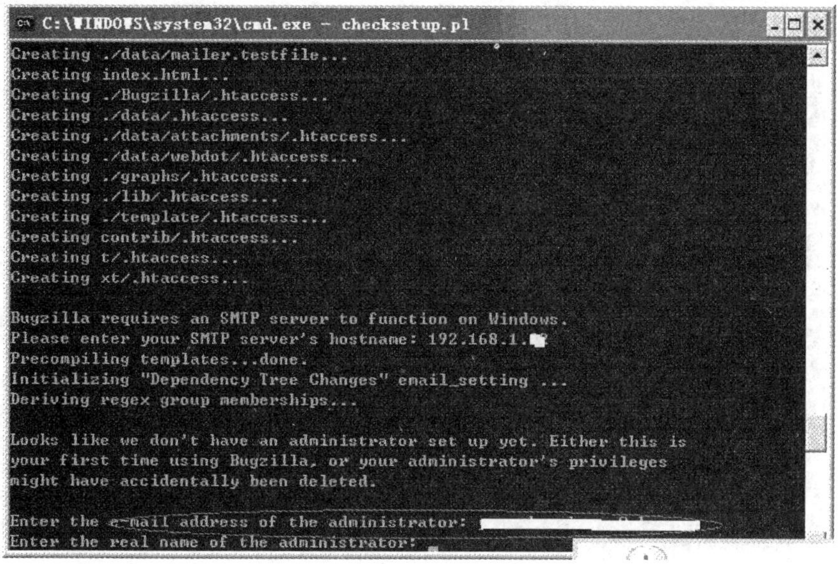

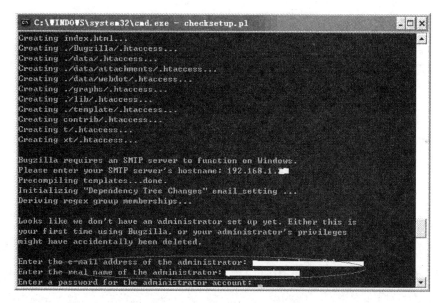

图 9.26 输入管理员真实姓名

图 9.27 输入管理员账户的密码

Bugzilla 安装配置全部完成。此时就可以登录 Bugzilla 的页面了。打开一个网页浏览器，输入配置的服务器地址 http：//192.168.1.1/bugzilla，就可以登录 Bugzilla，如图 9.29 所示。

（3）用户登录及设置流程。

打开浏览器，输入 Bugzilla 服务器地址：http：//192.168.1.1/bugzilla/，如图 9.29 所示。进入主页面后，单击"新建账号"（New Account）图标，进入注册页面。

在注册页面中输入 E-Mail 地址和用户代号，然后单击"New Account"图标，随后将收到一封包含初始密码的 E-Mail。如图 9.30 所示。

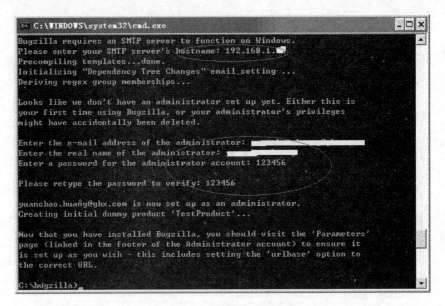

图 9.28　Bugzilla 安装完成

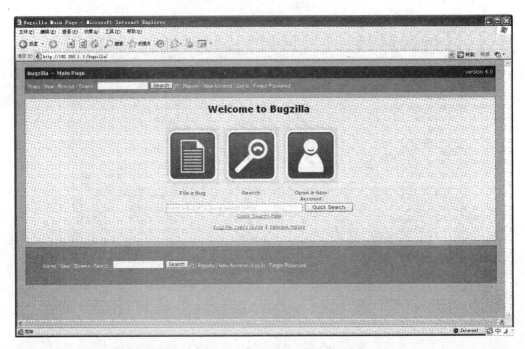

图 9.29　Bugzilla 登录界面

在收到 E-Mail 之后,单击 Log In,在账号栏输入注册时使用的 E-Mail 地址,在密码栏输入邮件里通知的初始密码,然后单击 Log In。

如忘记密码,在登录页面中单击 Forgot Password,单击 Reset Password,根据收到的邮件重新设置密码。如图 9.31 所示。

首先由管理员登录系统,进入系统后进行系统配置。如图 9.32 所示。

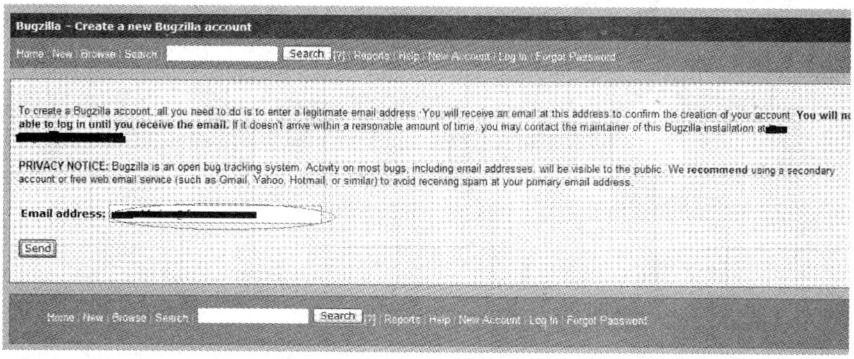

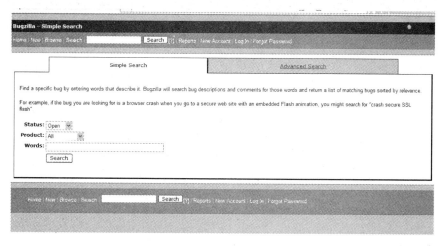

图 9.30　注册页面

图 9.31　重新设置密码界面

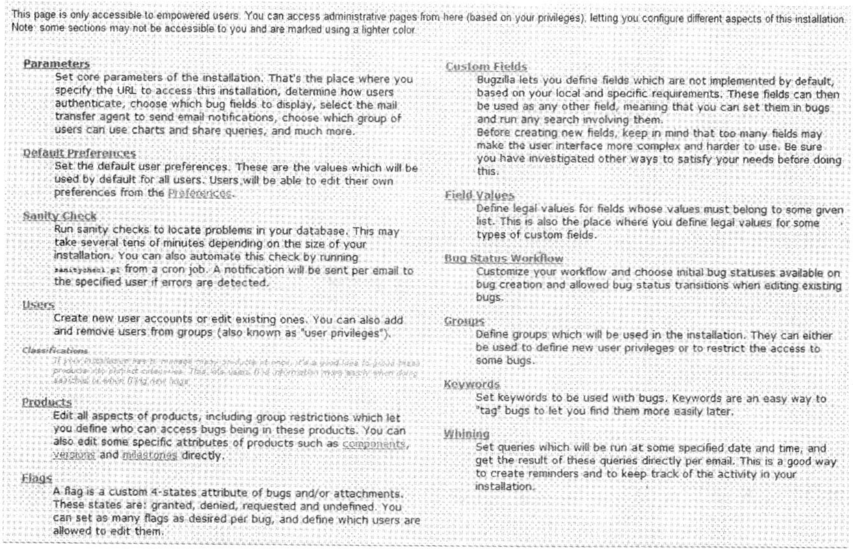

图 9.32　Administrator 登录界面

单击各个配置如参数配置 Parameters,进入相应页面后进行配置。

要增加用户,可以单击 add a new user 选项,创建新 User,如图 9.33 所示。

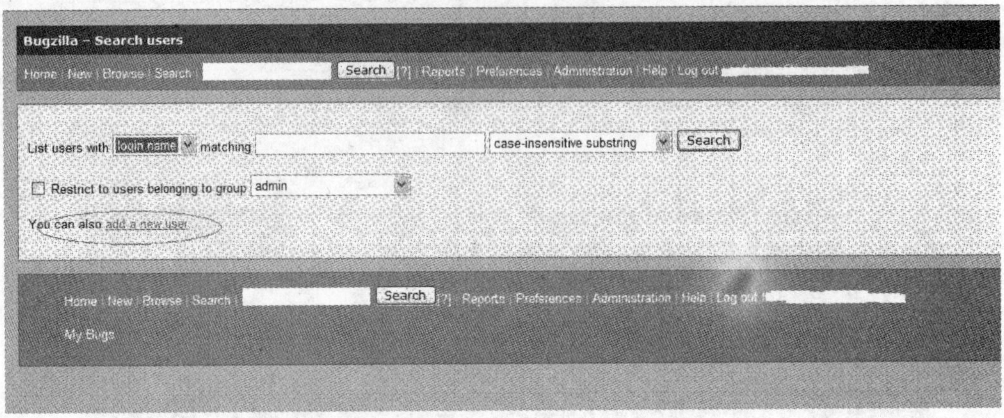

图 9.33　使用新建用户命令

输入新用户的登录名、真实姓名、密码条,再单击 Add 按钮,如图 9.34 所示。

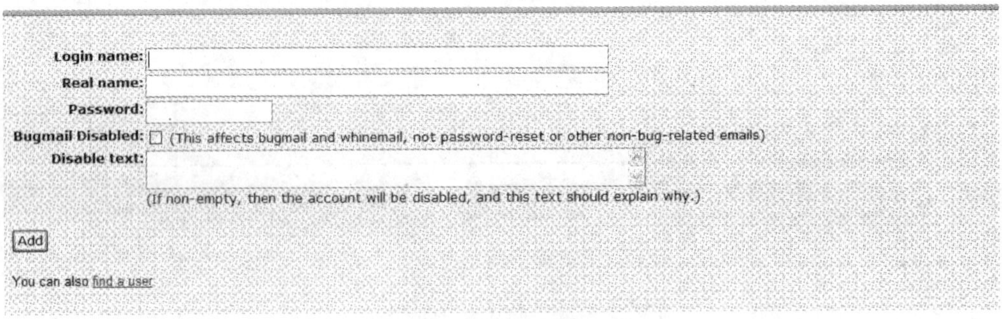

图 9.34　添加新用户信息界面

要创建一个 Bugzilla 账号,所有需要做的就是输入一个合法的地址。这个地址将收到一封电子邮件,以确认账户的创建。创建成功后页面如图 9.35 所示。

除了第一个 admin 之外其他的选项最好全部选中,然后单击 Save Changes 按钮,最后出现图 9.36 所示界面。

如果要删除一个账户,请在参数配置中单击 Index 进入相关界面,如图 9.37 所示。

然后单击 allowuserdeletion 选项或者直接单击左侧列表菜单 Administrative Policies,进入图 9.38 所示页面:选择 On 选项后单击 Save Changes 按钮保存更改。

(4) 操作 Bugzilla 系统。

安装完成后,可以使用注册的管理员账户进行登录,准备为项目创建服务和规则。登录已创建好的管理员账号,进入系统管理页面,Bugzilla 为广大用户提供了丰富的自定义内容,可以根据项目的不同要求,制定自己的规则和流程。Bugzilla 的一般工作流程如图 9.39 所示。

管理员安装完 Bugzilla 系统后,可以为当前开发的项目新建一个复查标记,如图 9.40

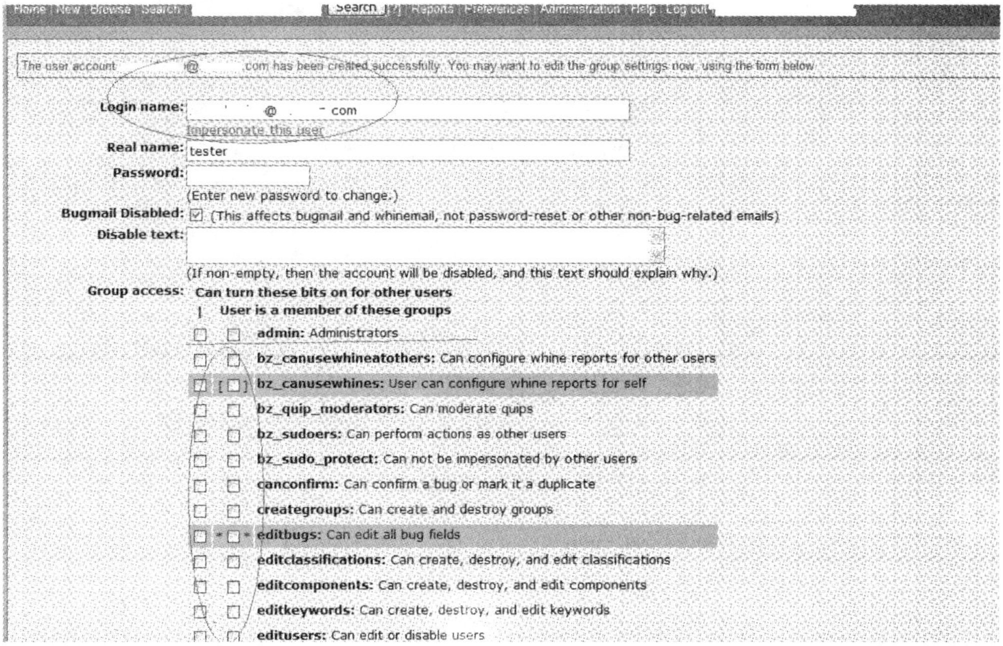

图 9.35 创建成功后页面

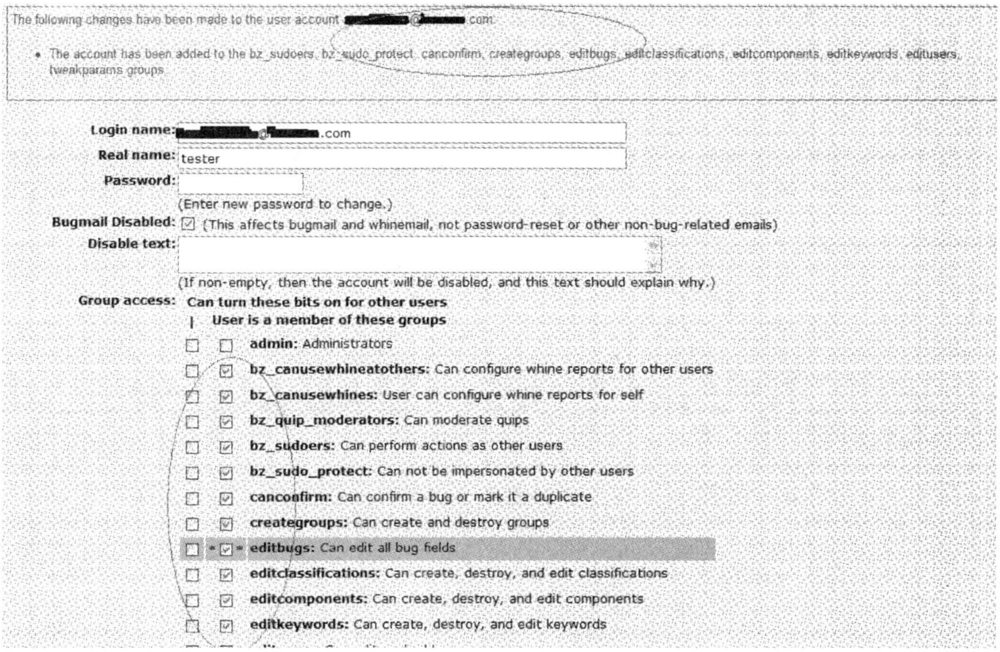

图 9.36 配置完成界面

所示。

开发人员通过 Eclipse 的 Subclipse 插件生成基于当前服务器上代码的增量补丁。

开发人员在 Bugzilla 上新建一个优先级为"开发"类型的新记录,如图 9.41 所示,作为

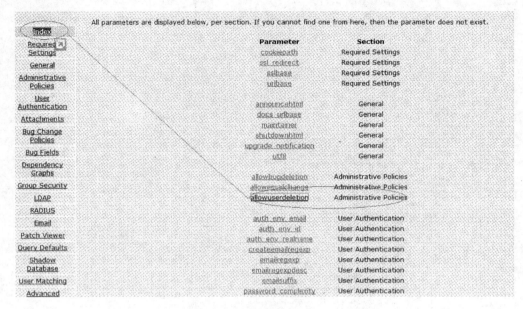

图 9.37　删除账户界面

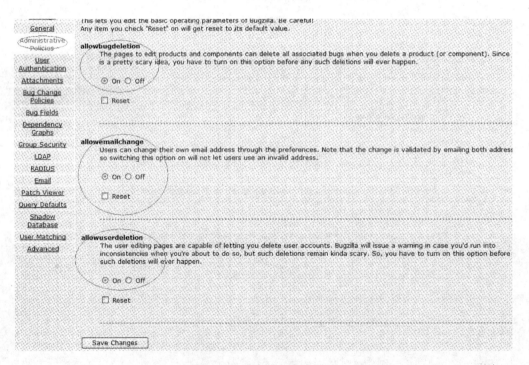

图 9.38　删除用户成功界面

本开发流程的基点。

　　开发人员将补丁上传到"开发"记录的附件中，并开启补丁的标记功能，比如开发人员张三与 QA 李四搭档开发，张三在设置标记的时候就会指定李四来复查，在下拉菜单中选中"?"，并在后面的字段填上"李四"，如图 9.42 所示。

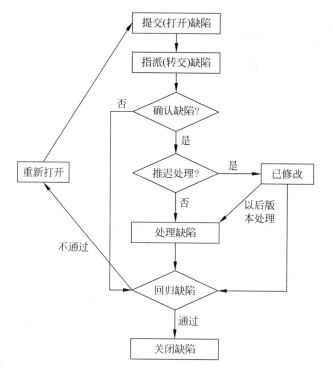

图 9.39　Bugzilla 工作流程

图 9.40　管理标记类型

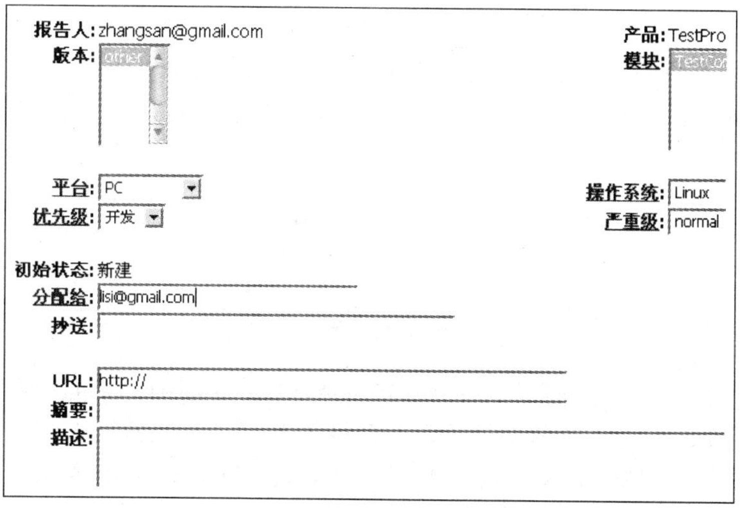

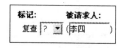

图 9.41　提交 Bug：TestProduct

图 9.42　标记

　　此时，补丁的状态字段就会显示为"zhangsan：复查？（lisi）"，如图 9.43 所示。如果开发人员重新想置空标记或者不指定具体的 QA，只需在下拉菜单中选中空格即可。

附件	类型	创建时间	大小	标记	操作
补丁-版本1.0	*patch*	2006-08-27 15:51	5.50 KB	zhangsan: 复查? (lisi)	编辑｜区别
创建新附件(包括程序的patch、测试案例等)					查看

图 9.43 标记为需要复查

对于 QA 来说,可以利用标记的另外两个值来表明补丁的状态。如果 QA 发现补丁中存在缺陷或者 Bug,就将标记置为"-",表示没有通过复查,如图 9.44 所示。

附件	类型	创建时间	大小	标记	操作
补丁-版本1.0	*patch*	2006-08-27 15:51	5.50 KB	lisi: 复查-	编辑｜区别
创建新附件(包括程序的patch、测试案例等)					查看

图 9.44 标记为拒绝

然后,针对补丁,报告 Bug(在 Bugzilla 上创建优先级为"复查"的新记录来报告补丁的 Bug),并将它(们)指派给开发者张三。同时,设置这条记录的阻塞(block)字段,将它置为代码审查请求记录的编号,如图 9.45 所示。如果这里报的 Bug 没有得到修复,代码审查请求记录是无法被关闭(closed)的。

图 9.45 阻塞记录

开发者修复了 QA 报告的 Bug 之后,制作新版本的补丁文件上传。
QA 查看新补丁是否仍存在问题,若确认无误,可以关闭"复查"记录,如图 9.46 所示。

○ 状态继续为 **已解决 已修复**
○ 重打开Bug
○ 将Bug状态改为 **已验证**
◉ 将Bug状态改为 **关闭**
[提交]

图 9.46 关闭

QA 重复上述过程,直到补丁中没有缺陷。当李四认为复查已通过,便可将标记置为"+",表明补丁通过了复查,这时附件状态就会显示为"李四:复查+"。然后,QA 将相应的"开发"记录状态置为"已解决",如图 9.46 所示;解决方案置为"已修复",如图 9.47 所示,告诉 committer 这个补丁已经可以递交到服务器。

图 9.47 标记为已修复

　　最后,项目组内的 committer 会搜索所有已解决(Resolved)的"开发"记录,把通过的补丁递交到 Harmony 的服务器上,再关闭相应的"开发"记录。

　　开发过程中,会产生大量的 Bug 报告,如何从这些数据中获得我们需要的记录? Bugzilla 提供了两种不同复杂度的搜索方式,第一种方式仅提供了状态、产品和关键字 3 个字段来进行搜索,它只能进行最基本的搜索功能,方便开发人员进行一些快速的搜索。Bugzilla 同时也提供了更为强大和全面的搜索功能,支持对搜索的定制。无论是开发人员还是 QA 都可以针对自己关注的问题,选择相关的字段,设置搜索条件,如图 9.48 所示。对于搜索的关键字,无须输入完整信息,系统会返回所有以该关键字为子串的匹配结果。

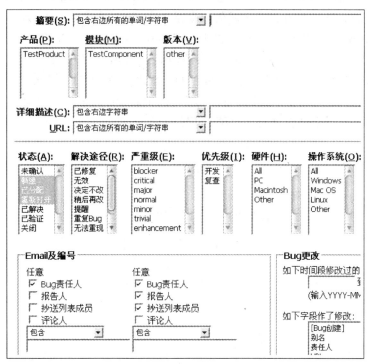

图 9.48　搜索设置

　　Bugzilla 的搜索还提供了一个非常有价值的功能——它可以保存每次的搜索配置,只要你为当前的搜索设置一个易记名字,如图 9.49 所示,就能保存当前搜索配置供下次使用,省去了无谓的重复配置操作。如果条件有变动,还能编辑搜索条件。

状态	处理方法	描述
新建		java.io.InputStrem#read$BII
新建		java.io.InputStrem#read$BII
新建		java.io.InputStrem#read$BII

| 给Bug责任人发邮件 | 编辑查询条件 | 保存查询条件 为

图 9.49　保存查询条件

　　当需要重复相同的搜索时,无须再次设置搜索条件,只需单击保存的名字就可以获得同样的搜索结果,如图 9.50 所示,这为开发人员提供了很大的便利。

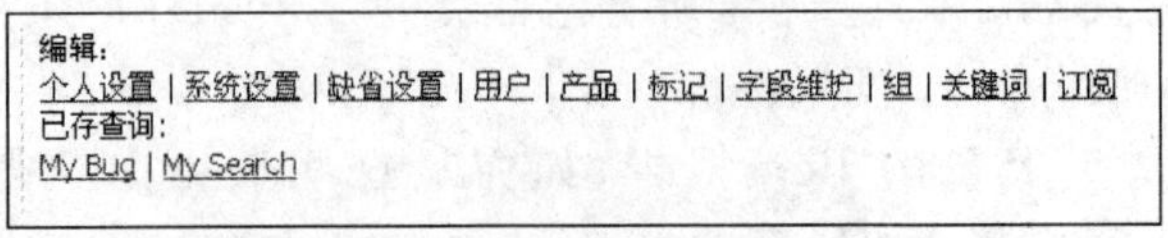

编辑:
个人设置 | 系统设置 | 缺省设置 | 用户 | 产品 | 标记 | 字段维护 | 组 | 关键词 | 订阅
已存查询:
My Bug | My Search

图 9.50 重复利用已保存的搜索条件

在开发过程中还可以通过 RSS 阅读器来订阅搜索结果，定制搜索条件获得数据时，在搜索的 http 地址后面加上“&ctype=rss”便可获取符合 RSS 标准的 XML 数据。通过 RSS 客户端软件订阅，便可与数据保持同步，无须通过 sendmail 来通知最新的变化。

Bugzilla 报表统计功能省去了枯燥的数据录入，方便汇总统计。Bugzilla 可以生成两种形式的报表(Report)进行统计：一种是以表格的形式，这是默认支持的；还有一种形式是通过直方图来表示结果，更加直观，它需要在编译 Bugzilla 前，添加图形模块。两种形式报表的生成过程大致相同，下面以表格形式生成项目汇总报告为例来介绍该功能。生成报表过程中条件的筛选类似高级搜索中搜索条件的定制。Bugzilla 报表生成功能提供了较大的灵活性，用户可以设置 3 个坐标轴的字段值，如图 9.51 所示。

横坐标:
责任人
纵坐标:
状态
多表显示:
严重级别
生成报告

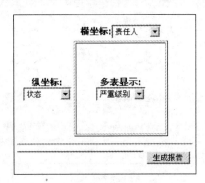

图 9.51 生成表格形式的报表

纵坐标：选择报告人，即开发人员资料。

横坐标：选择开发人员负责的项目组件。

然后在筛选条件的优先级中选择“开发”，如果想统计 QA 的工作，只需把优先级改为“复查”即可。如果不想在同一张表格中生成数据，还可在“多表显示”中选择报告人，这样就会为每个开发人员生成一个表格。

开发中，补丁是通过附件的方式递交的，如图 9.52 所示。

(5) 系统的本地化。

Bugzilla 系统为本地化保留了开放的接口，只要提供符合规范的本地语言模板即可让你的 Bugzilla 系统支持本地语言，在 SourceForge 上可以找到由第三方提供的模板支持，无须自行开发新的模板。这个第三方库还提供了 css 脚本，可以定制自己的界面，为更好地查看 bug 提供方便。本地化 Bugzilla 的过程非常方便，只需按照下述步骤操作即可：

① 从 SourceForge 下载工具包，解压。

② 从解压出来的两种编码方式中，选一种模板(UTF8 格式或 GB2312 格式)复制到 *%bugzilla 根目录%/template/*，并将文件夹改名为 cn(默认英文模板名为 en)。

③ 以管理员身份登录系统，进入参数配置页面，如图 9.53 所示。

图 9.52　提交补丁

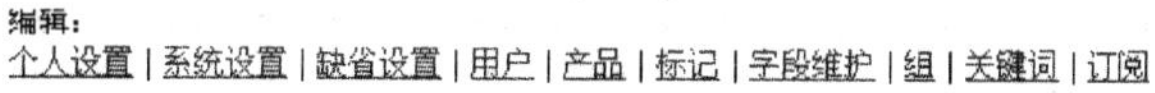

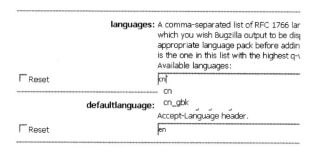

图 9.53　参数设置

④ 将 language 改为 cn,如图 9.54 所示,系统便会自动去提取新加的模板来格式化界面,如果想重新恢复英文,只需重新改回 en 即可。

图 9.54　本地化

课后习题

1. 在软件生命周期的每个阶段,既要尽量发现和清除本阶段的软件缺陷,也要尽量发现和清除以前所有阶段遗留的软件缺陷。但是每个阶段注入的缺陷在本阶段就被发现和清除是最佳选择,为什么?

2. 软件缺陷报告也称为软件问题报告。如果让你设计软件缺陷报告单,你认为应该在其中记录哪些缺陷信息?

3. 缺陷的严重性和优先级是含义不同但相互联系密切的两个概念。一般来说,严重性程度高的软件缺陷具有较高的优先级。那么,缺陷的严重性和优先级总是一一对应的吗?为什么?

4. 在你所了解的软件缺陷管理工具中,你比较喜欢哪个? 简单说明原因。

第10章

软件质量保证

1. 概述

软件质量保证(SQA)是为了提供信用,证明项目将会达到有关质量标准,而在质量体系中开发的有计划、有组织的活动。本章介绍软件质量保证的相关概念,及软件测试与软件质量保证的关系。

2. 教学重点与难点

1) 重点

(1) 理解软件质量保证的重要性和意义;

(2) 掌握软件质量保证的过程。

2) 难点

(1) 质量保证中的评审和检查;

(2) 软件测试与软件质量保证的关系。

随着软件应用逐渐融入社会日常生活的各个方面,人们越来越关注软件的质量,但是,却很难对软件质量给出一个全面的描述。

10.1 软件质量

10.1.1 软件质量的定义

软件质量的狭义定义是产品无故障,这也是与需求一致的最基本含义,如果软件的功能缺陷太多,就不能满足提供期望功能的基本要求。

软件质量的另一个观点是过程质量与终端产品质量。从客户的需求到产品的发布,开发过程是很复杂的,通常涉及很多阶段,每个阶段都有反馈途径。每一个阶段都会产生中间产品。每一个阶段也从前一个阶段接收一个中间产品。每一个中间产品都有一定的质量特性,它们都将影响到最终产品的质量。

美国国家标准学会(ANSI)给出的软件质量的定义为:软件质量是软件产品服务的特性和特征的整体,它取决于满足给定需求的能力。

IEEE 在 ANSI 的基础上,对软件质量标准做了进一步的明确,并给出了如下定义:

（1）软件产品满足给定需求的特性及特征的总体的能力；

（2）系统、部件或者过程满足规定需求的程度；

（3）软件拥有所期望的各种属性组合的程度；

（4）系统、部件或者过程满足顾客或者用户需求或者期望的程度；

（5）顾客或者用户认为软件满足综合期望的程度；

（6）软件组合特性在使用中将满足用户预期需求的程度。

10.1.2　影响软件质量的因素

虽然软件具有难以定量度量的软件属性，但是仍然能够提出许多重要的软件质量指标。从管理角度对软件质量进行度量，可以把影响软件质量的主要因素分成以下 13 类。

（1）正确性：系统满足规格说明和用户目标的程度，即在预定环境下能正确地完成预期功能的程度。

（2）健壮性：在硬件发生故障、输入的数据无效或操作错误等意外环境下，系统能做出适当响应的程度。

（3）效率：为了完成预定的功能，系统需要的计算资源的多少。

（4）安全性：对未经授权的人使用软件或数据的企图，系统能够控制的程度。

（5）可用性：系统在完成预定应该完成的功能时令人满意的程度。

（6）风险：按预定的成本和进度把系统开发出来，并且让用户感到满意的概率。

（7）可理解性：理解和使用该系统的容易程度。

（8）可维修性：诊断和改正在运行现场发现的错误所需要的工作量的大小。

（9）适应性：修改或改进正在运行的系统需要的工作量的多少。

（10）可测试性：软件容易测试的程度。

（11）可移植性：把程序从一种硬件配置和软件系统环境转移到另一种配置和环境时，需要的工作量的多少。有一种定量度量的方法是：用原来程序设计和调试的成本除移植时需用的费用。

（12）可再用性：在其他应用中该程序可以被再次使用的程度。

（13）互运行性：把该系统和另一个系统结合起来的工作量的多少。

软件产品的质量是软件开发工作的关键问题。计算机软件质量是计算机软件内在属性的组合，包括计算机程序、数据、文件等多方面的可理解性、正确性、可用性、可移植性、可维护性、可修改性、可测试性、适应性、再用性、完整性、适用性、健壮性、可靠性、效率与风险等多方面特性。

在软件项目的开发过程中，往往强调软件必须完成的功能、进度计划、花费成本，而忽略了软件生存周期中各阶段的质量标准。对软件质量的看法与提高软件质量的途径在软件工程行业中存在着不同的看法与做法，发展的趋势是从研究管理问题、产品问题转向过程问题（开发模型、开发技术），从单纯的测试、检验、评价、验收，深入到设计过程中。

10.1.3　软件质量评价应遵守的原则

软件质量评价应遵守以下原则：

（1）应强调软件总体质量（低成本高质量），而不应片面强调软件正确性，忽略其可维护性与可靠性、可用性与效率等。

（2）应在软件工程化生产的整个周期的各个阶段都注意软件的质量，而不能只在软件最终产品验收时注意质量。

（3）应制定软件质量标准，定量地评价软件质量，使软件产品评价采用"评测结合、以测为主"的科学方法。

10.1.4　软件质量模型

1. McCall 模型

J. A. McCall 等人将质量模型分为 3 层，分别为因素、衡量准则、度量，并对软件质量因素进行了研究，认为软件质量是正确性、可靠性、效率等构成的函数，而正确性、可靠性、效率等被称为软件质量因素或软件质量特征，它表现了系统可见的行为化特征。每一因素又由一些准则来衡量，而准则是跟软件产品和设计相关的质量特征的属性。例如，正确性由可跟踪性、完全性、相容性来判断；每一准则又有一些定量化指标来计量，指标是捕获质量准则属性的度量。McCall 认为软件质量可从两个层次去分析，其上层是外部观察的特性，下层是软件内在的特性。McCall 定义了 11 个软件外部质量特性，称为软件的质量要素，它们是正确性、可靠性、效率、完整性、可使用性、可维护性、可测试性、灵活性、可移植性、复用性和互操作性。如图 10.1 所示，同时，还定义了 23 个软件的内部质量特征，称为软件的质量属性，它们是完备性、一致性、准确性、容错性、简单性、模块性、通用性、可扩充性、工具性、自描述性、执行效率、存储效率、存取控制、存取审查、可操作性、培训性、通信性、软件系统独立性、机独立性、通信通用性、数据通用性和简明性，软件的内部质量属性通过外部的质量要素反映出来。然而，实践证明以这种方式获得的结果会有一些问题。例如，本质上并不相同的一些问题有可能会被当成同样的问题来对待，导致通过模型获得的反馈也基本相同。这就使得指标的制定及其定量的结果变得难以评价。

图 10.1　McCall 质量模型

2. Boehm 模型

Boehm 模型是由 Boehm 等人在 1978 年提出来的质量模型，在表达质量特征的层次性上它与 McCall 模型是非常类似的。不过,它是基于更为广泛的一系列质量特征的,它将这些特征最终合并成 19 个标准。Boehm 提出的概念的成功之处在于它包含了硬件性能的特征,这在 McCall 模型中是没有的。但是,其中与 McCall 模型类似的问题依然存在。

Boehm 模型基于软件的整体效用,从系统交付后涉及不同类型的用户考虑。第一类用户是初始客户,系统做了客户期望的事,客户对系统非常满意;第二类用户是要将软件移植到其他软硬件系统下使用的用户;第三类用户是系统维护人员。三类用户都希望系统可靠有效。

3. ISO 9126 质量模型

ISO 9126 质量模型主要从 3 个层次来分析,即内部质量、外部质量和使用质量,这三者之间互相影响、互相依赖。其中内在质量和外在质量的 6 个特征还可以再继续分成更多的子特征。这些子特征在软件作为计算机系统的一部分时会明显地表现出来,并且会成为内在的软件属性的结果。另一方面的使用质量主要有 4 点:有效性、生产率、安全性、满意度。这个模型中第一层(质量特性)和第二层(准则)关系非常清楚,没有像 McCall 模型和 Boehm 模型的那种交叉关系。如表 10.1 所示。

表 10.1　软件质量特性列表

质量特性	描述	子特性	子特性描述
功能性 (Functionality)	当软件在指定条件下使用时,软件产品满足明确和隐含要求功能的能力	适合性	软件产品为指定的任务和用户目标提供一组合适功能的能力。 (1) 软件提供了用户所需要的功能。 (2) 软件提供的功能是用户所需要的
		准确性	软件提供给用户功能的精确度是否符合目标。例如,运算结果的准确,数字发生偏差,多个 0 或少个 0
		互操作性	软件与其他系统进行交互的能力(例如,PC 中 WORD 和打印机完成打印互通;接口调用)
		保密安全性	软件保护信息和数据的安全能力(主要是权限和密码)
		功能性的依从性	遵循相关标准(国际标准、国内标准、行业标准、企业内部规范)
可靠性 (Reliability)	软件产品维持规定的性能级别的能力	成熟性	软件产品为避免软件内部的错误扩散而导致系统失效的能力(主要是对内错误的隔离)
		容错	软件防止外部接口错误扩散而导致系统失效的能力(主要是对外错误的隔离)
		易恢复性	系统失效后,重新恢复原有的功能和性能的能力
		可靠性的依从性	软件产品依附于同可靠性相关的标准、约定或规定的能力

质量特性	描述	子特性	子特性描述
使用性 （Usability）	软件产品在指定条件下使用时，软件产品被理解、学习、使用和吸引用户的能力	易理解性	软件交互给用户的信息时，要清晰，准确，且要易懂，使用户能够快速理解软件
		易学性	软件使用户能学习其应用的能力
		易操作性	软件产品使用户能易于操作和控制它的能力
		吸引性	软件产品吸引用户的能力
		易用性的依从性	软件产品依附于同使用性相关的标准、约定或规定的能力
效率 （Efficiency）	在规定条件下，相对于所用资源的数量，软件产品提供适当的性能的能力	时间特性	软件处理特定的业务请求所需要的响应时间
		资源利用性	软件处理特定的业务请求所消耗的系统资源
		效率依从性	软件产品依附于同效率相关的标准、约定或规定的能力
可维护性 （Maintainability）	软件产品可被修改的能力。修改可能包括修正、改进或软件适应环境、需求和功能规格说明中的变化	易分析性	软件提供辅助手段帮助开发人员定位缺陷产生的原因，判断出修改的地方
		易改变性	软件产品使得指定的修改容易实现的能力（降低修复问题的成本）
		稳定性	软件产品避免由于软件修改而造成意外结果的能力
		易测试性	软件提供辅助性手段帮助测试人员实现其测试意图
		维护性的依从性	软件产品依附于同可维护性相关的标准、约定或规定的能力
可移植性 （Portability）	软件产品从一种环境迁移到另一种环境的能力	适应性	软件产品无须做相应变动就能适应不同环境的能力
		易安装性	尽可能少地提供选择，方便用户直接安装
		共存性	软件产品在公共环境中与其他软件分享公共资源共存的软件
		易替换性	软件产品在同样的环境下，替代另一个相同用途的软件产品的能力
		可移植性的依从性	软件产品依附于同可移植性相关的标准、约定或规定的能力

10.2 软件质量保证

软件质量保证（Software Quality Assurance，SQA）是建立一套有计划、有系统的方法，来向管理层保证拟定出的标准、步骤、实践和方法能够正确地被所有项目所采用。软件质量保证的目的是使软件过程对于管理人员来说是可见的。它通过对软件产品和活动进行评审和审计来验证软件是合乎标准的。软件质量保证组在项目开始时就一起参与建立计划、标准和过程。这些将使软件项目能够满足机构方针的要求。

IEEE 中对软件质量保证的定义：软件质量保证是一种有计划的、系统化的行动模式，它是为项目或者产品符合已有技术需求提供充分信任所必需的。也可以说，软件质量保证是设计用来评价开发或者制造产品过程的一组活动。具体包括：

(1) 有效的软件工程技术(方法和工具)；

(2) 在整个软件过程中采用的正式技术复审；

(3) 一种多层次的测试策略；

(4) 对软件文档及其修改的控制；

(5) 保证软件遵从软件开发标准的规程；

(6) 度量和报告机制。

10.2.1 软件质量保证策略

为了在软件开发过程中保证软件的质量，主要采取下述措施。

1. 审查

审查就是在软件生命周期每个阶段结束之前，都正式使用结束标准对该阶段生产出的软件配置成分进行严格的技术审查。

审查小组通常由 4 人组成：组长、作者和两名评审员。组长负责组织和领导技术审查，作者是开发文档或程序的人，两名评审员提出技术评论。评审员应由与评审结果利害攸关的人担任。

审查过程的步骤如下：

(1) 计划——组织审查组，分发材料，安排日程等。

(2) 概貌介绍——当项目复杂庞大时，可由作者介绍概况。

(3) 准备——评审员阅读材料取得有关项目的知识。

(4) 评审会——目的是发现和记录错误。

(5) 返工——作者修正已经发现的问题。

(6) 复查——判断返工是否真正解决了问题。

至少在生命周期每个阶段结束之前，应该进行一次正式的审查，在某些阶段中可以进行多次审查。

2. 复查和管理复审

复查即是检查已有的材料，以确定某阶段的工作是否能够开始或继续。每个阶段开始时的复查，是为了肯定前一个阶段结束时的审查，以及判断是否已经具备了开始当前阶段工作所必需的材料。管理复审通常指向开发组织或使用部门的管理人员，提供有关项目的总体状况、成本和进度等方面的情况，以便从管理角度对开发工作进行审查。

3. 测试

测试就是用已知的输入在已知环境中动态地运行系统或系统的部件。如果测试结果和预期的结果不一致，则表明系统中可能出现了错误。测试过程中产生的基本文档如下：

（1）测试计划——通常包括单元测试和集成测试，确定测试范围、方法和需要的资源等。

（2）测试过程——详细描述和每个测试方案有关的测试步骤和数据，包括测试数据及预期的结果。

（3）测试结果——把每次测试运行的结果归入文档，如果运行出错，则应产生问题报告，并且通过调试解决所发现的问题。

10.2.2 软件质量保证活动

1. 项目计划过程

该过程的目的是计划并执行一系列必要的活动，以便在不超出项目预算和日程安排的前提下，将优质的产品交付给客户。项目计划过程适用于公司的所有项目，但每个项目可以根据各自的不同情况对该过程进行裁剪。

项目计划包含 3 个需要在项目中执行和管理的主要计划：

- 软件项目管理计划；
- 软件项目质量管理计划；
- 软件配置管理计划。

1）制订软件项目管理计划

软件项目管理计划涉及项目中所有与项目管理相关的问题，主要内容包括基础设施计划、进度计划（包括各种类型的估算）、风险管理计划、项目培训计划、执行计划、客户管理计划。

（1）基础设施计划。

基础设施计划包括项目开始执行前必须到位的所有需求，它需要确定以下内容：软件工程需求、基础设施需求、角色和职责、内外部接口、过程需求、知识和技能需求。

（2）进度计划。

进度计划涉及制定合理可用的项目进度。

在制定项目进度时，需要进行规模（Size）、工作量（effort）的估算。

项目进度需要描述以下内容：执行的活动、估算的人时、投入的人员、责任人和时间线、里程碑事件的标识。

（3）风险管理计划。

风险管理包括标识风险事件（与管理相关的风险、与执行相关的风险，与客户相关的风险等）、评估风险并设定风险优先级、制订风险缓解和应急计划并跟踪该计划。

（4）项目培训计划。

根据项目及人员结构制订项目培训计划，包括业务领域知识、技术、工具等方面的培训计划。

（5）执行计划。

项目执行计划包含了与执行当前项目关系最大的生命周期模型。该计划对组织级执行模型进行了裁剪。项目生命周期模型通常包括项目执行的阶段、各阶段的输入和输出、可交付的产品、需要迭代（反复）的阶段。

2）制订软件项目质量管理计划

制订软件项目质量管理计划涉及与质量相关的需求，这些需要在产品中实现，并保证用于构筑产品的项目过程。主要内容如下：

（1）项目设定的质量标准。

（2）同级评审计划——同级评审计划中描述了在不同的软件生命周期开发阶段，对不同的工作产品所采用的同级评审类型。

（3）测试计划——测试计划包括对可执行文件/模块或整个系统将要进行的各种测试。根据项目测试过程来指定测试计划。

（4）度量管理计划——通过剪裁组织级的度量过程来指定项目度量管理计划。

（5）缺陷预防计划——管理、开发和测试人员互相配合制订缺陷预防计划，防止已识别的缺陷再次发生。

（6）过程改进计划——项目级过程改进的机会要记录到过程改进计划中。这些机会主要源于度量分析、缺陷预防分析和标识出的好的或可避免的实践。

3）制订软件配置管理计划

软件配置管理计划用于管理与配置管理相关的需求，这些需求与工作产品和可交付产品有关。该计划的目的在于：为执行软件工程相关活动提供依据，并在整个开发和维护过程中对软件项目进行管理。

主要内容包括：

（1）软件配置管理计划组织。

（2）角色和职责。

（3）开发/维护配置管理计划，包括可配置项的标识、命名约定、目录结构、访问控制、变更管理、基线库创建、放入/提取（Check in/Check out）机制、版本控制。

（4）产品配置管理，包括产品中部件的可跟踪性、产品的版本设定和发布、交付的配置管理（标识出要交付的产品构成）、需求配置管理（需求基线的确定、产品版本与划定基线的需求版本之间的关系）、配置审计。

2. 需求说明和需求管理过程

该过程的目的是为了保证开发组在开发期间对项目目标和生产出最后产品的目的有一个清晰的理解，确保客户提出的需求是可行的，确保客户了解自己提出的需求的含义，并且这个需求能够真正达到他们的目标，确保开发人员和客户对于需求没有误解或误会，确保按照需求实现的软件系统能够满足客户提出的需求。

软件需求规格说明书将作为产品测试和验证是否适合需要的基础。对于需求的变更，它可能在开发项目期间的任何时间点发生，需求的变更将要影响日程和承诺的变化，这些变化需要和客户所提出的要求相一致。

这个过程主要处理两种活动：需求说明和需求管理。需求说明指的是需求过程中形成基线的主体,它是以后进一步的设计和测试的基础。另外,在软件开发过程中,会经常遇到由于客户又有新需求或开发组自身对项目有了更清楚的理解或认识,要对需求进行变更。在对最初的需求说明书进行变更时,要用到需求管理过程。

1) 需求说明

主要包括以下任务:

(1) 执行需求分析。

分析收集到的需求和提案中可用的需求。这个任务要求需求说明书应该在完整性、一致性、清晰性和可测性上达到比较合理的程度。

(2) 定义需求说明书。

基于对需求的分析编写软件需求规格说明书。这个文档应清晰记录以下内容:

① 目标和范围;

② 功能需求;

③ 用户接口;

④ 输入输出;

⑤ 模块之间的接口;

⑥ 性能需求;

⑦ 特殊用户需求。

如果需求不清晰或模糊,就需要准备原型,通过评估原型来产生需求说明书。

(3) 定义验收标准。

基于对以前步骤收集的需求规格说明书,建立测试标准、验证的解决方案。所有的需求应该可能制定测试标准。这个测试标准将成为客户批准最终产品的依据,因此要求在制定客户标准时,要经常紧密地与客户进行交流沟通。

(4) 评审需求分析说明书和测试标准。

因为是开发项目的基础,所以需求规格说明书和验收标准需要由项目组的同级人员进行评审。

2) 需求管理

需求管理过程包括以下 6 个方面:

(1) 记录变更请求。

形成基线的需求说明书的变更可能是由客户提出的,也可能是由于设计或编码阶段开发人员根据一些限制或优化而提出的。所有需求变更必须经过客户的批准,并且必须是可行的。任务需求变更可以由组织自己定义开始时间,并且所有需求变更都需要记录到变更登记表中。

(2) 分析受到影响的组件。

任何经过批准的变更需求在整个项目组范围内进行受影响组件分析。

(3) 估算需求变更成本。

项目成本与需求变更有关。任何规模的变更对于成本来讲都是一种损耗。如果一个受影响组件是非常重要的,那么可行性需要重新进行成本估算。

(4) 重新估算所有产品的交付日期和时间。

如果没有考虑有效的缓冲,成本的变化可能会影响整个项目的交付时间。在交付时间内的任何实质的变更都需要再同用户商议决定。

(5) 评审受影响组件。

在这个步骤中,所有相关的受影响组件需要进行评审,项目负责人执行此项任务。

(6) 获得客户的批准。

这个过程的最后一项任务是获得客户的签字。客户应该同意已经形成基线的软件需求说明书、验收标准和已记录的受影响组件的变更。

3. 设计过程

本过程所关注的是把需求转变成为如何实现这些需求的描述。主要包括以下两个阶段:

1) 概要设计

在概要设计阶段,要确保规格定义能够完全符合、支持和覆盖前面描述的系统需求;可以采用建立需求跟踪文档和需求实现矩阵的方式,确保规格定义满足系统需求的性能、可维护性、灵活性的要求;确保规格定义是可以测试的,并且建立了测试策略;确保建立了可行的、包含评审活动的开发进度表;确保建立了正式的变更控制流程。

这个阶段包括以下的任务:结构设计、逻辑设计、项目标准定义、系统/集成测试计划的创建,并要进行同级评审。概要设计模板、系统/集成测试计划模板在本阶段将被使用。

(1) 结构设计。

在这个步骤中,完成软件解决方案的基础布局设计。继软件布局设计之后,应用程序被分解成基础模块/组件,目的是为了实现在模块内的高聚合和模块之间的低耦合。通常情况下,模块的划分是基于概要设计中的功能需求而定的。

(2) 运算方法设计。

在这个步骤中,完成软件系统解决方案与应用程序的转换逻辑设计。设计模块接口和应用需求的主要逻辑。在决定通用算法之前,通常需要一些模型。

(3) 定义项目标准。

在这个步骤中,所有的项目开发标准被定义。详细设计/编码标准要同实际执行得一致。制定标准时还要考虑标准将来的扩展性、灵活性和方便性。

(4) 创建系统/集成测试计划。

基于对概要设计的理解,系统和集成测试计划被制定出来。验证最后生产的产品达到了设计要求,通常采用基于黑盒的功能或性能检查。

(5) 评审设计。

作为所有开发阶段的基础,概要设计是非常重要的,因此需要进行同级评审,由能力强的高级软件工程师组成同级评审小组,以确保完成合适的软件解决方案设计。

2) 详细设计

在详细设计阶段,要确保建立了设计标准,并且按照该标准进行设计;确保设计变更被正确跟踪、控制、文档化;确保按照计划进行设计评审;确保设计按照评审准则评审通过并被正式批准之前,没有开始正式编码。

这个阶段包括以下任务:详细设计和准备单元测试计划。在这个阶段,需要使用详细设计模板和单元测试计划模板。

（1）类/函数/数据结构设计。

根据项目所采用的设计方法（软件结构化设计方法/面向对象设计方法）进行类、函数及数据结构的设计。所有的用户界面、状态转换和相关的数据库详细描述在本阶段被建立。

（2）创建单元测试计划。

测试计划应该包括要被测试的每一个模块的每一个元素，例如：

① 与需求的完整一致性；

② 与其他元素的一致性；

③ 在性能上的要求。

单元/功能测试采用完全透明的白盒/玻璃盒测试方法，对于测试者来说，实际运行的代码是可见的。

（3）评审详细设计。

详细设计阶段的输出是代码编写工作的基础，是非常重要的，因此需要在项目组中很好地进行评审。评审小组负责评审和清除那些在详细设计中与采用的方法不一致的问题。

4．编码过程

编码过程是把详细设计中的各个模块功能转化为计算机可识别代码的过程；采用具体的数据结构来定义对象的属性，用具体的语言来实现业务流程所表示的算法。在对象设计阶段形成的对象类和关系最后被转换成特定的程序设计语言、数据库或者硬件的实现。如图 10.2 所示。

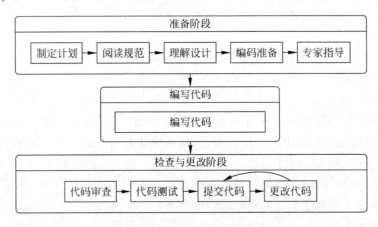

图 10.2　编码过程示意图

编码过程的目的是为了实现详细设计中各个模块的功能，能够使用户要求的实际业务流程通过代码的方式被计算机识别并转化为计算机程序。在这一阶段，要确保建立了编码规范、文档格式标准，并且按照该标准进行编码；确保代码被正确地测试和集成，代码的修改符合变更控制和版本控制流程；确保按照进度计划编写代码；确保按照进度计划进行代码评审。

1）制定编码计划

在编码之前一周，项目经理要根据详细设计中的模块划分情况制定编码计划。编码计划的主要内容如下：

（1）本次编码的目的。

在制定编码计划时，必须明确编码目的。

（2）编码人员组成。

在编码之前，要确定本次编码的人员组成。选择编码人员时要考虑以下几点：责任心、技术能力、服从意识、努力程度、编码效率、编码质量。

（3）编码任务分配

在编码之前，一定要为每个编码人员划分好自己所负责的模块，并且要规定各个模块的编码开始和结束日期。

2）认真阅读开发规范

为了实现编码的规范统一，需要制定编码规范。有的项目，客户也会提供一些开发规范用来对本次编码进行约束。编码人员在编写代码之前一定要理解并掌握相关编码规范的所有内容。这样有助于以后编码工作的规范统一。

如果本次编码采用的是公司自己的开发规范，编码人员在阅读的过程中，如果发现编码规范有不足或不合理之处，可以编写开发规范建议书提交给项目经理，项目经理再和软件质量保证人员取得联系以决定是否要对目前的编码规范进行更改。

3）编码准备

（1）在进行编码之前还要进行一些相关的准备。

（2）硬件环境配置，包括编码工具、配置管理工具、数据库和一些必要的辅助工具。

（3）了解程序设计语言的特性，选择良好的程序设计风格。程序设计风格是程序设计质量的一个重要方面，具有好的设计风格的程序更容易阅读和理解。

4）理解详细设计书

由于项目模块功能的复杂性，即使再详细的设计也会有表达不够准确之处，因此在编写代码之前，一定要把每个模块的详细设计思路弄清楚。如果编码人员在理解详细设计时有疑惑，一定要询问详细设计人员。为了保证编码人员对详细设计的理解的正确性，可采用以下方法：

（1）详细设计同级评审时，让编码人员参加；

（2）编码人员对详细设计进行讲解；

（3）让编码人员根据自己的理解画出流程图，由详细设计者确认。如果编码人员在理解详细设计书的过程中存在疑问，应填写详细设计疑问列表提交给项目经理或详细设计人员。

5）专家指导

在编码之前或编码过程中，为了保证编码工作的顺利进行以及代码质量，项目经理要根据目前编码人员的技术能力或开发进度情况邀请本项目组内部或外部专家对编码人员进行指导。指导的内容主要包括以下两方面的内容。

（1）对于本次编码有关的业务进行指导：对编码人员进行业务上的指导，有助于编码人员对详细设计的理解。

（2）对技术进行指导：通过对编码人员的技术指导，可以解答编码人员在技术上的一些疑问。

6）编写代码

在很多的软件开发中，客户为了便于程序的可维护性，往往会对程序代码编写过程做出一些规定，如变量的命名规则、书写规范和公共处理等，所以这就要求编码人员要熟悉这些要求和规范，并严格遵守这些规范，如果客户没有规定，就要按照公司的规定执行。

（1）画出程序的流程图。

程序的流程图又称程序框图，用来描述软件设计，是历史最长、使用最广泛的方法。在编码之前，一定要先画好程序的流程图，这对一个复杂的程序来说是非常必要的，这样做了以后，可以使你在编码阶段达到事半功倍的效果，而且对于代码的正确性和质量都是一个很好的保证。

（2）代码的模块化。

模块化是把系统分割成能完成独立功能的模块代码，明确规定各个模块代码及其输入输出规格，使模块代码的接口不会产生混乱。

（3）程序的注解。

程序的注解对于程序的阅读与理解起着重要的作用。注解主要分两部分。

程序块头的注解，主要是模块功能的说明、输入输出变量的说明、算法的说明、程序员姓名和程序完成以及变更的日期列表。这些主要是满足管理者的需要，管理者易于掌握哪些程序是由哪个编码人员负责的。

程序内部的注解，对程序中的一些难以理解的语句以上注释，以使阅读者容易理解设计者的意图，易于理解程序。

这样的程序具有很强的可读性和可维护性。

（4）数据类型/变量说明。

- 数据说明的次序应标准化，如按数据类型或者数据结构来确定数据说明的次序，次序的规则在数据字典中加以说明，以便在测试调试阶段和维护阶段可以方便地查找数据说明的情况；
- 当对在同一个语句中的多个变量加以说明时，应按英文字母的顺序排列；
- 在使用一个复杂的数据结构时，最好加注释语句；
- 变量说明不要遗漏，变量的类型、长度、存储及其初始化要正确。

（5）语句构造。

① 不要为了节省空间把多个语句写在同一行；

② 尽量避免复杂的条件；

③ 对于多分支语句，应该把出现可能性大的情况放在前面，把较少出现的分支放在后面，这样可以缩短运算时间；

④ 避免大量使用循环嵌套语句和条件嵌套语句；

⑤ 利用括号使逻辑表达式或算术表达式的运算次序清晰直观；

⑥ 每个循环要有终止条件，不要出现死循环，也要避免不可能被执行的循环。

（6）程序效率。

程序效率主要指处理工作时间和内存容量这两方面的利用率，在程序满足了正确性、可理解性、可测试性和可维护性的基础上，提高程序的效率也是非常必要的。

在编码过程中，一定要严格按照规定的开发规范进行编码，如果没有按照编码规范进行编码,再好的程序代码也不能被接受。另外,在编写代码时,如果认为开发规范有不合理或有待补充之处,应该填写开发规范建议书提交给项目经理;如果发现详细设计中有问题或对详细设计产生疑问,应该填写详细设计疑问列表并提交给项目经理。

7）代码审查

在编码过程中,每个模块或程序的自我审查的关键环节是绝对不能缺少的。无论多么好的编码人员编写的代码,都会或多或少地存在缺陷,从而影响程序的运行。有的缺陷可以在很短的时间内暴露出来;有的缺陷需要很长的时间才能显现出来。因此在代码审查过程中,一定要仔细认真,不要遗漏某个条件。编码人员切勿对自己编写的代码过于自信而不去进行自我审查。

在进行代码审查过程中,并不是盲目地审查,而是要按照代码审查列表中的内容进行审查。审查之后还要把自己审查的内容以及发现的问题记录到代码审查记录中。代码审查记录不作为考核个人的依据。通过代码审查记录,管理人员可以掌握每个编码人员的代码审查工作情况以及自我审查的质量效率。

如果是比较重要的代码（如重要的算法、复杂的 SQL 程序段、要求性能比较高的模块等）,可以让经验丰富的设计人员或编码人员来复查或进行同级评审。

8）代码测试

为了进一步保证代码的正确性和合理性,编码人员还要对自己编写的代码进行测试。代码测试的依据是详细设计过程中的单元测试计划书。编码人员按照测试计划书中所提供的每个测试项目的测试用例进行测试。本次测试只是编码人员对自己所编写的代码进行自我测试,测试主要采用白盒与黑盒结合的方法。在代码测试过程中,应该填写代码测试记录。

9）提交测试

编码人员对自己编写的代码审查完毕,并认为代码不会有任何问题,就可以把代码提交给相应的测试人员。在提交代码时一定要注意自己所提交的代码是最新的版本。

10）更改代码

更改代码的情况可以分为两种:

（1）在测试中发现代码有误或者逻辑不合理。出现这种情况的主要原因可能有两种:一是编码人员本身的错误而造成的缺陷;二是需求、设计阶段的错误没有被查出,被带到编码阶段而造成的缺陷。

（2）由于需求和设计的变更引起的代码变更。

在变更代码的过程中一定要注意对代码的版本管理。

5. 测试过程

软件测试过程的目的是为了保证软件产品的正确性、完整性和一致性,保证提供实现用户需求的高质量、高性能的软件产品,从而提高用户对软件产品的满意程度。

这一阶段要确保建立了测试计划,并按照测试计划进行了测试;确保测试计划覆盖了所有的系统规格定义和系统需求;确保经过测试和调试,软件仍旧符合系统规格和需求定义。

软件测试针对不同的测试阶段和测试内容,可以分为单元测试、集成测试、系统测试以及确认/验收测试,在编码阶段进行单元测试,单元测试的目的是测试单一的功能模块能否正常运行;集成测试主要是根据设计阶段制定的测试计划进行,集成测试是测试模块与模块之间的连接是否正确;系统测试主要是对系统的整体质量进行测试;确认/验收测试根据需求分析阶段制定的测试计划进行测试,将测试整个软件产品是否满足了用户的需求。

1)单元测试

单元测试集中在检查软件设计的最小单位——模块上,通过测试发现实现该模块的实际功能与定义该模块的功能说明不符合的情况,以及编码的缺陷。由于模块规模小、功能单一、逻辑简单,测试人员有可能通过模块说明书和源程序,清楚地了解该模块的I/O条件和模块的逻辑结构,采用结构测试(白盒法)的用例,尽可能彻底测试,然后辅之以功能测试(黑盒法)的用例,使之对任何合理和不合理的输入都能鉴别和响应。高可靠性的模块是组成可靠系统的坚实基础。

2)集成测试

将已测试的模块进行组装并进行检测,对照软件设计测试和排除子系统或系统结构上的缺陷。集成测试一般采用黑盒测试法,重点是检测模块接口之间的连接,发现访问公共数据结构可能引起的模块间的干扰,以及全局数据结构的不一致,测试软件系统或子系统输入输出处理、故障处理和容错等方面的能力。

3)系统测试

检测软件系统运行时与其他相关要素(硬件、数据库及操作人员等)的协调工作情况是否满足要求,包括性能测试、恢复测试和安全测试等内容。

(1)性能测试:程序的响应时间、处理速度、精确范围、存储要求以及负荷等性能的满足情况。

(2)恢复测试:系统在软硬件发生故障后,控制并保存数据以及进行自动恢复的能力。

(3)安全测试:检查系统对用户使用权限进行管理、控制和监督以防非法进入、篡改、窃取和破坏等行为的能力。

系统测试通常是由系统工程组负责进行的,如果小的项目没有系统工程组,那么建议系统测试合并到确认/验收测试中。

4)确认/验收测试

确认/验收测试是指按规定需求,逐项进行有效性测试。以检验软件的功能和性能及其他特性是否与用户的要求相一致,一般采用黑盒测试法。

确认测试的基本事项如下:

(1)功能确认。以用户需求规格说明书为依据,检测系统满足需求所规定功能的实现情况。

(2)配置确认。检查系统资源和设备的协调情况,确保开发软件的所有文档资料编写齐全,能够支持软件运行后的维护工作。文档资料包括设计文档、源程序、测试文档、用户文档。

确认/验收测试包括以下两方面:

(1)仿真用户确认测试——测试人员假冒用户的身份进行测试。

(2)用户确认测试。

6. 交付过程

在系统交付阶段,要将开发并且通过测试的软件应用系统和相关文档交付给用户。本过程的目的是确保正确的元素/组件被交付给用户,并对每个交付产品做适当的记录。该阶段要确保按照软件交付计划交付、安装软件系统,并按照培训计划对用户进行培训;确保交付给用户所有的文档;制订并评审、批准软件维护计划;用户进行验收确认。

具体步骤如下:

(1) 制订软件交付及培训计划;

(2) 制订软件维护计划;

(3) 交付给用户所有的文档;

(4) 交付、安装软件系统;

(5) 评审批准软件维护计划;

(6) 用户验收确认。

课后习题

1. 什么是软件质量?软件质量特征如何划分?

2. 简要描述与软件质量保证相关的几个过程。

3. 简述软件测试与软件质量保证的关系。

第11章

配置管理

1. 概述

软件配置管理,贯穿于整个软件生命周期,它为软件研发提供了一套管理办法和活动原则。软件配置管理无论是对于软件企业管理人员还是研发人员都有着重要的意义。

2. 教学重点与难点

1) 重点

(1) 配置管理的基本概念;

(2) 配置管理的主要活动;

(3) 配置管理的主要工具。

2) 难点

配置管理的策略。

11.1　配置管理的基本概念

软件配置管理是一组活动,设计用来标识变更的工作产品、建立它们之间的关系、定义管理这些工作产品不同版本、控制变更以及审计和报告所发生的变更。每一个涉及软件工程过程的人员在某种程度上均和 SCM 相关联。一般情况下,需要专门的 SCM 小组或专门的技术人员来管理和支持。下面通过依次介绍配置管理过程中的主要活动来描述配置管理过程。

1. IEEE 的配置管理定义

IEEE 729—1983 标准就配置管理的内容进行了规范的定义。

(1) 标识:识别产品的结构、产品的构件及其类型,为其分配唯一的标识符,并以某种形式提供对它们的存取。

(2) 控制:通过建立产品基线,控制软件产品的发布和在整个软件生命周期中对软件产品的修改。例如,它将解决哪些修改会在该产品的最新版本中实现的问题。

(3) 状态统计:记录并报告构件和修改请求的状态,并收集关于产品构件的重要统计信息。例如,它将解决修改这个错误会影响多少个文件的问题。

（4）审计和审查：确认产品的完整性并维护构件间的一致性，即确保产品是一个严格定义的构件集合。例如，它将解决目前发布的产品所用的文件的版本是否正确的问题。

（5）生产：对产品的生产进行优化管理。它将解决最新发布的产品应由哪些版本的文件和工具来生成的问题。

（6）过程管理：确保软件组织的规程、方针和软件周期得以正确贯彻执行。它将解决要交付给用户的产品是否经过测试和质量检查的问题。

（7）小组协作：控制开发统一产品的多个开发人员之间的协作。例如，它将解决是否所有本地程序员所做的修改都已被加入到新版本的产品中的问题。

2. 专业术语

（1）配置项（Configuration Item）：是受配置管理控制和管理的工作产品。配置项主要有两大类：一是项目开发过程中产生的工作产品，如需求文档、设计文档、源代码、测试用例等；二是项目管理及其支持过程中产生的文档，如项目开发计划、项目总结报告、会议纪要等。这些文档虽然不是产品的组成部分，但是值得保存。

（2）基线（Baseline）：是已经正式通过审核批准的某规约或产品，它可以作为进一步开发的基础，并且只能通过正式的变更控制过程进行改变。

（3）配置数据库（软件制品基线库）：是对配置项进行存储和管理的数据库。配置库是一个总称，具体分为开发库、基线库和产品库三部分。

- 开发库：是开发人员工作的空间，始于某一基线，开发完成后，经过评审回归到基线库。
- 基线库：包括通过评审的各类基线。
- 产品库：是某一基线的静态复制，基线库进入发布阶段形成产品库。

11.2 配置管理活动

配置管理的主要活动包括标识配置项、版本控制、变更控制、配置状态报告和配置审核等。

11.2.1 识别配置项

在项目开发过程中，程序、数据和文档都可以作为配置管理的对象，下面以图的形式来列举可能的配置项，如图 11.1 所示，可以看出配置项之间是组合关系或者相互联系。

项目开发过程中会产生许多的工作产品，大体上分为三种：

（1）文档（Documents）包括项目开发计划、需求分析报告、概要设计书、详细设计书、测试计划、测试用例、用户手册、项目总结报告等；

（2）程序（Program）包括源程序、发布的产品等；

（3）沟通文档（Communications）与客户或项目组内沟通产生的文档，如会谈记录、E-mail、会议纪要、QQ 记录等。

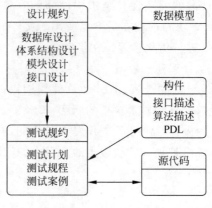

图 11.1　配置项

11.2.2　基于配置项版本控制

版本控制是将规程和工具相结合来管理在软件工程过程中所创建的配置对象的不同版本,通过"属性元组"等其他技术来控制完整版本中的"变体",采用不同的工具、不同的技术,版本控制的机制会有一些不同。

版本控制是软件配置管理的核心功能。所有置于配置库中的元素都应自动赋予版本的标识,并保证版本命名的唯一性。版本在生成过程中,自动依照设定的使用模型自动分支、演进。除了系统自动记录的版本信息以外,为了配合软件开发流程的各个阶段,还需要定义、收集一些元数据来记录版本的辅助信息和规范开发流程,并为今后对软件过程的度量做好准备。当然如果选用的工具支持,这些辅助数据将能直接统计出过程数据,从而方便软件过程改进(Software Process Improvement,SPI)活动的进行。

对于配置库中的各个基线控制项,应该根据其基线的位置和状态来设置相应的访问权限。一般来说,对于基线版本之前的各个版本都应处于被锁定的状态,如需要对它们进行变更,则应按照变更控制的流程来操作。

11.2.3　变更控制

变更在软件开发过程中是不可避免的,但过于频繁的变更也会对项目的开发产生负面的影响,如影响项目的进度、浪费人力物力,因此需要对变更进行控制。

变更管理的一般流程是:

(1)(获得)提出变更请求;

(2)由 CCB 审核并决定是否批准;

(3)(被接受)分配请求,修改人员提取配置项,进行修改;

(4)复审变化;

(5)提交修改后的配置项;

(6)建立测试基线并测试;

(7)重建软件的适当版本;

(8)复审(审计)所有配置项的变化;

（9）发布新版本。

在这样的流程中，配置管理员通过软件配置管理工具来进行访问控制和同步控制，而这两种控制则是建立在前面所描述的版本控制和分支策略的基础上的。

11.2.4　发布配置状态报告

配置状态报告（Configuration State Report，CSR）是 SCM 的一个任务，它在中大型项目中扮演着重要的角色，内容可以包括：修改了什么、谁修改的、修改是什么时候发生的以及修改有什么影响。一般情况下，是在一个配置项被赋予新的或已经修改的标识时，或者一个变更被批准时，或者产生配置审计结果时产生配置状态报告。还可以将 CSR 放于一个联机数据库中，使得开发者、维护者和管理者可以通过关键词等方式去访问。

配置状态报告应该包括下列主要内容：

（1）配置库结构和相关说明；

（2）开发起始基线的构成；

（3）当前基线位置及状态；

（4）各基线配置项集成分支的情况；

（5）各私有开发分支类型的分布情况；

（6）关键元素的版本演进记录；

（7）其他应报告的事项。

11.2.5　配置审计

配置审计是对软件进行验证的一种方法，其目的是检查软件产品和过程是否符合标准、规格说明和规程。配置审计的对象即可以是软件产品，又可以是软件过程；即可以是整个软件产品或过程，又可以是部分软件产品或过程。其主要任务是：

（1）检查配置项是否完备，特别是关键的配置项是否遗漏；

（2）检查所有配置项的基线是否存在，基线产生的条件是否齐全；

（3）检查每份技术文档作为某个配置项版本的描述是否精确，是否与相关版本一致；

（4）检查每项已批准的更改是否都已实现；

（5）检查每项配置项更改是否按配置更改规程或有关标准进行；

（6）检查每个配置管理人员的责任是否明确，是否尽到了应尽的责任；

（7）检查配置信息安全是否受到破坏，评估安全保护机制的有效性。

配置审计的主要作用是作为变更控制的补充手段，来确保某一变更需求已被切实实现。在某些情况下，它被作为正式的技术复审的一部分，但当软件配置管理是一个正式的活动时，该活动由 SQA 人员单独执行。

总之，软件配置管理的对象是软件研发活动中的全部开发资产。所有这一切都应作为配置项纳入管理计划统一管理，从而能够保证及时地对所有软件开发资源进行维护和集成。

11.2.6　发布管理

当项目进行到一定的阶段，可能需要发布一个稳定的或相对比较稳定的版本，这个时候就需要首先制定发布实施计划,然后生成发布准备报告,最后发布完成生成发布报告。

11.3 项目经理的配置管理流程

项目经理的工作职责是:

(1) 确定项目配置管理策略;

(2) 确定用于控制产品变更的策略和流程;

(3) 在配置管理计划(是软件开发计划的一部分)中记录此信息。

配置管理策略是:针对目前软件管理中出现的诸多问题设计的一些有效的解决方法。通过正确的标注来实现确定操作。对项目工件的保护是通过归档、建立基线和报告等操作实现的。

11.3.1 配备人员

配置管理人员的选择和配备,是软件项目经理最主要的工作,主要包括如下几类:

(1) 负责软件项目组的项目经理;

(2) 负责 SCM 计划和策略的配置经理;

(3) 负责软件产品开发与维护的软件工程人员;

(4) 负责验证产品正确性的测试人员;

(5) 负责确保产品高质量的质量保证经理;

(6) 使用产品的用户。

11.3.2 配置经理

配置经理的目标是确保用来建立、变更及编码测试的计划和策略得以贯彻执行,同时使有关项目的信息容易获得。

为了对编码更改形成控制,配置经理引入规范的请求变更的机制,评估更改的机制(通过变更控制机构 CCB,由它负责批准对软件系统的变更)和批准变更的机制。配置经理负责为工程人员创建任务单,交由项目经理对任务进行分配,创建项目的框架。同时,配置经理还收集软件系统中构件的相关数据,比如说用于判断系统中出现问题的构件的信息。

11.4 软件配置管理工具

配置管理工作一般是在遵守配置管理规范的前提下使用的配置管理工具完成的。

11.4.1 CVS

对于 CVS 的软件配置管理规则,我们采取按照不同的角色分配不同的管理权限和任务的方法。目前,我们把使用 CVS 的人员分为三种角色:软件配置管理员、程序开发负责人和程序开发人员。

1. 软件配置管理员

软件配置管理员主要负责如下工作：
(1) 公司所有软件开发源码及相关文档资料的存档管理；
(2) 督促软件开发人员定时提交或更新软件源码及文档资料；
(3) 监督编码规范的执行，进行编码规范指导和评审；
(4) 按规定向有关部门或领导报送或报检存档的源码及文档资料。

2. 程序开发人员

程序开发人员主要负责如下工作：
(1) 软件源码及相关文档资料的编写，设置产品版本号；
(2) 提交源码及文档至 CVS 服务器；
(3) 更新 CVS 服务器上的源码及文档。

3. 程序开发负责人

程序开发负责人主要负责如下工作：
(1) 软件源码及相关文档资料的编写，设置产品版本号；
(2) 提交源码及文档至 CVS 服务器；
(3) 更新 CVS 服务器上的源码和文档；
(4) 对自己负责的小组所开发的软件源代码进行统一的管理。

4. 软件配置管理实施环境

在对软件源码实施软件配置管理之前，必须完成以下环境的搭建工作。
1) CVS 服务器端
- 在文件服务器上搭建 CVS 服务器，指定源码保存目录。
- 由软件配置管理员在文件服务器上为每个软件开发人员设立 CVS 服务账号，并设置相应访问权限。
2) CVS 客户端
- 在软件开发人员的个人计算机上安装 Windows CVS 客户端，设置 CVS 服务器地址、访问目录等。
- 按照软件配置管理员给定的账号和密码可成功登录 CVS 服务器。

5. CVS 软件配置管理规则

1) 源码管理
- 源码保存。
- 提交新源码资料。
- 更新源码资料。
2) 版本管理
- 产品版本号。

- 源码版本号。

3）操作命令

11.4.2　VSS

VSS(Visual Source Safe)是 Microsoft 公司开发的配置管理工具，作为一种源代码控制系统，它提供了完善的版本和配置管理功能，以及安全保护和跟踪检查功能。VSS 通过将项目文件（包括文本文件、图像文件、二进制文件、声音文件、视频文件）存入数据库来进行项目的配置管理工作。文件一旦被添加进 VSS 库，它的每次改动都会被记录下来，用户可以恢复文件的早期版本。

VSS 可以同 Visual Basic、Visual C++、Visual J++、Visual InterDev、Visual FoxPro 开发环境以及 Microsoft Office 应用程序集成在一起，提供了方便易用、面向项目的版本控制功能。

VSS 比较适合代码规模较小的项目，对应用于 Windows 平台下开发的中小型企业，当规模较大后，其性能通常有明显下降，且对分支与并行开发支持有限。

11.4.3　SVN

SVN(Subversion)是在 CVS 的基础上发展起来的开源工具，SVN 修复了很多 CVS 中出现的缺陷，并添加了一些 CVS 不支持的功能，如支持目录版本化。此外，SVN 在存储格式、二进制数据处理和分支与标记效率方面都有了很大的改进，执行速度更快。

SVN 使用相当广泛，在权限管理、分支合并等方面表现出色，还可以与 Apache 集成在一起进行用户认证。目前有一些基于 SVN 的第三方工具，如客户端软件 TortoiseSVN 等。

11.4.4　ClearCase

ClearCase 由 IBM Rational Software 提供，此软件是配置管理方面的高端软件，功能强大，但价格比较高。它提供了全面的配置管理，包括版本控制、工作空间管理、建立管理和过程控制，而且无须软件开发者改变他们现有的环境、工具和工作方式。

ClearCase 主要应用于复杂的产品发放、分布式团队合作、并行的开发和维护任务，包括支持软件开发环境 C/S。

11.5　SVN 配置管理工具的使用

11.5.1　服务器 SVN(Subversion)的安装和配置

1. 客户端下载及安装

首先，请登录 SVN 官网 http://subversion.tigris.org/下载服务端和客户端 TortoiseSVN 安装包。

装 TortoiseSVN，直接运行 TortoiseSVN-1.4.4.9706-win32-svn-1.4.4.msi，按照提示

安装即可,不过最后完成后会提示是否重启,其实重启只是使 SVN 工作副本在 Windows 中的特殊样式生效,与所有的实际功能无关,为了立刻看到好的效果,建议重新启动机器。通常使用 TortoiseSVN 客户端,它是作为一个系统插件存在的。可以看作 Windows 资源管理器的插件,安装之后 Windows 就可以识别 Subversion 的工作目录。

2. 登录 Subversion

获取 Subversion 目录树浏览,找一个本机工作区,右击选择 TortoiseSVN 命令,如图 11.2 所示。

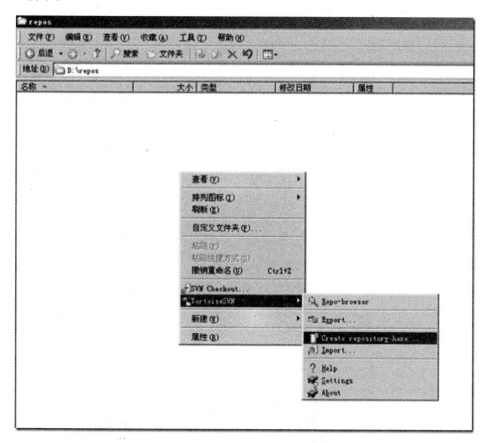

图 11.2　登录 Subversion

3. 输入登录路径(如图 11.3 所示)

外网:https://202.104.148.54/stb1/ST5105/JINLIN/Trunk/app/...(dbase,menu 等)。

内网:https://10.128.97.248/stb1/ST5105/...。

单击 OK 按钮,即可以看到目录树和对应的文件,如图 11.4 所示。

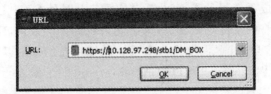

图 11.3　输入登录路径

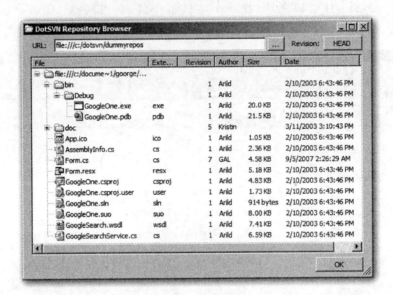

图 11.4　查看文件

11.5.2　基本操作

（1）第一次登录 Subversion，系统提示输入用户名和密码，请输入用户名"×××"和密码 123456，如图 11.5 所示。选中 Save authentication 复选框，记住密码，下次登录 Subversion 时可直接进入。

图 11.5　登录窗口

(2) 初始化导入。

来到我们想要导入的项目根目录,在这个例子里是 D：\MyWork \Sample,该目录下有若干个文件：

① 右击 TortoiseSVN,选择 Import 命令,如图 11.6 所示。

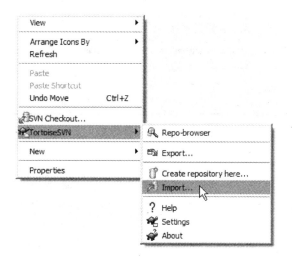

图 11.6　导入项目根目录

② 在 URL of repository 编辑框中输入 https：//10.128.97.248/stb1/Platform,单击 OK 按钮,如图 11.7 所示。

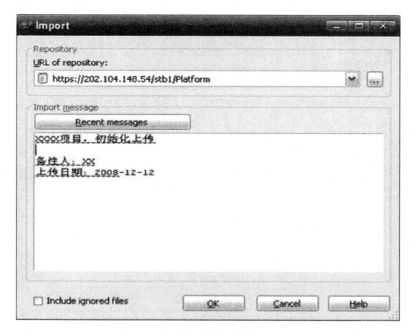

图 11.7　输入根目录

③ 若出现图 11.8 所示的窗口,则表示已添加成功。

至此初始的数据就已经全部导入到了我们刚才定义的版本库中。

图 11.8　导入成功

（3）检出版本。

注意检出的目录和本地要正确对应。此检出并不会修改本地的文件。

① 选择 SVN 检出，如图 11.9(a)所示，单击后，在弹开窗口的版本库 url 框中输入版本库的目录地址，然后单击"确定"按钮，如图 11.9(b)所示，再单击 OK 按钮，如图 11.9(c)所示。

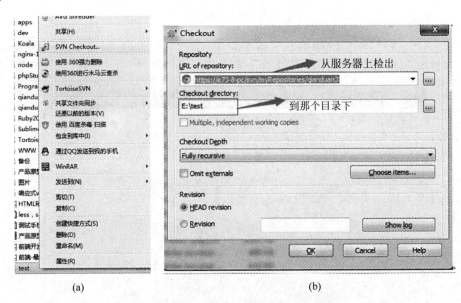

(a)　　　　　　　　　　　　　　　(b)

(c)

图 11.9　查询版本

② 下载文件到本机工作区,如图 11.10 所示。

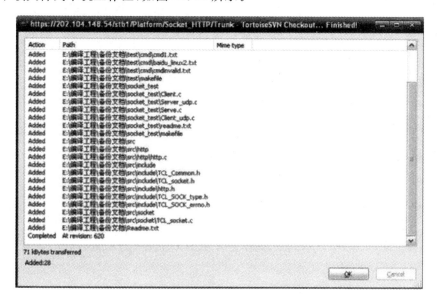

图 11.10 文件下载到工作区

课后习题

1. 配置管理的主要活动有哪些?
2. 比较常用配置管理工具的特点。
3. 熟练使用配置管理工具。

第③篇　软件测试工具

本篇分为 3 章,第 12 章自动化测试工具,第 13 章测试框架,第 14 章其他测试工具。第 12 章主要介绍自动化测试的基本含义、自动化测试技术和常见的自动化测试工具。第 13 章从如何进行单元测试展开,讲述 JUnit 单元测试技术。第 14 章介绍一般测试工具及主要厂商测试产品。

第12章

自动化测试工具

1. 概述

本章主要介绍自动化测试的基本含义、自动化测试技术和常见的自动化测试工具。

2. 教学重点与难点

1）重点

（1）自动化测试主要技术；

（2）常见的自动化测试工具。

2）难点

自动化测试主要技术。

12.1 自动化测试

自动化测试是把以人为驱动的测试行为转化为机器执行的一种过程。通常，在设计了测试用例并通过评审之后，由测试人员根据测试用例中描述的规程一步步执行测试，得到实际结果与期望结果的比较。在此过程中，为了节省人力、时间或硬件资源，提高测试效率，便引入了自动化测试的概念。

借助测试工具，使测试人员在尽可能短的时间内完成尽可能多的软件测试，并提供更强的执行测试的能力，从而有效降低测试成本、提高测试效率。自动化测试快速、准确，并可重复使用。

1. 自动化测试的前提条件

实施自动化测试之前需要对软件开发过程进行分析，以观察其是否适合使用自动化测试。通常需要同时满足以下条件：

1）需求变动不频繁

测试脚本的稳定性决定了自动化测试的维护成本。如果软件需求变动过于频繁，测试人员需要根据变动的需求来更新测试用例以及相关的测试脚本，而脚本的维护本身就是一个代码开发的过程，需要修改、调试，必要的时候还要修改自动化测试的框架，如果所花费的成本不低于利用其节省的测试成本，那么自动化测试便是失败的。

项目中的某些模块相对稳定,而某些模块需求变动性很大。我们便可对相对稳定的模块进行自动化测试,而变动较大的仍是用手工测试。

2) 项目周期足够长

自动化测试需求的确定、自动化测试框架的设计、测试脚本的编写与调试均需要相当长的时间来完成,这样的过程本身就是一个测试软件的开发过程,需要较长的时间来完成。如果项目的周期比较短,没有足够的时间去支持这样一个过程,那么自动化测试便成为笑谈。

3) 自动化测试脚本可重复使用

如果费尽心思开发了一套近乎完美的自动化测试脚本,但是脚本的重复使用率很低,致使其间所耗费的成本大于所创造的经济价值,自动化测试便成为了测试人员的练手之作,而并非是真正可产生效益的测试手段。

另外,在手工测试无法完成,需要投入大量时间与人力时也需要考虑引入自动化测试,比如性能测试、配置测试、大数据量输入测试等。

2. 适用场合

通常适合于软件测试自动化的场合包括:

(1) 回归测试,重复单一的数据录入或是击键等测试操作造成了不必要的时间浪费和人力浪费;

(2) 测试人员对程序的理解和对设计文档的验证通常也要借助于测试自动化工具;

(3) 采用自动化测试工具有利于测试报告文档的生成和版本的连贯性;

(4) 自动化工具能够确定测试用例的覆盖路径,确定测试用例集对程序逻辑流程和控制流程的覆盖。

随着测试流程的不断规范以及软件测试技术的进一步细化,软件测试自动化已经日益成为一股不可忽视的力量。能否借助于这股外在力量以及如何借助于这股力量来规范企业测试流程、提高特定测试活动的效率,正是我们所要讨论的话题。

软件测试自动化的研究领域主要集中在软件测试流程的自动化管理以及动态测试的自动化(如单元测试、功能测试以及性能)方面。在这两个领域,与手工测试相比,测试自动化的优势是明显的。首先自动化测试可以提高测试效率,使测试人员更加专注于新的测试模块的建立和开发,从而提高测试覆盖率;其次,自动化测试更便于测试资产的数字化管理,使得测试资产在整个测试生命周期内可以得到复用,这个特点在功能测试和回归测试中尤其具有意义;此外,测试流程自动化管理可以使机构的测试活动开展更加过程化,这很符合CMMI过程改进的思想。根据 OppenheimerFunds 的调查,在 2001 年前后的 3 年中,全球范围内由于采用了测试自动化手段所实现的投资回报率高达 1500%。

3. 选型原则

然而存在优势是否就一定意味着选择自动化测试方案都能为企业带来效益回报呢? 也不尽然,任何一种产品化的测试自动化工具,都可能存在与某具体项目不甚贴切的地方。再加上,在企业内部通常存在许多不同种类的应用平台,应用开发技术也不尽相同,甚至在一个应用中可能就跨越了多种平台;或同一应用的不同版本之间存在技术差异。所以选择软件测试自动化方案必须深刻理解这一选择可能带来的变动以及来自诸多方面的风险和成本开销。

企业用户进行软件测试自动化方案选型的参考性原则：

（1）选择尽可能少的自动化产品覆盖尽可能多的平台，以降低产品投资和团队的学习成本；

（2）测试流程管理自动化通常应该优先考虑，以满足为企业测试团队提供流程管理支持的需求；

（3）在投资有限的情况下，性能测试自动化产品将优先于功能测试自动化被考虑；

（4）在考虑产品性价比的同时，应充分关注产品的支持服务和售后服务的完善性；

（5）尽量选择趋于主流的产品，以便通过行业间交流甚至网络等方式获得更为广泛的经验和支持；

（6）应对测试自动化方案的可扩展性提出要求，以满足企业不断发展的技术和业务需求。

4．过程

自动化测试与软件开发过程从本质上来讲是一样的，无非是利用自动化测试工具（相当于软件开发工具），经过对测试需求的分析（软件过程中的需求分析），设计出自动化测试用例如（软件过程中的需求规格），从而搭建自动化测试的框架（软件过程中的概要设计），设计与编写自动化脚本（详细设计与编码），测试脚本的正确性，从而完成该套测试脚本（即主要功能为测试的应用软件）。如图12.1所示。

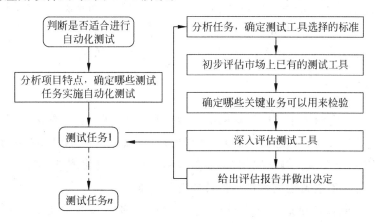

图 12.1　自动化测试流程图

1）自动化测试需求分析

当测试项目满足了自动化的前提条件，并确定在该项目中需要使用自动化测试时，我们便开始进行自动化测试需求分析。此过程需要确定自动化测试的范围以及相应的测试用例、测试数据，并形成详细的文档，以便于自动化测试框架的建立。

2）自动化测试框架的搭建

所谓自动化测试框架，就像软件架构一般，定义了在使用该套脚本时需要调用哪些文件、结构、调用的过程，以及文件结构如何划分。

而根据自动化测试用例，很容易定位出自动化测试框架的典型要素：

（1）公用的对象。

不同的测试用例会有一些相同的对象被重复使用，比如窗口、按钮、页面等。这些公用的对象可被抽取出来，在编写脚本时随时调用。当这些对象的属性因为需求的变更而改变时，只需要修改该对象属性即可，而无须修改所有相关的测试脚本。

（2）公用的环境。

各测试用例也会用到相同的测试环境，将该测试环境独立封装，在各个测试用例中灵活调用，也能增强脚本的可维护性。

（3）公用的方法。

当测试工具没有需要的方法时，而该方法又会被经常使用，我们便需要自己编写该方法，以方便脚本的调用。

（4）测试数据。

也许一个测试用例需要执行很多个测试数据，此时可将测试数据放在一个独立的文件中，由测试脚本执行到该用例时读取数据文件，从而达到数据覆盖的目的。

在该框架中需要将这些典型要素考虑进去，在测试用例中抽取出公用的元素放入已定义的文件，设定好调用的过程。

5. 脚本编写

该编写过程便是具体的测试用例的脚本转化。初学的自动化测试人员均会使用录制脚本到修改脚本的过程。但专业化的建议是以录制为参考，以编写脚本为主要行为，以避免录制脚本带来的冗余、公用元素的不可调用、脚本的调试复杂等问题。

6. 测试运行

事实上，当每一个测试用例所形成的脚本通过测试后，并不意味着执行多个甚至所有的测试用例就不会出错。输入数据以及测试环境的改变，都会导致测试结果受到影响甚至失败。而如果只是一个个执行测试用例，也仅能被称作是半自动化测试，这会极大地影响自动化测试的效率，甚至不能满足夜间自动执行的特殊要求。

因此，脚本的测试与试运行极为重要，它需要详查多个脚本不能依计划执行的原因，并保证其得到修复。同时也需要经过多轮的脚本试运行，以保证测试结果的一致性与精确性。

自动化测试引入的目的是把软件测试人员从枯燥乏味的机械性手工测试劳动中解放出来，以自动化测试工具取而代之，使测试人员的精力真正花在提高软件产品质量本身。如图 12.2 所示为自动化测试生命周期。

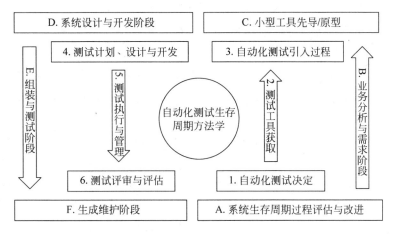

图 12.2　自动化测试生命周期

12.2　自动化测试工具

1. 自动化测试工具的特点

（1）支持脚本化语言：变量、数据类型、数组、列表、结构、条件逻辑 if select case、循环 for while、函数的创建和调用、Perl、VB Script、JavaScript、脚本语言的功能。

（2）对程序界面中对象的识别能力：对程序位置识别、对象识别、位图对象识别。

（3）支持函数的可重用：脚本比较容易实现对函数的调用，脚本与被调用函数之间的参数传递。

（4）支持外部函数库：如 Windows 中的 dll 函数，如采用外部函数进行数据库操作正确性检查等。

（5）支持抽象层：可以将程序界面中存在的所有对象实体映射成逻辑对象，通过简单修改抽象层，帮助减少测试维护工作量。

（6）分布式测试支持：分布式测试可以实现定制任务执行的时间表，安排多人同时进行测试。

（7）支持数据驱动测试：测试脚本通过从准备好的数据文件中读取或者写入数据保证测试流程的正常执行，少的脚本，大量的测试数据即可。

（8）支持错误处理：在出现错误能够跳过错误或者对系统进行复位，执行后面的任务，从而不至于因出现一个问题而耽误了所有用例的执行，利用它可以避免测试程序因一些异常错误而异常终止。

（9）支持源代码管理。

（10）支持脚本的命令行方式执行。

2. 自动化测试工具分类

1）性能测试

（1）主流负载性能测试工具，包括 QA Load、SilkPerformer、Loadrunner、WebRunner 等。

　　（2）资源监控工具。

　　资源监控作为系统压力测试过程中的一个重要环节，在相关的测试工具中都有很多的集成。只是不同的工具之间，监控的中间件、数据库、主机平台的能力以及方式各有差异。这些监控工具在更大程度都依赖于被监控平台自身的数据采集能力，目前的绝大多数的监控工具基本上是直接从中间件、数据库以及主机自身提供的性能数据采集接口获取性能指标。

　　首先，不同的应用平台有自身的监控命令以及控制界面。比如 UNIX 主机用户可以直接使用 topas、vmstat、iostat 了解系统自身的健康工作状况。另外，Weblogic 以及 Websphere 平台都有自身的监控台，在上面可以了解到目前的 JVM 的大小、数据库连接池的使用情况以及目前连接的客户端数量以及请求状况等。只是这些监控方式的使用对测试人员有一定的技术储备要求，需要自己熟练掌握以上监控方式的使用方法。

　　第三方的监控工具相应地对一些系统平台的监控进行了集成。比如 Loadrunner 对目前常用的一些业务系统平台环境都提供了相应的监控入口，从而可以在并发测试的同时，对业务系统所处的测试环境进行监控，更好地分析测试数据。

　　但 Loadrunner 工具提供的监控方式还不是很直观，一些更直观的测试工具能在监控的同时提供相关的报警信息，类似的监控产品如 Quest 公司提供的一整套监控解决方案包括了主机的监控、中间件平台的监控以及数据库平台的监控。Quest 系列监控产品提供了直观的图形化界面，能让测试者尽快进入监控的角色。

　　（3）故障定位工具以及调优工具。

　　技术的不断发展以及测试需求的不断提升，故障定位工具应运而生，它能更精细地对负载压力测试中暴露的问题进行故障根源分析。在目前的主流测试工具厂商中，都相应地提供了对应的产品支持。尤其是目前 .NET 以及 J2EE 架构的流行，测试工具厂商纷纷在这些领域提供了相关的技术产品，比如 Loadrunner 模块中添加的诊断以及调优模块、Quest 公司的 PerformaSure、Compuware 的 Vantage 套件以及 CA 公司收购的 Wily 的 Introscope 工具等，都在更深层次上对业务流的调用进行追踪。这些工具在中间件平台上引入探针技术，能捕获后台业务内部的调用关系，发现问题所在，为应用系统的调优提供直接的参考指南。

　　在数据库产品的故障定位分析上，Oracle 自身提供了强大的诊断模块，同时，Quest 公司的数据库产品也在数据库设计、开发以及上线运行维护方面提供了全套的产品支持。

　　2）功能测试

　　QTP、Winrunner、Robot、AdventNetQEngine、Silk test、QARun、TestPartner 等。

　　3）白盒测试工具

　　白盒测试工具的选择在于对开发语言的支持、代码覆盖的深度、嵌入式软件的测试、测试的可视化等。

　　白盒测试工具是对源代码进行的测试，测试的主要内容包括词法分析与语法分析、静态错误分析、动态检测等。

　　目前测试工具主要支持的开发语言包括标准 C、C++、Visual C++、Java、Visual J＋等。

（1）Parasoft 白盒测试工具集：

Jtest Java 代码分析和动态类、组件测试；

Jcontract Java 实时性能监控以及分析优化；

C++ Test C、C++代码分析和动态测试；

CodeWizard C、C++代码静态分析；

Insure++C、C++实时性能监控以及分析优化。

（2）Compuware 白盒测试工具集：

BoundsChecker C++、Delphi API 和 OLE 错误检查、指针和泄露错误检查、内存错误检查；

TrueTime C++、Java、Visual Basic 代码运行效率检查、组件性能的分析；

FailSafe Visual Basic 自动错误处理和恢复系统 Jcheck M$ Visual J++图形化的线程和事件分析工具；

TrueCoverage C++、Java、Visual Basic 函数调用次数、所占比率统计以及稳定性跟踪；

SmartCheck Visual Basic 函数调用次数、所占比率统计以及稳定性跟踪。

4）测试管理工具

（1）TestDirector。

TestDirector 是全球最大的软件测试工具提供商 Mercury Interactive 公司生产的企业级测试管理工具，也是业界第一个基于 Web 的测试管理系统，它可以在公司内部或外部进行全球范围内测试的管理。通过在一个整体的应用系统中集成了测试管理的各个部分，包括需求管理、测试计划、测试执行以及错误跟踪等功能，TestDirector 极大地加速了测试过程。

（2）Mercury Quality Center。

Quality Center 是一个基于 Web 的测试管理工具，可以组织和管理应用程序测试流程的所有阶段，包括指定测试需求、计划测试、执行测试和跟踪缺陷。此外，通过 Quality Center 还可以创建报告和图来监控测试流程。

Quality Center 是一个强大的测试管理工具，合理地使用 Quality Center 可以提高测试的工作效率，节省时间，产生事半功倍的效果。

5）其他测试

其他测试包括 Xenu、AiRoboForm 等。

12.3 自动化测试工具详细介绍

12.3.1 LoadRunner

LoadRunner 是一种预测系统行为和性能的负载测试工具。通过以模拟上千万用户实施并发负载及实时性能监测的方式来确认和查找问题，LoadRunner 能够对整个企业架构进行测试。企业使用 LoadRunner 能最大限度地缩短测试时间，优化性能和加速应用系统的发布周期。LoadRunner 可适用于各种体系架构的自动负载测试，能预测系统行为并评估系统性能。

1．测试对象

LoadRunner 的测试对象是整个企业的系统,它通过模拟实际用户的操作行为和实行实时性能监测,查找和发现问题。此外,LoadRunner 能支持广泛的协议和技术。

2．LoadRunner 特性

(1) 轻松创建虚拟用户。
(2) 创建真实的负载。
(3) 支持广泛的环境。
(4) 实时检测器。
(5) 分析结果。

3．LoadRunner 组件

虚拟用户生成器用于捕获最终用户业务流程和创建自动性能测试脚本(也称为虚拟用户脚本)。

Controller 用于组织、驱动、管理和监控负载测试。

负载生成器用于通过运行虚拟用户生成负载。

Analysis 有助于查看、分析和比较性能结果。

Launcher 为访问所有 LoadRunner 组件的统一界面,如图 12.3 所示。

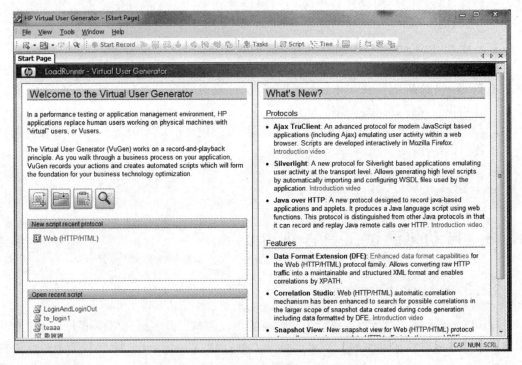

图 12.3　LoadRunner 主界面

4．测试过程

（1）规划测试：分析应用程序、定义测试目标、方案实施。

（2）创建 Vuser 脚本。

（3）创建方案：方案包括运行 Vuser 的计算机的列表、运行 Vuser 脚本的列表以及在方案执行期间运行的指定数量的 Vuser 或 Vuser 组件。

（4）运行方案：可以指示多个 Vuser 同时执行任务，以模拟服务器上的用户负载。可以通过增加或减少同时执行任务的 Vuser 的数量来设置负载级别。

（5）监视方案：使用 LoadRunner 联机运行时，事务、系统资源、Web 服务器资源、数据库服务器资源、网络延时、流媒体资源、防火墙服务器资源、Java 性能等、应用程序部署和中间件性能监视器来监视方案的执行。

（6）分析测试结果：在方案执行期间，LoadRunner 将记录不同负载下的应用程序性能。可以使用 LoadRunner 的图和报告来分析应用程序的性能。

5．主要功能

1）虚拟用户

使用 LoadRunner 的 Virtual User Generator，能够很简便地创立起系统负载。该引擎能够生成虚拟用户，以虚拟用户的方式模拟真实用户的业务操作行为。它先记录下业务流程（如下订单或机票预定），然后将其转化为测试脚本。利用虚拟用户，可以在 Windows、UNIX 或 Linux 机器上同时产生成千上万个用户访问。所以 LoadRunner 能极大地减少负载测试所需的硬件和人力资源。图 12.4 所示为性能虚拟用户模拟测试。

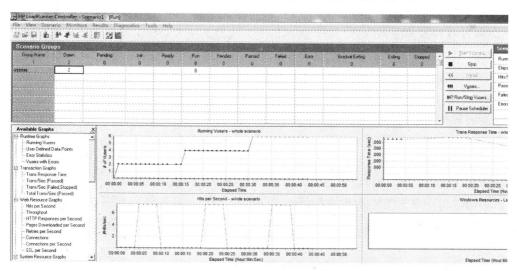

图 12.4　LoadRunner 性能虚拟用户模拟测试

用 Virtual User Generator 建立测试脚本后，可以对其进行参数化操作，这一操作能让你利用几套不同的实际发生数据来测试应用程序，从而反映出系统的负载能力。以一个订单输入过程为例，参数化操作可将记录中的固定数据，如订单号和客户名称，由可变值来代替。在这些变量内随意输入可能的订单号和客户名，来匹配多个实际用户的操作行为。

2）真实负载

虚拟用户建立后，需要设定负载方案、业务流程组合和虚拟用户数量。用 LoadRunner 的 Controller 能很快组织起多用户的测试方案。Controller 的 Rendezvous 功能提供了一个互动的环境，在其中既能建立起持续且循环的负载，又能管理和驱动负载测试方案。而且可以利用它的日程计划服务来定义用户在什么时候访问系统以产生负载。这样，就能将测试过程自动化。同样还可以用 Controller 来限定负载方案，在这个方案中所有的用户同时执行一个动作——如登录到一个库存应用程序——来模拟峰值负载的情况。另外，还能监测系统架构中各个组件的性能——包括服务器、数据库、网络设备等——来帮助客户决定系统的配置。

3）定位性能

LoadRunner 内含集成的实时监测器，在负载测试过程的任何时候，都可以观察到应用系统的运行性能。这些性能监测器可实时显示交易性能数据（如响应时间）和其他系统组件，包括 Application Server、Web Server、网络设备和数据库等的实时性能。这样，就可以在测试过程中从客户和服务器的双方面评估这些系统组件的运行性能，从而更快地发现问题。

利用 LoadRunner 的 ContentCheck 可以判断负载下的应用程序功能正常与否。ContentCheck 在虚拟用户运行时，检测应用程序的网络数据包内容，从中确定是否有错误内容传送出去。它的实时浏览器可帮助你从终端用户角度观察程序性能状况。

4）分析结果

一旦测试完毕，LoadRunner 收集汇总所有的测试数据，并提供高级的分析和报告工具，以便迅速查找到性能问题并追溯缘由。使用 LoadRunner 的 Web 交易细节监测器，可以了解到将所有的图像、框架和文本下载到每一网页上所需的时间。例如，这个交易细节分析机制能够分析是否因为一个大尺寸的图形文件或是第三方的数据组件造成应用系统运行速度减慢。另外，Web 交易细节监测器分解用于客户端、网络和服务器上端到端的反应时间，便于确认问题，定位查找真正出错的组件。例如，可以将网络延时进行分解，以判断 DNS 解析时间，连接服务器或 SSL 认证所花费的时间。通过使用 LoadRunner 的分析工具，能很快地查找到出错的位置和原因并做出相应的调整。

5）重复测试

负载测试是一个重复过程。每处理完一个出错情况，都需要对应用程序在相同的方案下再进行一次负载测试。以此检验所做的修正是否改善了运行性能。

LoadRunner 完全支持 EJB 的负载测试。这些基于 Java 的组件运行在应用服务器上，提供广泛的应用服务。通过测试这些组件，可以在应用程序开发的早期就确认并解决可能产生的问题。

利用 LoadRunner，可以很方便地了解系统的性能。它的 Controller 允许你重复执行与出错修改前相同的测试方案。它的基于 HTML 的报告提供了一个比较性能结果所需的基准，以此衡量在一段时间内，有多大程度的改进并确保应用成功。由于这些报告是基于 HTML 的文本，所以可以将其公布于公司的内部网上，便于随时查阅。

6. 录制 LoadRunner 脚本

启动 VuGen：选择需要新建的协议脚本，可以创建单协议，或是多协议脚本。

单击 Start Record 按钮，输入程序地址，开始进行录制。

使用 VuGen 进行录制：创建的每个 Vuser 脚本都至少包含 3 部分（vuser_init、一个或多个 Actions 及 vuser_end。录制期间，可以选择脚本中 VuGen 要插入已录制函数的部分。运行多次迭代的 VuGen 脚本时，只有脚本的 Action 部分重复，而 vuser_init 和 vuser_end 部分将不重复。图 12.5 所示是录制 LoadRunner 的界面，图 12.6 是 LoadRunner 脚本视图。

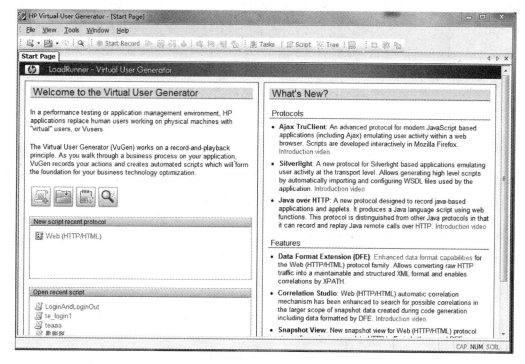

图 12.5 录制 LoadRunner 脚本

7. 完善 LoadRunner 测试脚本

（1）插入事务。

（2）插入集合点。

（3）模拟用户思考时间。

（4）参数化输入。

（5）插入 Text/Imag 检查点。

（6）关联语句。

（7）Run-Time Setting 选项。

8. 创建 LoadRunner 场景的创建与执行

一个运行场景包括一个运行虚拟用户活动的 Load Generator 机器列表、一个测试脚本

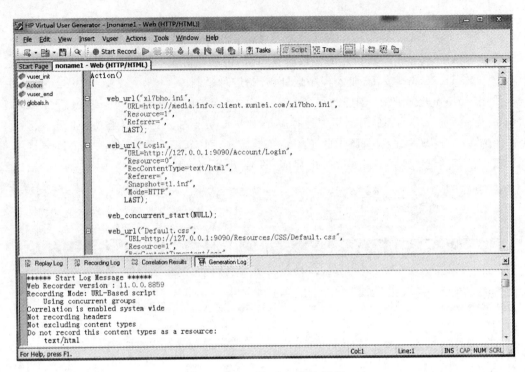

图 12.6　LoadRunner 脚本视图

的列表以及大量的虚拟用户和虚拟用户组。

1）创建运行场景使用 Controller

在"开始"菜单中，启动 Controller 程序，如图 12.7 所示。

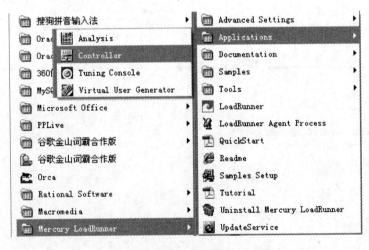

图 12.7　启动程序

出现 New Scenario 窗口。如果没有出现，可以在菜单或者工具栏中单击 New 命令，出现图 12.8 所示的窗口。

在新建场景的窗口，选择一种场景类型。

（1）手动方案（Manual Scenario）：完全手动的设置场景。使用百分比模式在脚本间分

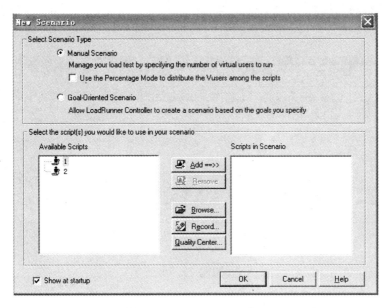

图 12.8　New Scenario 窗口

配 Vuser：该项只有在 Manual Scenario 选中的情况下才能选择。选择该项后，在场景中需要定义要使用的虚拟用户的总数，然后为每一个脚本分配要运行的虚拟用户的百分比。

（2）面向目标的方案（Goal-Oriented Scenario）：在测试计划中，一般都包括性能测试要达到的目标。选择该项后，LoadRunner 基于这个目标，自动为你创建一个场景。在场景中只要定义好此次测试目标即可。

2）把脚本添加到场景的操作

如图 12.9 所示，从提供的脚本中选中某个后，单击"Add＝＝〉〉"按钮，将之添加到右侧的场景中。

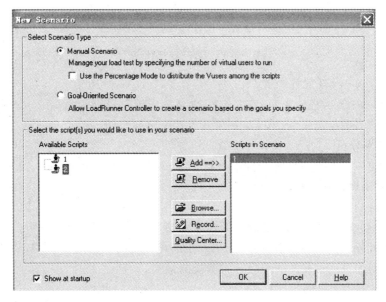

图 12.9　场景操作

如果要在已经打开的场景中添加脚本,单击"(编辑计划)"按钮细化方案,如图 12.10 所示。

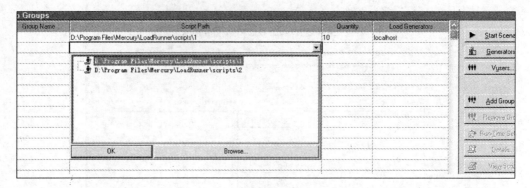

图 12.10　在场景中添加脚本

可以在计划选项卡中选择计划种类,如图 12.11 所示。

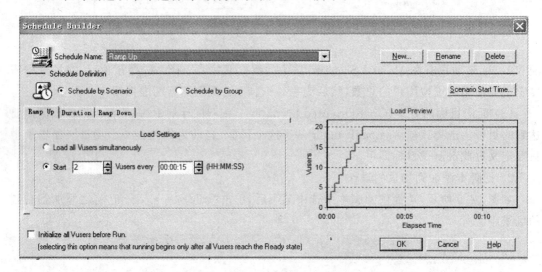

图 12.11　选择计划种类

3) 添加 Windows 性能计数器

选择 Windows 资源监视窗口,在右键快捷菜单中选择 ADD Measurements 命令,出现图 12.12 所示的对话框。

4) 测试结果分析

脚本执行完毕,LoadRunner 会自动分析结果,生成分析结果图或表,方法是单击导航栏"结果",在弹出窗口中选择"分析结果"。

(1) 事务响应时间是否在可接受的时间范围内,哪个事务用的时间最长。需查看 Transaction Response Time 图,可以判断每个事务完成所用的时间,从而可以判断出哪个事务用的时间最长,哪些事务用的时间超出预定的可接受时间。从图 12.13 可以看出,随着用户数的不断增加,login 事务的响应时间增长的最快。

(2) 网络带宽是否足够。

吞吐量(Throughput)图(见图 12.14)显示在场景运行期间的每一秒钟从 Web Server

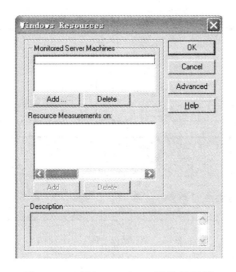

图 12.12 添加 Windows 性能计数器

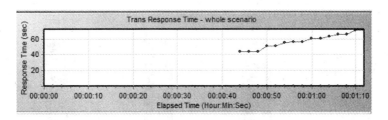

图 12.13 Transaction Response Time 图

上接受到的数据量的值。该值与网络带宽比较,可以确定目前的网络带宽是否是瓶颈。如果该图的曲线随着用户数的增加而没有增加,而是呈比较平的直线,说明目前的网络速度不能够满足目前的系统流量。

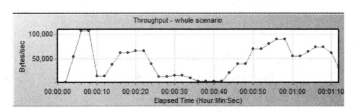

图 12.14 Throughput 图

（3）Windows Resources 图实时地显示了 Web Server 系统资源的使用情况,如图 12.15 所示。利用该图提供的数据,可以把瓶颈定位到特定机器的某个部件。

（4）利用 Anlysis 分析结果。

场景运行结束后,需要使用 Analysis 组件分析结果。Analysis 组件可以通过"开始"菜单中启动,也可以在 Controller 中启动。注意：这里介绍的分析方法只适用于 Web 测试。

第一步：分析事务的响应时间。看 Transaction Performance Summary 图,确认哪个事务的响应时间比较长,超出了标准。如图 12.16 所示,login 事务的平均响应时间最长。

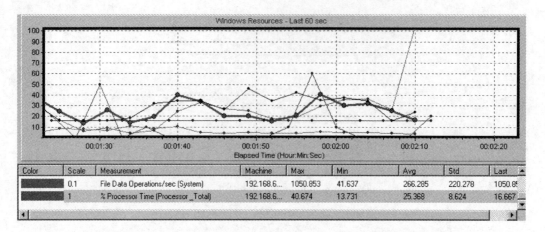

图 12.15　Windows Resources 图

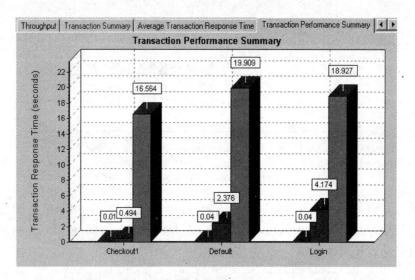

图 12.16　Transaction Performance Summary 图

第二步：再查看 Average Transaction Response Time 图，观察 login 在整个场景运行中每一秒的情况。从图 12.17 可以看出，login 事务的响应时间并不是一直都比较高，只是随着用户数的增加，响应时间才明显增加的。

9. 目标的种类

每次场景运行只能设置一个目标。

Virtual Users Goal：虚拟用户目标类型，需要测试多少人可以同时运行。

Pages per Minute、Hits per Second、Transactions per Second：每分钟页面数和每秒单击次数、事务响应时间，Controller 试图使用最少的虚拟用户来达到定义的目标。如果使用最少的用户，不能达到目标，则增加用户数，直到定义的最大值。

Transactions Response Time：如果想知道在多少用户并发访问网站时，事务的响应时间达到性能指标说明书中规定响应时间的最大值。

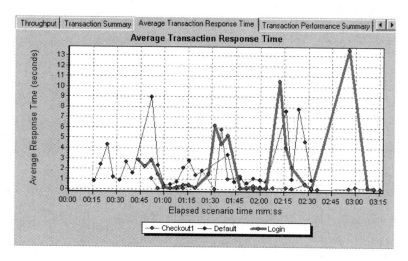

图 12.17　Average Transaction Response Time 图

10. 运行方案

运行方案时,会为 Vuser 组分配负载生成器并执行它们的 Vuser 脚本。在方案执行期间,LoadRunner 将:

(1) 记录在 Vuser 脚本中定义的事务的持续时间;

(2) 执行包括在 Vuser 脚本中的集合;

(3) 收集 Vuser 生成的错误、警告和通知消息。

在方案运行时,可以监视每个 Vuser、查看由 Vuser 生成的错误、警告和通知消息以及停止 Vuser 组合各个 Vuser。可以指示 LoadRunner 允许单个 Vuser 或组中的 Vuser 在停止前完成它们正在运行的迭代、在停止前完成它们正在运行的操作或者立即停止运行。如图 12.18 所示来进行运行设置。

11. 监视方案

可以使用 LoadRunner 联机运行时、事务、Web 资源、系统资源、网络延迟、防火墙服务器资源、Web 服务器资源、Web 应用程序服务器资源、数据库服务器资源、流媒体资源、ERP/CRM 服务器资源、Java 性能、应用程序部署和中间件性能监视器来监视方案执行。

LoadRunner 提供下列联机监视器:“运行时”监视器显示参与方案的 Vuser 的数目和状态,以及 Vuser 所生成的错误数量和类型。此外还提供用户定义的数据点图,其中显示 Vuser 脚本中的用户定义点的实时值。

12. 联机监视

默认情况下,LoadRunner 的“运行”视图中将显示 4 个图:“正在运行的 Vuser”、“事务响应时间”、“每秒单击次数”和“Windows 资源”。通过单击图树视图中的其他图并将其拖至图视图区域,可以显示这些图。或者,可以使用“打开新图”对话框打开新的图。

操作步骤如下:

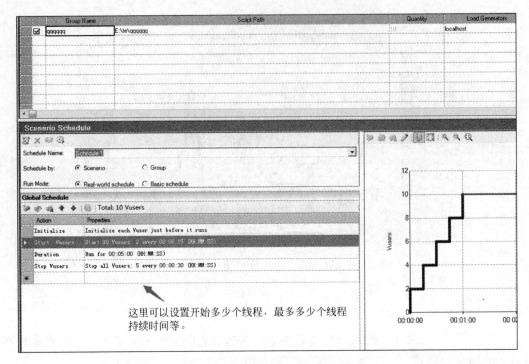

这里可以设置开始多少个线程，最多多少个线程持续时间等。

图 12.18 运行设置

（1）右击图并选择"打开新图"命令，将打开"打开新图"对话框。

（2）单击左窗格中的"＋"可以展开图树，并选择图。可以在"图描述"框中查看该图的描述。

（3）单击"打开图"该图将显示在图视图区域中。

13．合并图

通过 LoadRunner 可以将同一方案中的两个图的结果合并到一个图中。通过合并，可以一次比较几个不同的度量。叠加共用同一 X 轴的两个图的内容时，合并图左侧的 Y 轴显示当前图的值。右侧的 Y 轴显示合并图的值。

要叠加两个图，请执行下列操作：

（1）右击要叠加的某个图，然后选择"叠加图"命令，将打开"叠加图"对话框。

（2）选择要与当前图叠加的图。该下拉列表仅显示与当前图共用同一 X 轴的活动图。

（3）输入叠加图的标题。

（4）单击"确定"按钮，该合并图将显示在图视图区域中。

14．Analysis 报告

运行方案后，可以查看对系统性能进行汇总的报告。Analysis 提供以下报告工具：

（1）摘要报告；

（2）HTML 报告；

（3）事务报告。

摘要报告提供有关方案运行的一般信息。可以随时从 Analysis 窗口中查看摘要报告。可以指示 Analysis 创建 HTML 报告。Analysis 将为每个打开的图创建 HTML 报告。

事务报告提供有关 Vuser 脚本中定义的事务的性能信息。这些报告提供结果的统计信息细分,并允许打印和导出数据。

12.3.2　QTP

QTP 全称 QuickTest Professional software,是 Mercury 公司的又一旗舰产品,被广泛用于 B/S 架构程序的功能测试。支持功能测试和回归测试自动化,用于每个主要软件应用程序和环境。

使用 QTP 的目的是想用它来执行重复的手动测试,主要是用于回归测试和测试同一软件的新版本。因此在测试前要考虑好如何对应用程序进行测试,例如要测试哪些功能、操作步骤、输入数据和期望的输出数据等。QuickTest 针对的是 GUI 应用程序,包括传统的 Windows 应用程序,以及现在越来越流行的 Web 应用。它可以覆盖绝大多数的软件开发技术,简单高效,并具备测试用例可重用的特点。其中包括创建测试、插入检查点、检验数据、增强测试、运行测试、分析结果和维护测试等方面。如图 12.19 所示为 QTP 主窗口。

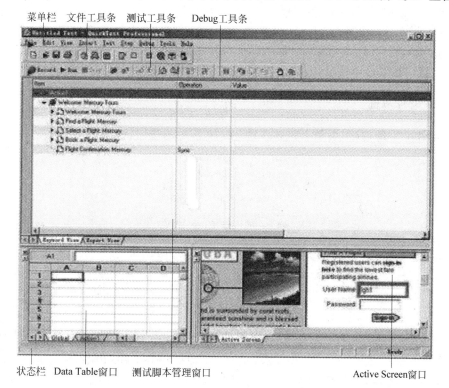

图 12.19　QTP 主窗口

1. QTP 自动化测试基本过程

1) 录制测试脚本前的准备

(1) 在测试前需要确认你的应用程序及 QuickTest 是否符合测试需求;

（2）确认你已经知道如何对应用程序进行测试，如要测试哪些功能、操作步骤、预期结果等；

（3）检查一下 QuickTest 的设定，如 Test Settings 以及 Options 对话窗口，以确保 QuickTest 会正确的录制并储存信息。确认 QuickTest 以何种模式存储信息。

2）录制测试脚本

操作应用程序时，QuickTest 会在 Keyword View 中以表格的方式显示录制的操作步骤。每一个操作步骤都是使用者在录制时的操作，如在网站上单击了链接，或者在文本框中输入的信息。

3）编辑测试脚本

调整测试步骤、插入检查点、参数化、添加测试输出信息。

4）调试测试脚本

修改过测试脚本后，需要对测试脚本作调试，以确保测试脚本能正常并且流畅地执行。

5）在新版应用程序或者网站上执行测试脚本

通过执行测试脚本，QuickTest 会在新版的网站或者应用程序上执行测试，检查应用程序的功能是否正确。

6）分析测试结果，找出问题所在

7）测试报告

（1）汇报问题到 TestDirector(Quality Center)数据库中。

（2）标注 TD/QC 中测试用例通过的状态。

2．QTP 程序界面

（1）文件工具条，在工具条上包含了图 12.20 所示的按钮。

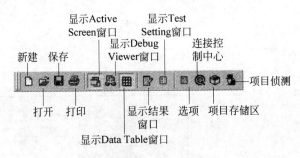

图 12.20　工具条

（2）测试工具条，包含了在创建、管理测试脚本时要使用的按钮，如图 12.21 所示。

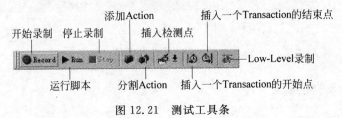

图 12.21　测试工具条

（3）调试工具条，包含在调试测试脚本时要使用的工具条，如图 12.22 所示。

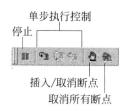

图 12.22 调试工具条

3. QTP 检查点

（1）标准检查点；

（2）图片检查点；

（3）表格检查点；

（4）网页检查点；

（5）文字/文本区域检查点；

（6）图像检查点；

（7）数据库检查点；

（8）XML 检查点。

4. QTP 的工作原理

测试对象是 QTP 在测试或组件中创建的用于表示应用程序中的实际对象的对象。并且 QuickTest 在对象库中存储有关该对象的信息，包括对象的属性、操作等。

录制的时候，QTP 将操作过的所有对象都记录下来，保存在对象库 object repository 中，记录的形式是一个逻辑名加上若干识别属性。

因此，一个完整的脚本测试应该包括两部分：一个是测试脚本的代码，一个是对象库。

5. QTP 录制/执行测试脚本

1）录制脚本准备

（1）开启 Internet Explorer 浏览器，单击"工具"→"因特网选项"→"内容"选项。

（2）单击"个人信息"中的"自动完成"按钮，开启"自动完成设定"对话框。

2）录制脚本

（1）执行 QuickTest 并开启一个全新的测试脚本。

要开启 QuickTest，可单击"开始"→"程序集"→QuickTest Professional→QuickTest Professional 命令。

在 Add-in Manager 下选中"Web Add-in"选项，并取消选中其他的 add-ins。然后单击 OK 按钮，关闭 Add-in Manager 窗口，进入 QuickTest Professional 主窗口。

假如出现 Welcome 窗口，则单击 Blank Test。或者单击 File→New 命令，或是单击工具栏上的 New 按钮。QuickTest Professional 会开启全新的测试脚本档案。假如 QuickTest Professional 已经开启，可通过 Help→About Quick Test Professional 命令查看

目前加载了哪些 add-ins。

（2）开始录制测试脚本。单击 Test→Record 或是单击工具栏上的 Record 按钮。会开启 Record and Run Settings 对话框。在 Web 选项卡中选中 Open the following browser when a record or run session begins 单选按钮。从 Type 下拉列表框中选择使用的浏览器，并且在 Address 中输入 http：//newtours.mercuryinteractive.com。

请确认 Do not record and run on browsers that are already open 与 Close the browser when the test closes 这两个复选框都已经选中了，如图 12.23 所示。

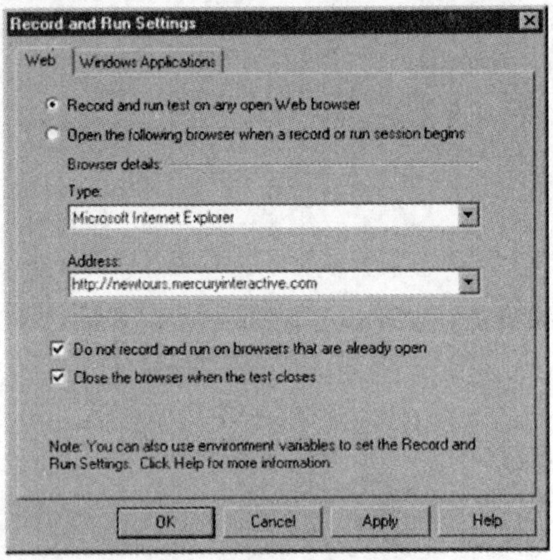

图 12.23　Web 选项

在 Windows Applications 选项卡中选中 Record and run on these applications（opened on session start）单选按钮，而且不要选取任何的应用程序。此设定可以避免录制到其他应用程序（如 Outlook）的操作。如图 12.24 所示。

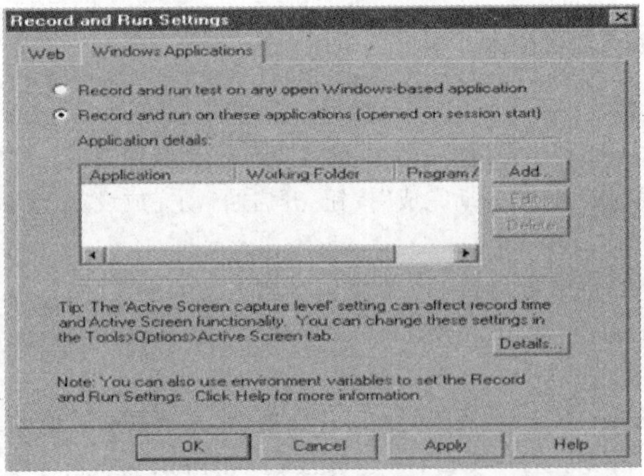

图 12.24　Windows Application 选项

单击 OK 按钮。QuickTest 会开启浏览器浏览 Mercury Tours 网站，并且开始录制测试脚本。

3）停止录制

在 QuickTest，单击工具栏上的 Stop 按钮，停止录制。现已经完成了预定「纽约-旧金山」机票的动作，QuickTest 已经录制了从单击 Record 按钮后，到单击 Stop 按钮之间所有的操作。

4）存储测试脚本

选取 File→Save 命令或是单击工具栏上的 Save 按钮，开启 Save 对话框。建立一个 Tutorial 目录，将测试脚本命名为 Recording。选中 Save Active Screen files 单选按钮。单击 Save 按钮，测试脚本名称（Recording）会出现在 QuickTest 窗口的标题列。

5）分析 Keyword View 中的测试脚本

录制测试脚本时，QuickTest 会将每一个操作录制下来，并在 Keyword View 类似 Excel 工作表的方式显示所录制的测试步骤。可以单击 View→Expend All 命令检视测试脚本的每一个步骤，如图 12.25 所示。

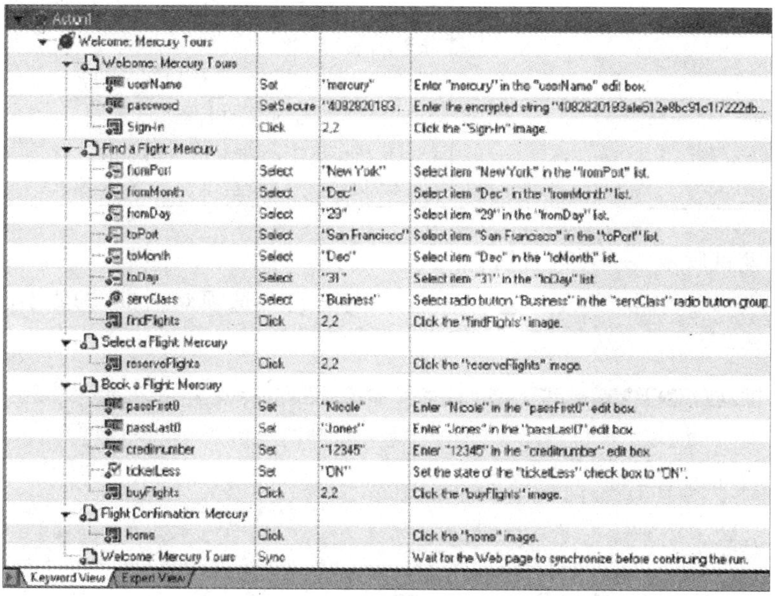

图 12.25 Keyword View 视图

（1）图 12.25 中的每个字段的含义说明如表 12.1 所示。

表 12.1 字段说明

在 Keyword View 中的每一个字段都有其意义	
Item	以阶层式的图标表示这个操作步骤所作用的组件（测试对象、工具对象、函数呼叫或脚本）
Operation	要在这个作用到的组件上执行的动作，如单击、选择等
Value	执行动作的参数，例如当单击一张图片时是用左键还是右键
Assignment	使用到的变量
Comment	在测试脚本中加入的批注
Documentation	自动产生用来描述此操作步骤的英文说明

（2）查看 Keyword View 视图，如表 12.2 所示。

表 12.2　查看 Keyword View 视图表

步　　骤	说　　明
Action1	Action1 是一个动作的名称
Welcome: Mercury Tours	Welcome：Mercury 是被浏览器开启的网站的名称
Welcome: Mercury Tours	Welcome：Mercury Tours 是网页的名称
userName　　Set　　"jojo"	userName 是 edit box 的名称 Set 是在这个 edit box 上执行的动作 jojo 是被输入的值
password　　SetSecure　"446845bf84444sdc2...	password 是 edit box 的名称 SetSecure 是在这个 edit box 上执行的动作,此动作有加密的功能 446845bf84444adc...是被加密过的密码
Sign-In　　Click　　41,4	Sign-In 是图像对象的名称 Chick 是在这个图像上执行的动作 41,4 则是这个图像被单击的 X、Y 坐标

（3）执行测试脚本——Run 设置。

设置运行选项。单击 Tool→Options 命令,打开设置选项对话框,选择 Run 选项卡,如图 12.26 所示。

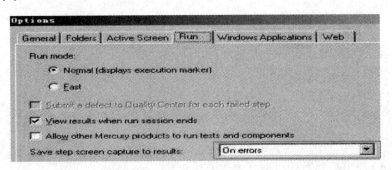

图 12.26　设置图

（4）执行结果的保存。

如果在执行测试的时候出现错误,会显示一个错误信息对话框。

（5）脚本调试。

语法检查:选择 Tool→Check Syntax 命令,或者按 Ctrl＋F7 快捷键进行语法检查;

使用断点:单击步骤前的区域即可设置断点;

单步调试:选择 Debug→Step Over 命令,或按 F10 快捷键跳到下一行代码;也可以选择 Debug→Step Into 命令,或按 F11 快捷键进入代码行所调用的函数中。

6) 分析测试

（1）测试结果总图如图 12.27 所示。

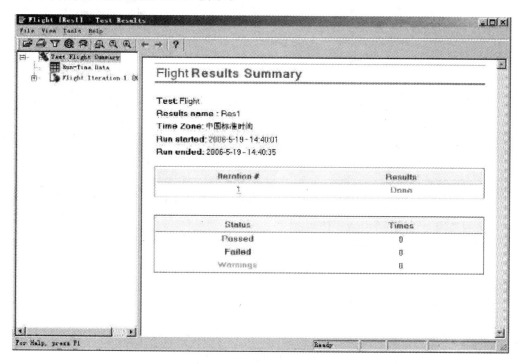

图 12.27 测试结果总图

（2）测试结果报告展开图如图 12.28 所示。

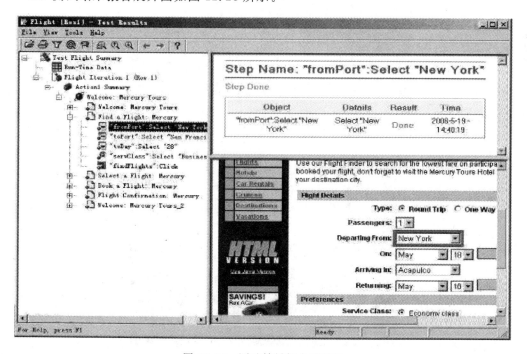

图 12.28 测试结果报告展开图

自动化测试流程图如图 12.29 所示。

图 12.29 自动化测试流程图

6. 检查点

1) 什么是检查点

(1) 在 QTP 中,检查点是一个特殊的值,它比较在检查点附近的值并显示结果。

(2) 这个值是对象的一个属性,也就是测试所产生的相应的值。

(3) QTP 将测试运行产生的实际结果和测试计划中的期望值进行比较。

(4) 如果两个值匹配,检查点成功。

2) 检查点在测试脚本中的重要性

没有检查点,录制好的测试脚本不能称为实用的测试脚本。检查点是自动化测试脚本代替测试工程师手工测试的主要手段。

录制模式下的检查点机制图如图 12.30 所示。回放模式下的检查点工作原理图如图 12.31 所示。

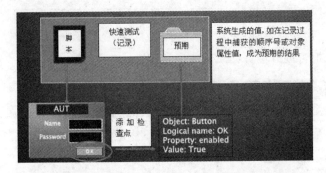

图 12.30 录制模式下的检查点的工作机制图

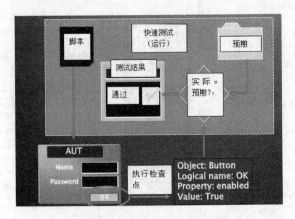

图 12.31 回放模式下的检查点工作原理图

界面上的常用检查点如图 12.32 所示。检查点类型如图 12.33 所示。

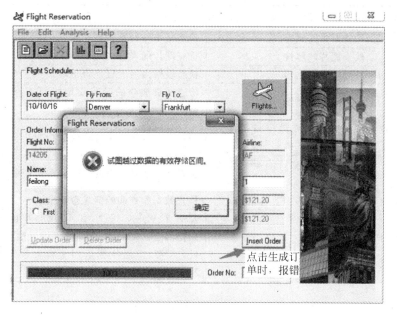

图 12.32　界面上常用的检查点

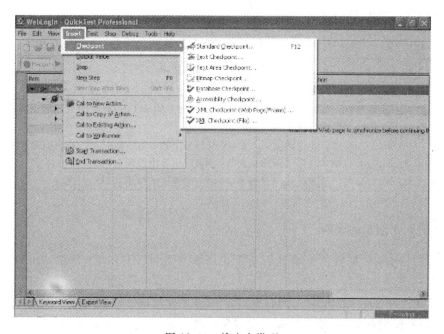

图 12.33　检查点类型

3）创建检查点

表 12.3 给出了创建检查点的相关说明。

表 12.3　创建检查点

检查点类型	说　　明	范　　例
标准检查点	检查对象的属性	检查某个按钮是否被选取
图片检查点	检查图片的属性	检查图片的来源文件是否正确
表格检查点	检查表格的内容	检查表格内的内容是否正确
网页检查点	检查网页的属性	检查网页加载的时间或是网页是否含有不正确的链接
文字/文字区域检查点	检查网页上或是窗口上出现的文字是否正确	检查登录系统后出现登录成功的文字
图像检查点	提取网页和窗口的画面检查画面是否正确	检查网页或者网页的一部分是否如期显示
数据库检查点	检查数据库的内容时正确	检查数据库查询的值是否正确
XML 检查点	检查 XML 文件的内容	XML 检测点有两种：XML 文件检测点和 XML 应用检测点。XML 文件检测点用于检查一个 XML 文件；XML 应用检测点用于检查一个 Web 页面的 XML 文档

7. QTP 的优势

QTP 的优势如表 12.4 所示。

表 12.4　QTP 的优势表

QTP 的优势	具 体 说 明
快速	QuickTest 执行测试比人工测试速度快
可靠	QuickTest 每一次的测试都可以正确地执行相同的动作,可以避免人工测试的错误
可重复	QuickTest 可以重复执行相同的测试
可程序化	QuickTest 可以以程序的方式,编写复杂的测试脚本,以带出隐藏在应用程序中的信息
广泛性	QuickTest 可以建立广泛的测试脚本,涵盖应用程序的所有功能
可再使用	QuickTest 可以重复使用测试脚本,即使应用程序的使用接口已经改变

8. QTP 识别对象的原理

(1) QTP 里的对象有两个概念：一个是 Test Object(TO),一个是 Runtime Object(RO)。

(2) TO 就是仓库文件里定义的仓库对象,RO 是被测试软件的实际对象。

(3) QTP 识别对象,一般是要求先在对象仓库文件里定义仓库对象,里面存有实际对象的特征属性的值。

(4) 在运行的时候,QTP 会根据脚本里的对象名,在对象仓库里找到对应的对象,接着根据对象的特征属性描述,在被测试软件里搜索找到相匹配的实际对象,最后就可以对实际对象进行操作了。

(5) 仓库对象 TO 一般在录制/编写脚本时加入仓库文件,它不仅可以在录制编写时进行修改,也可以在运行过程中进行动态修改,以匹配实际对象。

和 TO、RO 相关的几个函数有：

① GetTOProperty()——取得仓库对象的某个属性的值；

② GetTOProperties()——取得仓库对象的所有属性的值；

③ SetTOProperty()——设置仓库对象的某个属性的值；

④ GetROProperty()——取得实际对象的某个属性的值。

9. QTP 操作对象的原理

(1) QTP 为用户提供了两种操作对象的接口：一种就是对象的封装接口，另一种是对象的自身接口。

(2) 对象的自身接口是对象控件本身的接口，做过软件开发、使用过控件的人应该很清楚。

(3) 对象的封装接口是 QTP 为对象封装的另一层接口，它是 QTP 通过调用对象的自身接口来实现的。

(4) 两种接口的差别在于：自身接口需要在对象名后面加 object 再加属性名或方法名，封装接口不用在对象名后面加 object。

具体格式如下：

① 对象.object.自身属性

② 对象.object.自身方法()

③ 对象.GetROProperty("封装属性")

④ 对象.封装方法()

⑤ 对仓库对象的操作：

⑥ 对象.GetTOProperty("封装属性")

⑦ 对象.GetTOProperties()'获取所有封装属性的值

⑧ 对象.SetTOProperty("封装属性","封装属性值")

10. 描述性编程

QTP 的描述性编程能够摆脱测试对象库的限制，编写出更为复杂、适应能力更强的测试脚本。即不需要在仓库里定义，也能访问和操作实际对象。

用描述性编程编写的测试脚本在运行时，QTP 会使用测试脚本中给出的对象描述来查找对象，查找的位置不是对象库，而是与测试程序运行时 QT 为其创建的临时测试对象版本进行匹配。

11. 描述性编程的使用方法

QTP 提供了两种描述性编程的开发方式：一种是直接描述的方式，另一种是使用 Description 对象的方式。

1) 直接描述方式

Dialog("Login").WinEdit("attached text：=Agent Name：").Set "mercury"

Dialog("Login").WinEdit("Password：").SetSecure "4a7fab706784c1ca8eb64dffc208-d32a4e5825bb"

Dialog("Login"). WinButton("OK"). Click

2) Description 对象方法

Description 对象用于返回对象包含的属性,要使用 Description 对象,首先要创建 Description。

下面使用 Description 对象方法修改上述的脚本:

Set MyDesc＝Description. Create()

MyDesc("attached text"). Value＝"Agent Name:"

Dialog("Login"). WinEdit(MyDesc). Set "mercury"

Dialog("Login"). WinEdit("Password:"). SetSecure "4a7fab706784c1ca8eb64dffc208-d32a4e5825bb"

Dialog("Login"). WinButton("OK"). Click

12.3.3　WinRunnerMercury

1. 简介

Interactive 公司的 WinRunner 是一种企业级的功能测试工具,用于检测应用程序是否能够达到预期的功能及正常运行。通过自动录制、检测和回放用户的应用操作,WinRunner能够有效地帮助测试人员对复杂的企业级应用的不同发布版进行测试,提高测试人员的工作效率和质量,确保跨平台的、复杂的企业级应用无故障发布及长期稳定运行,如图 12.34所示。企业级应用可能包括 Web 应用系统、ERP 系统、CRM 系统等。这些系统在发布之前、升级之后都要经过测试,确保所有功能都能正常运行,没有任何错误。如何进行有效的测试满足系统不断升级更新,并适应不同的应用系统,是每个公司都会面临的问题。

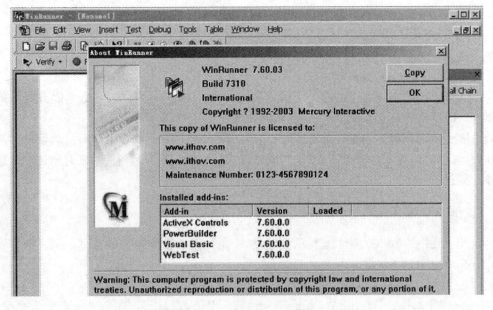

图 12.34　WinRunner 界面

2．软件功能

1）轻松创建测试

用 WinRunner 创建一个测试，只需单击鼠标和键盘，就可完成一个标准的业务操作流程，WinRunner 能自动记录你的操作并生成所需的脚本代码。这样，即使计算机技术知识有限的用户也能轻松创建完整的测试。你还可以直接修改测试脚本以满足各种复杂测试的需求。WinRunner 提供这两种测试创建方式，满足测试团队中业务用户和专业技术人员的不同需求。

2）插入检查点

在记录一个测试的过程中，可以插入检查点，检查在某个时刻/状态下，应用程序是否运行正常。在插入检查点后，WinRunner 会收集一套数据指标，在测试运行时对其一一验证。WinRunner 提供几种不同类型的检查点，包括文本的、GUI、位图和数据库。例如，利用一个位图检查点，可以检查公司的图标是否出现于指定位置。

3）检验数据

除了创建并运行测试，WinRunner 还能验证数据库的数值，从而确保业务交易的准确性。例如，在创建测试时，可以设定哪些数据库表和记录需要检测；在测试运行时，测试程序就会自动核对数据库内的实际数值和预期的数值。WinRunner 自动显示检测结果，在有更新/删除/插入的记录上突出显示以引起注意。

4）增强测试

为了彻底全面地测试一个应用程序，需要使用不同类型的数据。WinRunner 的 Data Driver Wizard(数据驱动向导)可以让你简单地单击几下鼠标，就可以把一个业务流程测试转化为数据驱动测试，从而反映多个用户各自独特且真实的行为。

以一个订单输入的流程为例，你可能希望把订单号或客户名称作为可变栏，用多套数据进行测试。使用 Data Driver Wizard，可以选择订单号或客户名称用数据表格文件中的哪个栏目的数据替换。你可以把订单号或客户名称输入数据表格文件，或从其他表格和数据库中导入。数据驱动测试不仅节省了时间和资源，还提高了应用的测试覆盖率。

WinRunner 还可以通过 Function Generator 增加测试的功能。使用 Function Generator 可以从目录列表中选择一个功能增加到测试中以提高测试能力。例如，你可以选择 calendar，然后从日历功能的下属目录中选择，如 Calendar_select_date()，然后可以直观地输入参数，把这个功能插入到你的测试中。

针对相当数量的企业应用中的非标准对象，WinRunner 提供了 Virtual Object Wizard(虚拟对象向导)来识别以前未知的对象。使用 Virtual Object Wizard，你可以选择未知对象的类型，设定标识和命名。在录制使用该对象的测试时，WinRunner 会自动对应它的名字，从而提高测试脚本的可读性和测试质量。

5）运行测试

创建好测试脚本，并插入检查点和必要的添加功能后，就可以开始运行测试了。运行测试时，WinRunner 会自动操作应用程序，就像一个真实的用户根据业务流程在执行每一步的操作。在测试运行过程中，如有网络消息窗口出现或其他意外事件出现，WinRunner 也会根据预先的设定排除这些干扰。

6）分析结果

测试运行结束后，需要分析测试结果。WinRunner 通过交互式的报告工具来提供详尽的、易读的报告。报告中会列出测试中发现的错误内容、位置、检查点和其他重要事件，帮助你对测试结果进行分析。这些测试结果还可以通过 Mercury 公司的测试管理工具 TestDirector 来查阅。

7）维护测试

随着时间的推移，开发人员会对应用程序做进一步的修改，并需要增加另外的测试。使用 WinRunner，你不必对程序的每一次改动都重新创建你的测试。WinRunner 可以创建在整个应用程序生命周期内都可以重复使用的测试，从而大大地节省时间和资源。

每次记录测试时，WinRunner 会自动创建一个 GUI Map 文件以保存应用对象。这些对象分层次组织，既可以总览所有的对象，也可以查询某个对象的详细信息。一般而言，对应用程序的任何改动都会影响到成百上千个测试。通过修改一个 GUI Map 文件而非无数个测试，WinRunner 可以方便地实现测试重用。

帮助你的应用程序为无线应用作准备：随着无线设备种类和数量的增加，应用程序测试计划需要同时满足传统的基于浏览器的用户和无线浏览设备，如移动电话、传呼机和个人数字助理（PDA）。

无线应用协议是一种公开的、全球性的网络协议，用来支持标准数据格式化和无线设备信号的传输。

使用 WinRunner，测试人员可以利用微型浏览模拟器来记录业务流程操作，然后回放和检查这些业务流程功能的正确性。

2006 年 Mercury 公司被 HP 收购，如今 Winrunner 已从 HP 产品家族中消失。一代巨星就这样陨落了；然而它的市场并未消失，目前国内外仍有众多公司使用它做自动化测试，它的 C 语言脚本也决定了它在 IT 系统底层及嵌入式领域的重要地位。

12.3.4　Rational Robot

Rational Robot 是业界最顶尖的功能测试工具，它甚至可以在测试人员学习高级脚本技术之前帮助其进行成功的测试。它集成在测试人员的桌面 IBM Rational Test Manager 上，在这里测试人员可以计划、组织、执行、管理和报告所有测试活动，包括手动测试报告。这种测试和管理的双重功能是自动化测试的理想开始。

Rational Robot 可开发三种测试脚本：用于功能测试的 GUI 脚本、用于性能测试的 VU 以及 VB 脚本。

Rational Robot 是 Rational 的产品之一，提供了软件测试的功能，行如其名，Robot（机器人）提供了许多类似机器人的重复过程，供测试用。

IBM Rational Robot 可以让测试人员对.NET、Java、Web 和其他基于 GUI 的应用程序进行自动的功能性回归测试。

Rational Robot 是一种对环境的多功能的、回归和配置测试工具，在该环境中，可以使用一种以上的 IDE 和（或）编程语言开发应用程序。

Rational Robot 可以很容易地使手动测试小组转变到自动测试上来，因为它易于使用，并且可以帮助测试者在工作的过程中学习一些自动处理的知识。

Rational Robot 允许经验丰富的测试自动化工程师使用条件逻辑覆盖更多应用程序以扩展其测试脚本,以发现更多缺陷并且定义测试案例以调用外部 DLL(动态链接库)或可执行文件。

Rational Robot 为诸如菜单、列表和位图这些通用的对象提供测试用例和为特定于开发环境的对象提供专用的测试用例。

Rational Robot 包括内置的测试管理,并且在 IBM Rational Team Unifying Platform 中整合了错误跟踪的工具,这改变了管理和需求跟踪能力。

Rational Robot 支持从 Java 和 Web 到所有 VS. NET 控件的多种 UI 技术,包括 VB. NET、J♯、C♯和 Managed C++。

12.3.5　AdventNet QEngineAdventNet QEngine

AdventNet QEngineAdventNet QEngine 是一个应用广泛且独立于平台的自动化软件测试工具,可用于 Web 功能测试、Web 性能测试、Java 应用功能测试、Java API 测试、SOAP 测试、回归测试和 Java 应用性能测试。支持对于使用 HTML、JSP、ASP、. NET、PHP、JavaScript/VBScript、XML、SOAP、WSDL、E-commerce、传统客户端/服务器等开发的应用程序进行测试。此工具以 Java 开发,因此便于移植和提供多平台支持。

12.3.6　SilkTest

SilkTest 是业界领先的、用于对企业级应用进行功能测试的产品,可用于测试 Web、Java 或是传统的 C/S 结构。SilkTest 提供了许多功能,使用户能够高效率地进行软件自动化测试。这些功能包括:测试的计划和管理;直接的数据库访问及校验;灵活、强大的 4Test 脚本语言,内置的恢复系统(Recovery System);以及具有使用同一套脚本进行跨平台、跨浏览器和技术进行测试的能力。

在测试过程中,SilkTest 还提供了独有的恢复系统,允许测试在 $24 \times 7 \times 365$ 全天候无人看管条件下运行。在测试过程中一些错误导致被测应用崩溃时,错误可被发现并记录下来,之后,被测应用可以被恢复到它原来的基本状态,以便进行下一个测试用例的测试。

SilkTest 是一种用于目前全球企业应用的先进的基于标准的测试平台。凭借 SilkTest,Segue 通过为用户提供跨多语言、多平台和多个 Web 浏览器实施单个脚本、对本地化应用进行同步测试的能力,使其领先的 SilkTest 功能测试产品的功能得到了扩展。

SilkTest 有如下特点:

(1) 利用单一测试脚本进行同步语言测试。

借助 SilkTest International,企业能够更好地满足常与业务应用本地化有关的紧张的发布进度要求。单一的测试脚本支持所有语言。这就意味着测试不必为每一种语言都开发测试,从而使本地化测试进程更高效。此外,测试可针对所有语言同步运行,从而加快上市速度,降低软件测试成本,并有助于确保应用在全球的平稳发布。

(2) 通过 Unicode 标准提供双字节支持。

SilkTest International 对任何语言的测试应用提供完整、基于标准(Unicode)的支持。

对双字节字符的全面支持能够确保在那些不受标准 ASCII 字符集支持的语言(如日文和简体中文)中进行测试。通过支持 Unicode 标准,SilkTest International 可保护客户的实施方法,使其免于由于采用专有字符集而可能造成的任意改动。

(3) 对本地平台的广泛支持。

SilkTest International 确保本地化的应用在本地软/硬件环境中正确运行。未经改动的单一测试脚本能够在 Windows NT 和 Windows 2000 的多种本地化版本上同时运行。因为认可包括 HTML、JavaScript、ActiveX、Java、Visual Basic 和 C/C++ 在内的多种开发平台,进一步缩减了测试开发和执行时间。SilkTest International 还认可国际化键盘,并提供对现场敏感数据(如日期和数字)的全面处理能力,从而确保本地化版本的一致性运行。

(4) 有效管理质量流程。

SilkTest International 跨多个平台、开发环境和浏览器无缝地对计划、测试和报告进行集成。借助 SilkTest International,能够以用户定义的标准共享测试计划、查询和执行分组化的 testcases——所有这些都通过中央控制点来完成。此外,还能够通过可表明发布最新状态的当前测试结果来自动生成报告。

(5) 自动恢复系统。

自动化的努力可通过 SilkTest International 的独特恢复系统得到进一步增强,因为它可以在无须看守的情况下运行测试。如果发生错误,造成应用失效,恢复系统会记录错误,然后将应用重置为最初状态,使下一个测试用例得以运行。

(6) 数据驱动测试。

使用外部的数据源,如电子表格或数据库等,无论是初学者还是高手都很容易为应用创建基于数据驱动的测试。

测试逻辑与测试数据独立,SilkTest 的数据驱动测试使得用户可以使用大量的数据进行逻辑功能测试,多样化的测试条件大大提高了测试覆盖率。

SilkTest 数据驱动测试能力,单一测试处理多数据集相对于单个测试数据更容易维护测试脚本。

(7) 先进的测试技术。

SilkTest International 提供 Segue 业界领先的 SilkTest 产品所具有的所有核心特性和好处,而 SilkTest 是用于企业应用的最出色的功能测试工具。SilkTest 提供出类拔萃的用户特性和管理功能,以及对整个质保过程的增强型控制。

(8) 选择的特性。

① 用于无须看守的情况下,365 天全天候测试的恢复系统;

② 瞬间生产力的基本工作流程;

③ 通过海量数据来测试业务逻辑功能的数据驱动工作流程;

④ 自动完成快速测试定制和自动化基础架构开发;

⑤ 用于组织和共享测试信息的项目工作空间;

⑥ 图形用户界面(GUI)抽象层提高重复使用性,更易于维护测试和脚本;

⑦ 可扩展、高度可移植和易于维护的脚本语言;

⑧ 分离 Agent 技术,以全面模拟最终用户体验;

⑨ 分布式的测试有效利用硬件资源和提升的生产力;

⑩ 与任何 Unicode 驱动的 ODBC 数据资源的兼容性。

12.3.7 QARun

1. 简介

QARun 为当今关键的客户/服务器、电子商务以及企业资源规划（ERP）应用提供企业级的功能测试。通过将费时的测试脚本开发和测试执行自动化，QARun 帮助测试人员和 QA 管理人员更有效地工作以加快应用开发。

QARun 的测试实现方式是通过鼠标移动、键盘按键操作被测应用，继而得到相应的测试脚本，对该脚本可以进行编辑和调试。在记录的过程中可针对被测应用中所包含的功能点进行基线值的建立，换句话说，就是在插入检查点的同时建立期望值。在这里检查点是目标系统的一个特殊方面在某一特定点的期望状态。通常，检查点在 QARun 提示目标系统执行一系列事件之后被执行。检查点用于确定实际结果与期望结果是否相同。

2. QARun 测试环境

（1）QARun 适用于所有关键业务应用测试，它可以在复杂的企业环境里测试各种各样的应用。QARun 支持 Microsoft windows/'target＝'_blank'＞Windows 图形用户界面的应用，例如，4GL、PowerBuilder、UNIFACE 和 Visual Basic。

（2）打包的应用包括 SAP、Siebel、Oracle Web Form 和 PeopleSoft。

（3）Windows 2000 控件：基于 Web 的应用，如 ActiveX、java/" target＝"_blank" ＞Java、HTML 和 DHTML。

（4）客户/服务器应用。

（5）远程系统：通过一个基于 Windows 的终端仿真程序访问的中间件和主机应用。

3. QARun 方法

1）自动创建脚本

QARun 的学习功能自动生成面向对象的测试脚本。QARun 测试脚本是为自动化和测试特别设计的，类似英语的脚本语言。每个测试操作都被翻译成简单的面向对象的命令，如：

```
Type "hello world"
MenuSelect "File~Exit"
Button "No", "Single Click"
```

这些脚本在底层应用中对变更的敏感性较小，即使对象的显示和位置改变，还是可以再使用它们。QARun 为 4GL（如 Visual Basic、PowerBuilder 和 UNIFACE）和打包应用（如 SAP、Siebel 和 Oracle Web Form）的应用程序界面级提供对象层支持。当脚本需要修改或增加时，高级的脚本语言向导会通过几个简单的步骤指导添加功能。

测试 Web 应用需要了解在 Internet Explorer 和 Netscape Navigator 下，应用会怎样运行。QARun 的测试会针对不同的浏览器进行自适应，从而减少建立和维护脚本的时间。

2）自动执行测试

QARun 通过比较系统响应的实际值和期望值来验证应用功能是否正确。它独一无二的文本识别技术使它可以捕获实际文本而且不论文本的字体、大小和颜色如何。对于实际文本，可以测试日期和数码的 ASCII 码或任何字母数字的实际值。

QARun 为以下检查类型提供内置校验：Bitmap、Response、File-AID Compare、Form、List、Menu、Table、Window、User-Define、Text、Link 和 Site Check。

3）脚本调整

为帮助检验测试脚本独有的信息，QARun 提供重要的区域屏蔽来保护可以动态修改的区域，如内部控制 ID。区域屏蔽可以针对 runtime 环境的变更而灵活地调整测试脚本。

4）自动地同步脚本

在不同的网络系统或不同的负载下，系统的响应时间是不同的。测试脚本必须为被测应用留有足够的时间处理当前数据，并同时开始处理下一批数据。QARun 为此提供一个内置的同步机制，使各个脚本可以同步执行。

5）脚本拼接

利用 QARun，可以使用少量脚本实现大规模的测试。QARun 可以利用外部数据文件进行脚本拼接，以帮助建立单一的表现大量不同测试场景的脚本。于是测试脚本的维护量大大减少。

Compuware 的另一个产品——File-AID/CS 可以把定义、建立和维护测试数据以及执行后验证数据结果的过程自动化。QARun 和 File-AID/CS 的紧密结合为功能测试和数据可靠性提供了一个全面解决方案。

6）改进错误处理

有时在测试期间还需要对一些意外的情况进行处理，这些意外可能出现在 QARun 之外而又在计算机系统之内。在这种情况下，QARun 可以通过使脚本与被测系统同步来避免测试中断。用户可以在脚本中定义事件，强迫测试过程处于等待状态，直到给定的条件发生；或者，无论在何种情况下，只要给定条件发生就执行一组预定的任务。例如，在屏幕上弹出电子邮件通知。

QARun 有一些预先定义好的事件，如窗口出现或消失、时间流逝、鼠标动作、键盘动作、菜单选择和文本。事件也可用于交互性测试或以预定义方式执行。

7）完整的 Web 站点测试

QARun 通过 Site Check 的手段提供完整的 Web 站点测试。该向导驱动的任务可以测试孤立页、不完整的 URL、坏链接、被移动页、新页或旧页、快页和慢页。Site Check 也提供对单一 URL 的检查。

8）综合测试分析

QARun 可以在整个测试运行期间对被测应用运行的状态进行全程记录。每次测试执行时，QARun 会建立一个日志文件。这个日志存储关于所有命令、动作和脚本送到目标系统的详细信息，以及编码的颜色、所有已进行的校验的详细信息。当验证失败，期望的和实际的响应会记录到比较日志中。在失败的校验信息上双击可调出一个对话框，与期望值的不同之处会突出显示出来以方便比较。

12.3.8 TestPartner

TestPartner 是一个自动化的功能测试工具,它专为测试基于微软、Java 和 Web 技术的复杂应用而设计。它使测试人员和开发人员都可以使用可视的脚本编制和自动向导来生成可重复的测试,用户可以调用 VBA 的所有功能,并进行任何水平层次和细节的测试。TestPartner 的脚本开发采用通用的、分层的方式来进行。没有编程知识的测试人员也可以通过 TestPartner 的可视化导航器来快速创建测试并执行。通过可视的导航器录制并回放测试,每一个测试都将被展示为树状结构,以清楚地显现测试通过应用的路径。

使用 TestPartner 的通用的层次方法,测试人员有一点或没有程序知识都可以使用 Visual Navigator 快速的记录和回放应用测试脚本。TestPartner 在树形结构中记录和显示测试。这些图形可清楚地验证 Web 应用的测试路径,单击对象以及数据输入,提供可视化的高级脚本语言表示法。

TestPartner 自动化的创建和插入验证检查点,称为 Page Checks 到测试中。测试人员不再需要输入手工定义。接下来,当用户在录制 session 期间,通过浏览 Web 应用,TestPartner 创建并插入检查点。通过自动化的创建和插入验证点,测试人员可更快地创建测试,支持更短的发布期限。

开发者和测试人员所有技术层次,都能够使用 TestPartner 快速地创建测试脚本。自动化的对象识别脚本生成,使得测试脚本很容易理解和维护。菜单驱动对话框,对于期望的结果和域值添加逻辑检查。开发人员和测试人员能够从录制 session 中自动化地生成清楚、可定制的测试脚本。

TestPartner 测试基于组件的应用,包括测试在客户端或在服务器端的 GUI 和非 GUI 的 COM 组件,提供广泛的支持。通过脚本语言测试服务器端 COM 对象时,让用户测试客户端已经运行的 COM 对象,TestPartner 是唯一的测试工具。应用测试尽早开始,在 GUI 被创建之前,确保分布式应用功能所有的方面都像期望的一样。

TestPartner 的集成能力提供了更广泛的、加速开发和分布式应用测试的端到端的解决方案。它可改善开发和测试团队之间的通信,使团队成员能够更紧密地工作,在开发生命周期中尽早找到和解决问题。

从实际的测试执行,通过生成负载测试脚本,测试人员可节省时间。可以使用 TestPartner 和 Compuware QALoad。QALoad 是企业级的负载测试工具,帮助测试人员、开发者和系统管理人员,有效地负载测试分布式应用。

TestPartner 与 TrackRecord 也可以集成,TrackRecord 是 Compuware 变更需求管理系统,通过任务、timeline、项目或单独的参与者,分发广泛的项目追踪。TrackRecord 监控并控制发布、项目里程碑、功能、任务、测试资产以及其他与应用开发项目相关的信息。因为 TestPartner 与 TrackRecord 关联,所以在脚本被执行之后,在测试执行期间,TestPartner 将以自动化方式提交暴露的缺陷到 TrackRecord。创建评审追踪,快速地追踪和修改问题。

使用 TestPartner 的 ActiveAnalysis 功能,伴随测试应用的每一个方面,测试人员可获得信心。与 DevPartner 自动化的错误检查技术集成,可以测试内部的软件问题,比如内存泄露、无效的 API 调用以及应用源代码覆盖。ActiveAnalysis 让测试人员同时运行相同的测试——当缺陷发生时一个是验证,同时另一个定位问题并定义为什么会发生——深层的根本原因的分析。

除了与很多的 Compuware 产品紧密集成之外,TestPartner 也与 SAP 的测试工作平台 eCATT 集成。事实上,TestPartner 是市场上唯一的,与 eCATT 集成接受 SAP 认证的测试工具。对于投资在 SAP 解决方案的组织,该集成基本达到完成 SAP 测试并部署更有信心的应用。

在 Windows 和 Java 环境,eCATT 支持 SAP 应用测试,TestPartner 与 eCATT 集成并且对于 HTML、ERP、CRM 以及分布式应用,通过 SAP GUI 支持测试 SAP 应用。

课后习题

1. 常用的自动化测试工具有哪些?
2. 选择自动化测试工具,要考虑哪些因素?

第13章

测试框架

1. 概述

从如何进行单元测试展开,讲述JUnit单元测试技术。读者能够掌握JUnit测试框架,掌握使用JUnit编写自动化单元测试框架的技巧。

2. 重点和难点

1）重点

（1）JUnit安装配置；

（2）JUnit断言使用。

2）难点

JUnit扩展集成应用。

目前的最流行的单元测试工具是xUnit系列框架,常用的根据语言不同分为JUnit（Java）、CppUnit（C++）、DUnit（Delphi）、NUnit（.NET）、PhpUnit（PHP）等。该测试框架的第一个和最杰出的应用就是由Erich Gamma（《设计模式》的作者）和Kent Beck（XP（Extreme Programming）的创始人）提供的开放源代码的JUnit。

13.1 JUnit 单元测试框架

1. JUnit 的优势

（1）可以使测试代码与产品代码分开。

（2）针对某一个类的测试代码通过较少的改动便可以应用于另一个类的测试。

（3）易于集成到测试人员的构建过程中,JUnit和Ant的结合可以实施增量开发。

（4）JUnit是公开源代码的,可以进行二次开发。

（5）可以方便地对JUnit进行扩展。

2. JUnit 单元测试编写原则

（1）简化测试编写,这种简化包括测试框架的学习和实际测试单元的编写。

（2）使测试单元保持持久性。

（3）可以利用既有的测试来编写相关的测试。

3. JUnit 的特征

（1）使用断言方法判断期望值和实际值差异，返回 Boolean 值。

（2）测试驱动设备使用共同的初始化变量或者实例。

（3）测试包结构便于组织和集成运行。

（4）支持图形交互模式和文本交互模式。

4. JUnit 框架组成

（1）对测试目标进行测试的方法与过程集合，可称为测试用例（TestCase）。

（2）测试用例的集合，可容纳多个测试用例，将其称作测试包（TestSuite）。

（3）测试结果（TestResult）的描述与记录。

（4）测试过程中的事件监听者（TestListener）。

（5）每一个测试方法所发生的与预期不一致状况的描述，称其测试失败元素（TestFailure）。

（6）JUnit Framework 中的出错异常（AssertionFailedError）。

JUnit 框架是一个典型的 Composite 模式（如图 13.1 所示）：TestSuite 可以容纳任何派生自 Test 的对象；当调用 TestSuite 对象的 run()方法时，会遍历自己容纳的对象，逐个调用它们的 run()方法。

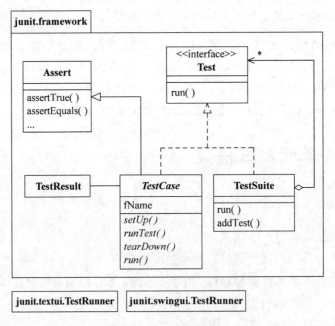

图 13.1　JUnit 框架

5. JUnit 的安装步骤

（1）在 http：//download. sourceforge. net/junit/中下载 JUnit 包并将 Junit 压缩包解

压到一个物理目录中(例如 C：\Junit3.8.1)。

（2）记录 Junit.jar 文件所在目录名(例如 C：\Junit3.8.1\Junit.jar)。

（3）进入操作系统(以 Windows 2000 操作系统为准)，按照次序单击"开始"→设置→"控制面板"。

（4）在"控制面板"中选择"系统"，单击"环境变量"，在"系统变量"的"变量"列表框中选择 CLASS-PATH 关键字(不区分大小写)，如果该关键字不存在，则添加。

（5）双击 CLASS-PATH 关键字添加字符串"C：\Junit3.8.1\Junti.jar"(注意，如果已有别的字符串，请在该字符串的字符结尾加上分号"；")，这样确定修改后 Junit 就可以在集成环境中应用了。

（6）对于 IDE 环境，对于需要用到的 JUnit 的项目增加到 lib 中，其设置不同的 IDE 有不同的设置。

6. JUnit 中常用的接口和类

（1）Test 接口——运行测试和收集测试结果。

Test 是 TestCase、TestSuite 的共同接口。run(TestResult result)用来运行 Test，并且将结果保存到 TestResult。

- Test 接口使用了 Composite 设计模式，是单独测试用例(TestCase)、聚合测试模式(TestSuite)及测试扩展(TestDecorator)的共同接口。
- 它的 public int countTestCases()方法用来统计这次测试有多少个 TestCase，另外一个方法就是 public void run(TestResult)，TestResult 是实例接受的测试结果，run 方法执行本次测试。

（2）TestCase 抽象类——定义测试中的固定方法。

- TestCase 是 Test 接口的抽象实现(不能被实例化，只能被继承)，其构造函数 TestCase(string name)根据输入的测试名称 name 创建一个测试实例。由于每一个 TestCase 在创建时都要有一个名称，若某测试失败了，便可识别出是哪个测试失败。
- TestCase 类中包含的 setUp()、tearDown()方法。setUp()方法集中初始化测试所需的所有变量和实例，并且在依次调用测试类中的每个测试方法之前再次执行 setUp()方法。tearDown()方法则是在每个测试方法之后，释放测试程序方法中引用的变量和实例。
- 开发人员编写测试用例时，只需继承 TestCase，来完成 run 方法即可，然后 JUnit 获得测试用例，执行它的 run 方法，把测试结果记录在 TestResult 之中。

（3）TestResult 类——收集器。

TestResult 类是一个收集器。负责收集 TestCase 的执行结果。

- 它存储了所有测试的详细情况，是通过还是失败。失败则会创建一个 TestFailure 对象，TestRunner 使用 TestResult 来报告测试结果。
- 没有 TestFailure 对象进度条就用绿色，否则进度条用红色并输出失败测试的数目。

7. Assert 静态类——一系列断言方法的集合

在程序中特定部位插入某些用以判断变量特性的语句，使得程序执行中这些语句得以证实,从而使程序的运行特性得到证实。我们把插入的这些语句称为断言。表 13.1 所示为断言的表示方法。

表 13.1　断言方法

断 言 方 法	描　　述
assertEquals(a,b)	测试 a 是否等于 b
assertFalse(a)	测试 a 是否为 false,a 是一个 Boolean 值
assertNotNull(a)	测试 a 是否非空,a 是一个对象或者 null
assertNotSame(a,b)	测试 a 和 b 是否没有引用同一个对象
assertNull(a)	测试 a 是否为 null,a 是一个对象或者 null
assertSame(a,b)	测试 a 和 b 是否都引用了同一个对象
assertTrue(a)	测试 a 是否为 true,a 是一个 Boolean 值

（1）Assert 包含了一组静态的测试方法,用于期望值和实际值比对是否正确,即测试失败,Assert 类就会抛出一个 AssertionFailedError 异常,JUnit 测试框架将这种错误归入 Failes 并加以记录,同时标志为未通过测试。如果该类方法中指定一个 String 类型的传参,则该参数将被作为 AssertionFailedError 异常的标识信息,告诉测试人员该异常的详细信息。

（2）JUnit 提供了 6 大类 31 组断言方法,包括基础断言、数字断言、字符断言、布尔断言、对象断言。

（3）其中 assertEquals(Object expcted,Object actual)内部逻辑判断使用 equals()方法,这表明判断两个实例的内部哈希值是否相等时,最好使用该方法对相应类实例的值进行比较。而 assertSame(Object expected,Object actual)内部逻辑判断使用了 Java 运算符"＝＝",这表明该断言判断两个实例是否来自于同一个引用(Reference),最好使用该方法对不同类的实例的值进行比对。asserEquals(String message,String expected,String actual)方法对两个字符串进行逻辑比对,如果不匹配,则显示两个字符串有差异的地方。ComparisonFailure 类提供两个字符串的比对,如果不匹配,则给出详细的差异字符。

8. TestSuite 测试包类——多个测试的组合

（1）TestSuite 类负责组装多个 Test Cases。待测的类中可能包括了对被测类的多个测试,而 TestSuit 负责收集这些测试,使我们可以在一个测试中完成全部的对被测类的多个测试。

（2）TestSuite 类实现了 Test 接口,且可以包含其他的 TestSuites。它可以处理加入 Test 时所有抛出的异常。

（3）TestSuite 处理测试用例有 6 个规约(否则会被拒绝执行测试)。

9. TestResult 结果类

（1）TestResult 结果类集合了任意测试累加结果,通过 TestResult 实例传递个每个测试的 Run()方法。TestResult 在执行 TestCase 时如果失败会抛出异常。

（2）TestListener 接口是个事件监听规约,可供 TestRunner 类使用。它通知 listener

的对象相关事件,方法包括测试开始 startTest(Test test)、测试结束 endTest(Test test)、错误、增加异常 addError(Test test,Throwable t)和增加失败 addFailure(Test test, AssertionFailedError t)。

(3) TestFailure 失败类是个"失败"状况的收集类,解释每次测试执行过程中出现的异常情况。其 toString()方法返回"失败"状况的简要描述。

10. TestListener 接口。

Juni 框架提供了 TestListener 接口来帮助对象获取 TestResult 并创建有用的报告。TestResult 收集了测试的相关信息,TestRunner 报告这些信息。TestRunners 其实就是实现了 TestListener 接口。如表 13.2 所示。

表 13.2　TestListener 接口

方　　法	描　　述
void **addError**(Test test,Throwable t)	发生错误时调用
void **addFailure**(Test test,AsssertionFailedError e)	发生故障时调用
void **endTest**(Test test)	测试结束时调用
void **startTest**(Test test)	测试开始时调用

11. JUnit 执行步骤

JUnit 的执行步骤如下:
(1) 重载 setUp(),封装测试环境初始化及测试数据准备;
(2) 设计测试方法,以 testXxx 命名;
(3) 在测试方法中使用断言方法,如 assertEquals()、assertTrue()等;
(4) 设计测试套件,或使用默认的测试套件,调用 TestRunner 执行测试脚本,生成测试结果;
(5) 重载 tearDown()析构测试环境,执行收尾动作。

12. Junit 实例

编写一个获取一个数值的绝对值的方法,并对其进行测试。图 13.2 所示为启动 Eclipse,图 13.3～图 13.5 所示为新建 JUnit 测试用例。具体要求如下:
(1) 编写类文件 com. neusoft. test. FirstEx;
(2) 编写测试用例。

setUp()用于初始化测试环境;tearDown()用于清理资源,如释放打开的文件等。以 test 开头的方法被认为是测试方法,JUnit 会依次执行 testXxx()方法。在 testAbs()方法中,对 abs()的测试分别选择正数、负数和 0,如果方法返回值与期待结果相同,则 assertEquals 不会产生异常。

如果有多个 testXxx 方法,那么 JUnit 会创建多个 XxxTest 实例,每次运行一个 testXxx 方法,setUp()和 tearDown()会在 testXxx 前后被调用,因此,不要在一个 testA()

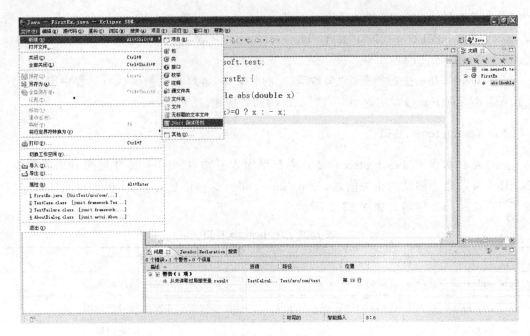

图 13.2　启动 Eclipse

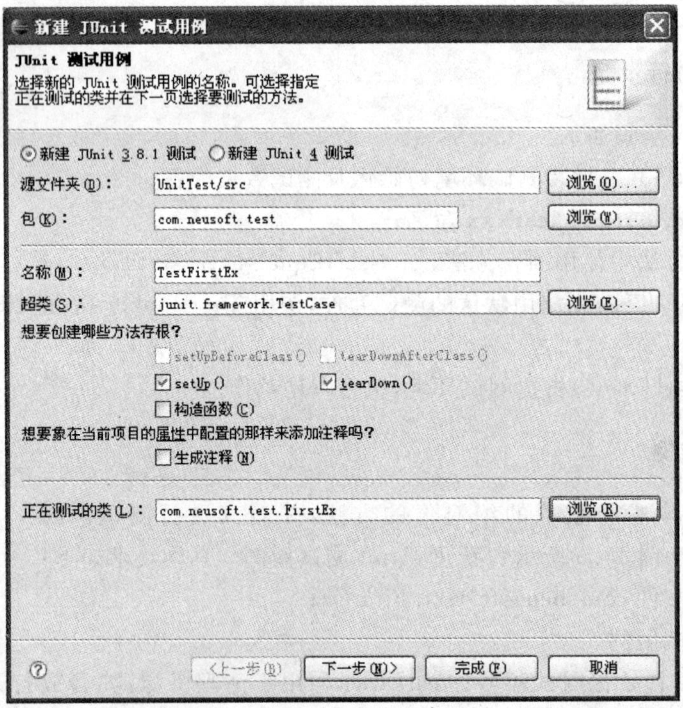

图 13.3　新建 JUnit 测试用例(一)

中依赖 testB()。图 13.6 为测试界面。

绿色表示测试通过,只要有 1 个测试未通过,就会显示为红色并列出未通过测试的方法。

图 13.4　新建 JUnit 测试用例（二）

```
import junit.framework.Assert;
import junit.framework.TestCase;

public class TestFirstEx extends TestCase {
    private FirstEx fe = null;

    protected void setUp() throws Exception {
        fe = new FirstEx();
    }

    protected void tearDown() throws Exception {
        super.tearDown();
    }

    public void testAbs() {
        double result = fe.abs(3.6);
        Assert.assertEquals(3.6, result);

        result = fe.abs(-3.6);
        Assert.assertEquals(3.6, result);

        result = fe.abs(0);
        Assert.assertEquals(0.0, result);
    }
}
```

图 13.5　新建 JUnit 测试用例（三）

在 Eclipse 中 JUnit 的使用方法如下：

（1）新建一个测试用例，单击 File→New→Other 命令，在弹出的 New 对话框中选择 Java→JUnit 选项下的 TestCase 或 TestSuite，进入 New JUnit TestCase 对话框；

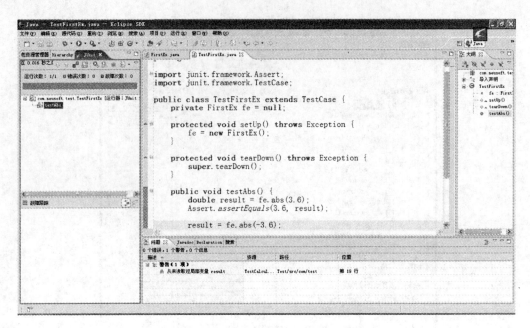

图 13.6　测试界面

（2）在 New JUnit TestCase 对话框填写相应的栏目，主要有 Name（测试用例名）、SuperClass（测试的超类一般是默认的 junit. framework. TestCase）、Class Under Test（被测试的类）、Source Folder（测试用例保存的目录）、Package（测试用例包名），及是否自动生成 main、setUp、tearDown 方法。

（3）如果单击下面的 Next 按钮，还可以直接选中你想测试的被测试类的方法，Eclipse 将自动生成与被选方法相应的测试方法，单击 Fishish 按钮后一个测试用例就创建好了。

（4）编写完成测试用例后，单击 Run 按钮就可以看到运行结果了。图 13.7～图 13.10 为该类的测试类。

① 待测类。

```java
public class Calculator
{
    public int add( int a, int b){
    return a + b;
    }
    public int minus( int a, int b){
    return a - b;
    }
    public int multiply( int a, int b){
    return a * b;
    }
    public int divide( int a, int b) throws Exception{
        if(0 == b){
        throw new Exception("除数不能为零!");
        }
        return a / b;
    }
}
```

```
                                              测试类必须以
                                              TestCase为父类
public class CalculatorTest extends TestCase
    {                              每个测试方法
    private Calculator cal;         执行前都会调
                                   用该方法
    public void setUp( ){
        cal=new Calculator( );      生成对象
    }

    public void tearDown( ){

    }           析构测试环境，执行收尾动作
```

图 13.7 该类的测试类（一）

```
                            JUnit3.8测试方法需满足：
                            1) Public的
                            2) Void的
                            3) 无方法参数
                            4) 方法名称必须以test开头
    public void testAdd( ){
        int result=cal.add(1, 2);
                                  调用该方法
          断言
        Assert.assertEquals(3, result);
    }
    public void testMinus( ){
        int result=cal.minus(1, 2);
        Assert.assertEquals(-1, result);
    }
    public void testMultiply( ){
        int result=cal.multiply(2, 3);
        Assert.assertEquals(6, result);
    }
```

图 13.8 该类的测试类（二）

```
    public void testDivide( ){
        int result=0;
        try{
            result=cal.divide(6, 4);
        }
        catch(Exception e){          期望该行代码永远
            e.printStackTrace();      不会被执行，断言
            Assert.fail( );           失败，停止执行立
        }                            即失败
        Assert.assertEquals(1, result);
    }
```

图 13.9 该类的测试类（三）

② MaxMinTool.java。

```
public class MaxMinTool {
    public static int getMax( int[ ] arr) {
        int max = Integer.MIN_VALUE;
```

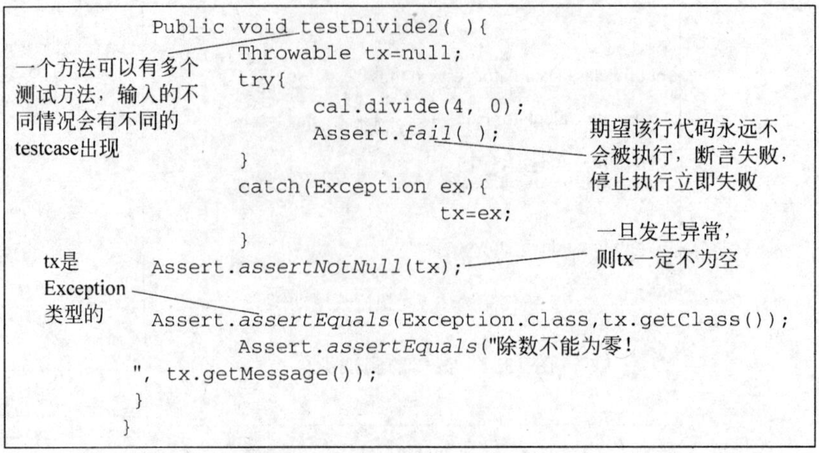

```
                    Public void testDivide2( ){
                    Throwable tx=null;
                    try{
                            cal.divide(4, 0);
                            Assert.fail( );
                    }
                    catch(Exception ex){
                                      tx=ex;
                    }
                    Assert.assertNotNull(tx);

                    Assert.assertEquals(Exception.class,tx.getClass());
                         Assert.assertEquals("除数不能为零!
                    ", tx.getMessage());
                    }
                    }
```

一个方法可以有多个测试方法，输入的不同情况会有不同的testcase出现

期望该行代码永远不会被执行，断言失败，停止执行立即失败

一旦发生异常，则tx一定不为空

tx是Exception类型的

图 13.10 该类的测试类（四）

```java
            for( int i = 0; i < arr.length; i++) {
        if(arr[i] > max)
            max = arr[i];
    }
        return max;
    }
    public static int getMin(int[] arr) {
        int min = Integer.MAX_VALUE;
            for( int i = 0; i < arr.length; i++) {
        if(arr[i] < min)
            min = arr[i];
    }
        return min;
    }
}
```

编写 MaxMinTool.java 的测试类。

```java
public class MaxMinTest extends TestCase {
    public void testMax() {
        int[] arr = {-5, -4, -3, -2, -1, 0, 1, 2, 3, 4, 5};
        assertEquals(5, MaxMinTool.getMax(arr));
    }
    public void testMin() {
        int[] arr = {-5, -4, -3, -2, -1, 0, 1, 2, 3, 4, 5};
        assertEquals(-5, MaxMinTool.getMin(arr));
    }
}
```

显然，所准备的矩阵重复出现在两个单元测试之中，重复的程序码在设计中能减少就尽量减少。在这两个单元测试中，整数矩阵是单元方法所需要的资源，我们称之为 fixture，也就是一个测试时所需要的资源集合。

对于重复出现在各个单元测试中的 fixture，可以集中加以管理，可以在继承 TestCase 之后，重新定义 setUp() 与 tearDown() 方法，在 setUp() 中创建数个单元测试所需要的 fixture，并在 tearDown() 中销毁，例如：

```
public class MaxMinTest extends TestCase {
    private int[] arr;
    protected void setUp() throws Exception {
        super.setUp();
        arr = new int[]{-5, -4, -3, -2, -1, 0, 1, 2, 3, 4, 5};
    }
    protected void tearDown() throws Exception {
        super.tearDown();
        arr = null;
    }
    public void testMax() {
        assertEquals(5, MaxMinTool.getMax(arr));
    }
    public void testMin() {
        assertEquals(-5, MaxMinTool.getMin(arr));
    }
}
```

setUp()方法会在每一个单元测试 testXXX()方法开始前被调用,因而整数矩阵会被建立,而 tearDown()会在每一个单元测试 testXXX()方法结束后被呼叫,因而整数矩阵参考名称将会被设置为 null,如此一来,可以将 fixture 的管理集中在 setUp()与 tearDown()方法之后。

13.2　NUnit 单元测试框架

1. NUnit 的特点

(1) NUnit 是一款开源的单元测试框架,供 .NET 开发人员做单元测试,内容包括配置类库、编写用于测试的类、编写测试用例;

(2) NUnit 实际上就是一组类,可以用它在 .NET 类上创建和执行自动的单元测试;

(3) 使用断言来判断待测试代码是否返回正确的结果,在编写测试用例的过程中,需要有一个正确的值作为依据,与测试代码返回的值进行比较;

(4) NUnit 可以快速、便捷地对代码进行单元测试,而且是免费的。图 13.11 所示为 NUnit 界面。

2. NUnit 单元测试方法

(1) 为测试代码创建一个 Visual Studio 工程。图 13.12 所示为新建项目。

(2) 增加一个 NUnit 框架引用。图 13.13 所示为添加框架引用。

(3) 为工程添加一个用于测试的类。

为工程添加一个 NUnitTest1 类。

```
using NUnit.Framework;
[TestFixture]
Public class NUnitTest1
{
}
```

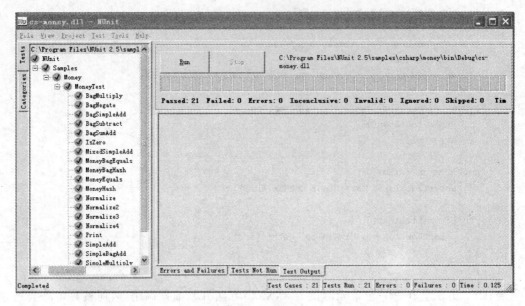

图 13.11　NUnit 界面

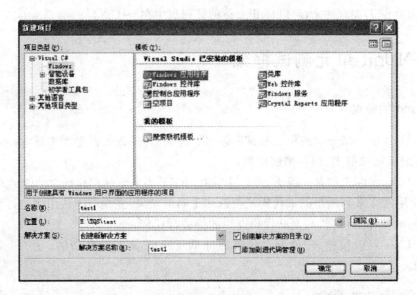

图 13.12　新建项目

（4）为类 NUnitTest1 增加一个测试方法，测试代码将放到该方法中。

```
[TestFixture]
public class NUnitTest1
{
    [Test]
    public void TestFune()
    {
    }
}
```

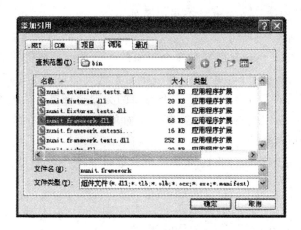

图 13.13 添加框架引用

测试 Form1 类中的 max() 函数。

```
[TestFixture]
public class NUnitTest1
{
    [Test]
    public void TestFunc()
{
        Form1 f = new Form1();
        Int actual = f.max(12,6);
        Assert.AreEqual(12,actual);
}
}
```

(5) 使用 NUnit 进行测试。

TestFixture、Test 和 Assert 是 3 个最基本的特征，测试类和测试方法要用 public 声明，测试方法不能带任何参数，且不能有返回值。

3. 断言

在 NUnit 中，断言是单元测试的核心。NUnit 提供了一组丰富的断言，这些断言是 Assert 类的静态方法。如果一个断言失败，那么方法的调用不会返回值，但会报告一个错误。如果一个测试包含多个断言，那些紧跟失败断言的断言都不会执行，因此，通常每个测试方法最好只有一个断言。Assert 类提供了最常用的断言。我们将 Assert 方法分组如下：

1) 同等（Equality）断言

主要包括 Assert.AreEqual()、Assert.AreNotEqual()，这两个方法测试两个参数是否相等。重载的方法支持普通的值类型。

2) 一致性（Identity）断言

Assert.AreSame()方法和 Assert.AreNotSame 方法主要判断两个参数引用的是否是同一个对象。Assert.Contains()方法用来测试在一个数组或列表里是否包含该对象。

3) 比较（Comparison）断言

Assert.Greater()：测试一个对象是否大于另外一个。

Assert. Less()：测试一个对象是否于小另外一个。

4）类型（Type）断言

Assert. IsInstanceOfType()：判断一个对象的类型是否是期望的类型。

Assert. IsNotInstanceOfType()：判断一个对象的类型是否不是期望的类型。

Assert. IsAssignableFrom()：判断一个对象的类型是否属于某种类型。

Assert. IsNotAssignableFrom()：判断一个对象的类型是否不属于某种类型。

5）条件（Condition）测试

这些方法测试并把测试的值作为其第一个参数以及把一个消息作为第二个参数，第二个参数是可选的。

Assert. IsTrue(bool condition)；

Assert. IsTrue(bool condition, string message)；

Assert. IsTrue(bool condition, string message, object[] parms)。

6）工具（Utility）方法

StringAssert. Contains(string expected，string actual)；

StringAssert. Contains(string expected，string actual,string message)；

StringAssert. Contains(string expected，string actual,stringmessage, params object[] args)；

7）实用方法

Fail()和 Ignore()是为了对测试过程有更多的控制。

Assert. Fail 方法为你提供了创建一个失败测试的能力。

Assert. Ignore 方法为你提供在运行时动态忽略一个测试或者一个测试套件（suite）的能力。它可以在一个测试、一个 setup 或 fixture setup 的方法中调用。建议只在无效的案例中使用。它也为更多扩展的测试包含或排斥提供了目录能力。

4. 布局

1）测试情况说明

（1）绿色：描述目前所执行的测试都通过，如图 13.14 所示。

（2）黄色：意味某些测试忽略，但是这里没有失败，如图 13.15 所示。

（3）红色：表示有失败，如图 13.16 所示。

2）底部的状态条

底部的状态条说明了现在运行测试的状态。当所有测试完成时，状态变为 Completed。运行测试中，状态是 Running：<test-name>（<test-name>是正在运行的测试名称）。

Test Cases：说明加载的程序集中测试案例的总个数。这也是测试树里叶子节点的个数。

Tests Run：已经完成的测试个数。

Failures：到目前为止，所有测试中失败的个数。

Time：显示运行测试时间（以秒计）。

3）File 菜单的内容

（1）New Project：允许你创建一个新工程。工程是一个测试程序集的集合。这种机制

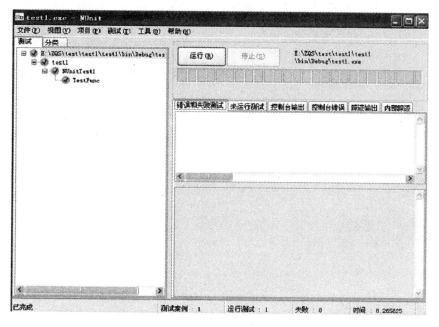

图 13.14 测试界面

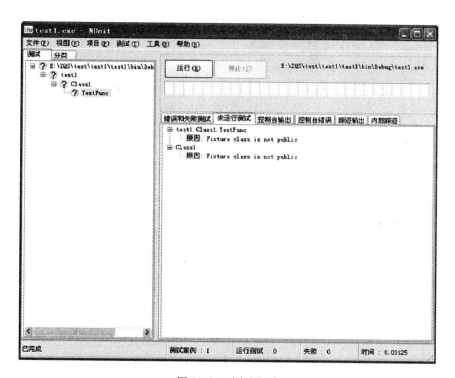

图 13.15 测试忽略

让你组织多个测试程序集,并把它们作为一个组对待。

(2) Open:加载一个新的测试程序集,或一个以前保存的 NUnit 工程文件。

(3) Close:关闭现在加载的测试程序集或现在加载的 NUnit 工程。

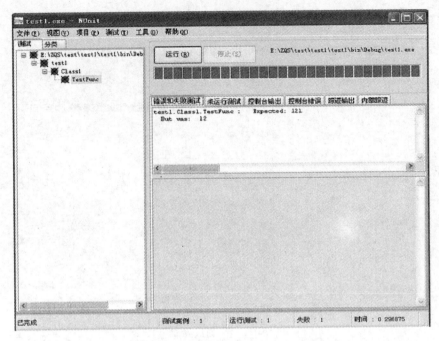

图 13.16　测试有失败

（4）Save：将现在的 Nunit 工程保存到一个文件。如果正在工作的是单个程序集，本菜单项允许你创建一个新的 NUnit 工程，并把它保存在文件里。

（5）Save As：允许你将现有 NUnit 工程作为一个文件保存。

（6）Reload：强制重载现有测试程序集或 NUnit 工程。NUnit-Gui 自动监测正在加载的测试程序集的变化。

当程序集变化时，测试运行器重新加载测试程序集（当测试正运行时，现在加载的测试程序集不会重新加载）。在测试运行之间测试程序集仅可以重新加载。一个忠告：如果测试程序集依赖另外一个程序集，测试运行器不会观察任何依赖的程序集。对测试运行器来说，强制一个重载使全部依赖的程序集变化可见。

（7）Recent Files：说明 5 个最近在 NUnit 中加载的测试程序集或 NUnit 工程（这个列表在 Windows 注册表中，由每个用户维护，如果你共享了 PC，仅可看到自己的测试）。最近程序集的数量可以使用 Options 菜单项修改，可以访问 Tool 菜单。

（8）Exit：退出。

4）View 菜单的内容

（1）Expand：一层层扩展现在树中的所选节点。

（2）Collapse：折叠现在树中选择的节点。

（3）Expand All：递归扩展树中所选节点后的所有节点。

（4）Collapse All：递归折叠树中所选节点后的所有节点。

（5）Expand Fixtures：扩展树中所有代表测试 fixture 的节点。

（6）Collapse Fixtures：折叠树中所有代表测试 fixture 的节点。

（7）Properties：显示树中现所选节点的属性。

5）Tools 菜单的内容

（1）Save Results as XML：作为一个 XML 文件保存运行测试的结果。

（2）Options：让你定制 NUnit 的行为。

现在看看右边，你已经熟悉 Run 按钮和进度条。这里还有一个紧跟 Run 按钮的 Stop 按钮：单击这个按钮会终止执行正运行的测试。进度条下面是一个文本窗口，在它上方，有以下 4 个标签：

- Errors and Failures——窗口显示失败的测试。在我们的例子里，这个窗口是空的。
- Tests Not Run——窗口显示没有得到执行的测试。
- Console. Error——窗口显示运行测试产生的错误消息。这些此消息是应用程序代码使用 Console. Error 输出流可以输出的。
- Console. Out——窗口显示运行测试打印到 Console. Error 输出流的文本消息。

课后习题

1. 编写 Nextdate 函数，并运用 JUnit 对其进行单元测试。
2. 测试 N 阶乘程序。

```
import junit. framework. TestCase; / **
 * @author daiyongming * */
public class JieChenTest extends TestCase { / * (non-Javadoc)
   * @see junit. framework. TestCase # setUp() */
JieChen j;
protected void setUp() throws Exception { super. setUp();
   j = new JieChen(); }
public void testDoJieChen(){
assertEquals("这是测试阶乘的值：",24,j.doJieChen(4));
} }
```

编写基于 JUnit 的单元测试框架。

第14章

其他测试工具

1. 概述

本章介绍一般测试工具及主要厂商的测试工具产品。

2. 重点与难点

1）重点
（1）一般测试工具；
（2）主要厂商及产品介绍。

2）难点
主要厂商及测试产品。

14.1 一般测试工具

1. 常用的软件测试工具

一般是 QTP＋LoadRunner＋QC，软件测试中还需要的工具如下：

（1）功能测试工具，包括 QTP（HP）、WinRunner（MI）、Robort（IBM）、QARun（Compuware）。

（2）性能测试工具，包括 LoadRunner（HP）、WAS（MS）、Robort（IBM）（必须下载相应的插件才支持性能方面的测试）、QALoad（Compuware）。

（3）测试管理工具，包括 TestDirector/Quarlity Center（这两个工具一个横版一个竖版，功能完全一样）、Rational TestManager。

（4）缺陷跟踪工具，包括 Bugzilla、Mantis。

（5）其他测试工具，包括 Rational Purify、Rational PureCoverager。

2. 一般测试流程

（1）需求分析阶段：只要求了解业务，分析用户的需求点。

（2）测试计划阶段：测试组长根据 SOW 开始编写《测试计划》，其中包括人员、软件硬件资源、测试点、集成顺序、进度安排和风险识别等内容。

（3）测试设计阶段：测试方案一般是由对需求很了解的资深的测试工程师设计，测试方案要求根据 SRS 上的每个需求点设计出包括需求点简介、测试思路和详细测试方法三部分的方案。《测试方案》编写完成后也需要进行评审。

（4）测试方案阶段：主要是对测试用例和规程的设计。测试用例是根据《测试方案》来编写的，通过《测试方案》阶段，测试人员对整个系统需求有了详细的理解。这时开始编写用例才能保证用例的可执行和对需求的覆盖。测试用例需要包括测试项、用例级别、预置条件、操作步骤和预期结果。其中操作步骤和预期结果需要编写得详细和明确。测试用例应该覆盖测试方案，而测试方案又覆盖了测试需求点，这样才能保证客户需求不遗漏。同样，测试用例也需要评审。

（5）测试执行阶段：执行测试用例，及时提交有质量的 Bug 和测试日表、测试报告等相关文档。

14.2　主要厂商及产品介绍

14.2.1　HP

1. 产品名称：HP Unified Function testing software

HP Unified Function testing software 集成了自动化功能测试软件 QTP 和其所有插件以及服务测试软件，可为各种主流软件应用及环境提供自动化功能测试及回归测试，如 Web 服务、ERP、CRM 等应用。其全名为 HP QuickTest Professional software，2012 年 12 月 6 日发布 11.5 版本，并更名为 Unified Functional Testing。

2. 产品名称：HP LoadRunner

LoadRunner 是一种预测系统行为和性能的负载测试工具。通过模拟上千万用户实施并发负载及实时性能监测的方式来确认和查找问题，LoadRunner 能够对整个企业架构进行测试。通过使用 LoadRunner，企业能最大限度地缩短测试时间、优化性能和加速应用系统的发布周期。最新版本是 11.5。

3. 产品名称：HP Quality Center

公司推出的一个基于 Web 且支持测试管理的所有必要方面的应用程序。该软件提供统一、可重复的流程，用于收集需求、计划和安排测试、分析结果并管理缺陷和问题。组织可使用该软件在较长的应用程序生命周期中实现特定质量流程和过程的数字化。该软件还支持在 IT 团队间进行高水平的沟通和协调。最新版本为 11。

14.2.2　IBM

1. 产品名称：IBM Rational Quality Manager

IBM Rational Quality Manager 是基于 Web 的集中测试管理软件，为自动化测试提供了一整套完整的端到端的管理平台，包括自动化环境的统一部署、自动化脚本的导入和共享、自动化测试计划以及测试用例的创建、测试用例及测试套件的自动化运行,一直到自动化执行结果以及自动化与手动测试对比分析报告的生成。

2. 产品名称: IBM Functional Tester

Rational Functional Tester,IBM 的自动化功能测试及回归测试软件,可用于功能测试、回归测试、GUI 测试及数据驱动测试,包括 Java、Web 及 VS. NET Winform 应用的测试。

3. 产品名称: IBM Rational Performance Tester

Rational Performance Tester(简称 RPT),IBM 的性能测试软件。其内在支持的 HTTP 协议使得其广泛地应用于 Web 应用程序,用于验证系统的性能,识别和解决各种性能问题。

4. 产品名称: IBM Rational PurifyPlus

IBM Rational PurifyPlus 是 IBM 公司的动态软件分析工具。主要具备四大功能:内存调试、内存泄露检测、性能概要报告和代码覆盖率检测。

5. 产品名称: IBM Rational Robot

IBM Rational Robot 是业界最顶尖的功能测试工具,它甚至可以在测试人员学习高级脚本技术之前帮助其进行成功的测试。它集成在测试人员的桌面 IBM Rational TestManager 上,在这里测试人员可以计划、组织、执行、管理和报告所有测试活动,包括手动测试报告。这种测试和管理的双重功能是自动化测试的理想开始。

14.2.3　Micro Focus

Micro Focus 公司的 Silk 产品系列提供了自动化软件质量管理解决方案。

1. 产品名称: SilkCentral-Test Management

SilkCentral-Test Management 是一个完整的测试管理软件,用于测试计划、测试文档和各种测试活动的管理。它能够对手工测试和自动测试进行基于过程的分析、设计和管理。此外,它还提供了基于 Web 的自动测试功能。

2. 产品名称: SilkTest

SilkTest 是业界领先的、用于对企业级应用进行功能测试的产品,可用于测试 Web、Java 或是传统的 C/S 结构。SilkTest 提供了许多功能,使用户能够高效率地进行软件自动化测试。这些功能包括:测试的计划和管理;直接的数据库访问及校验;灵活、强大的 4Test 脚本语言,内置的恢复系统(Recovery System);以及具有使用同一套脚本进行跨平台、跨浏览器和技术进行测试的能力。

3. 产品名称：SilkPerformer

SilkPerformer 是企业级的性能测试解决方案，可用于各种企业应用环境（包括 Web 2.0 技术）中的自动化负载及性能测试。

4. 产品名称：SilkPerformer CloudBurst

SilkPerformer CloudBurst 是 SilkPerformer 在云计算的扩展。

5. 产品名称：TestPartner™

TestPartner™是自动化测试工具，可加速采用分布式技术开发的复杂应用的功能测试。

14.3 流行的开源测试工具

除以上几大厂商提供的解决方案以外，还有众多的开源软件测试工具，深受用户的青睐。

14.3.1 单元测试工具

1. CppUnit

CppUnit 是一个单元测试框架，是 Micheal Feathers 由 JUnit 移植过来的一个在 GNU LGPL 条约下的并在 sourcefogre 网站上开源的 C++单元测试框架。CppUnit 和 JUnit 一样，主要思想来源于极限编程（XProgramming），主要功能就是对单元测试进行管理，并可进行自动化测试。

环境要求：BeOS、MacOS、Windows、OS Independent、Linux。

2. HTML Tidy

自动修复 HTML 错误，将杂乱的编辑结果整理成整洁排版的编码。

环境要求：BeOS、MacOS、Windows、PDA Systems、POSIX。

3. HtmlUnit

HtmlUnit 是一个对基于 Web 的应用系统的单元测试框架。

环境要求：OS Independent。

4. Checkstyle

Checkstyle 是一款开发工具，可以帮助程序员依据编码规范来编写 Java 代码。支持 Sun 编码规范，可以从 ANT 任务中调用或从命令行调用。

5. DbUnit

DbUnit 是一个 JUnit 扩展(同样可从 Ant 中调用),用于数据库驱动的项目,它可以将测试对象数据库置于一个测试轮回之间的状态。DbUnit 的设计理念就是在测试之前,备份数据库,然后给对象数据库植入我们需要的准备数据,最后,测试完毕读入备份数据库,回溯到测试前的状态。

环境要求:JUnit。

6. EclEmma

EclEmma 是一个基于 EMMA 的 Java 代码覆盖工具。它的目的是让你可以在 Eclipse 工作平台中使用强大的 Java 代码覆盖工具 EMMA。从某种程度上说,Eclipse 可以看作是 EMMA 的一个图形界面。EclEmma 是非侵入式的,不需要修改你的项目或执行其他任何安装,它能够在工作平台中启动,像运行 JUnit 测试一样,直接对代码覆盖进行分析。覆盖结果将立即被汇总,并在 Java 源代码编辑器中高亮显示。

环境要求:Eclipse。

7. FindBugs

FindBugs 是一个静态分析工具,用于查找 Java 程序中的 bug。
环境要求:JRE(或 JDK)1.4.0 及以上版本。

8. JUnit

JUnit 是一个回归测试框架,由 Erich Gamma 和 Kent Beck 开发的,程序员使用 JUnit 在 Java 中实现单元测试。
环境要求:独立的操作系统。

9. PMD

PMD 扫描 Java 源程序查找潜在问题,提供用于以下环境的插件:Jedit、JBuilder、NetBeans/Forte/Sun ONE、Intelli JIDEA、Maven、Ant、Eclipse、Gel 及 Emace。

10. NUnit

NUnit 是.NET 语言程序的单元测试框架,最初由 JUnit 移植而来,目前最新版本为 2.0。
环境要求:Windows NT/2000。

11. SimpleTest

SimpleTest 是用于 PHP 的单元测试、Web 测试及 Mock 对象的框架。
环境要求:PHP。

12. PyUnit

PyUnit 是一款用于 Python 的单元测试框架。

环境要求：Python。

13. utPLSQL

utPLSQL 是用于 Oracle PL/SQL 语言的单元测试。

环境要求：独立的操作系统。

14.3.2 功能测试工具

1. Canoo WebTest

Canoo WebTest 是用于 Web 页面的功能测试软件，是建立在 HttpUnit 之上的开源测试框架。

环境要求：JDK 1.2 和 Ant v1.3。

2. Selenium

Selenium 是专门为 Web 应用程序编写的一个可用于功能测试、兼容性测试及回归测试的自动化测试套件。

环境要求：Windows、Linux 或 Mac。

3. Watin

Watin(Web Application Testing in dotNet)是一个面向.NET 的 Web 自动化测试开源项目，一个功能齐全的、稳定的框架。

环境要求：Windows。

4. Watir

Watir(Web Application Testing in Ruby)是面向 Web 应用的功能测试软件。

环境要求：Windows(目前只支持互联网资源管理器)。

14.3.3 性能测试工具

1. Apache JMeter

Apache JMeter 是 Apache 组织开发的基于 Java 的压力测试工具，用于对软件做压力测试，它最初被设计用于 Web 应用测试，但后来扩展到其他测试领域。它可以用于测试静态和动态资源，例如静态文件、Java 小服务程序、CGI 脚本、Java 对象、数据库、FTP 服务器，等等。JMeter 可以用于对服务器、网络或对象模拟巨大的负载，在不同压力类别下测试它们的强度和分析整体性能。另外，JMeter 能够对应用程序做功能/回归测试，通过创建带有断言的脚本来验证程序返回了所期望的结果。为了最大限度的灵活性，JMeter 允许使用正则表达式创建断言。

Apache JMeter 可以用于对静态的和动态的资源（文件、Servlet、Perl 脚本、Java 对象、数据库和查询、FTP 服务器等）的性能进行测试。它可以用于对服务器、网络或对象模拟繁重的负载来测试它们的强度或分析不同压力类型下的整体性能。可以使用它做性能的图形分析或在大并发负载测试服务器/脚本/对象。

环境要求：Solaris、Linux、Windows（98、NT、2000）、JDK 1.4（及以上版本）。

2. OpenSTA

OpenSTA 是一个免费的、开源的 Web 性能测试工具。OpenSTA 是专用于 B/S 结构的、免费的性能测试工具。它的优点除了免费、源代码开放等优点外，还能对录制的测试脚本进行分析，并且按指定的语法进行编辑。软件测试工程师在录制完测试脚本后，只需要了解该脚本语言的特定语法知识，就可以对测试脚本进行编辑，以便于再次执行性能测试时获得所需要的参数，而后进行特定的性能指标分析。OpenSTA 以最简单的方式让大家对性能测试的原理有较深的了解，其较为丰富的图形化测试结果大大提高了测试报告的可阅读性。

环境要求：Windows 2000、Windows NT 和 Windows XP。

3. WebLoad

WebLoad 是 RadView 公司推出的一个性能测试和分析工具，它通过模拟真实用户的操作，生成压力负载来测试 Web 的性能。用户创建的是基于 Java Script 的测试脚本，称为议程 Agenda，用它来模拟客户的行为，通过执行该脚本来衡量 Web 应用程序在真实环境下的性能。

WebLoad 提供巡航控制器 Cruise Control 的功能，利用巡航控制器，可以预定义 Web 应用程序应该满足的性能指标，然后测试系统是否满足这些需求指标；Cruise Control 能够自动把负载加到 Web 应用程序，并将在此负荷下能够访问程序的客户数量生成报告。WebLoad 能够在测试会话执行期间对监测的系统性能生成实时的报告，这些测试结果通过一个易读的图形界面显示出来，并可以导出到 EXCEL 和其他文件里。

环境要求：Windows NT/2000/XP。

14.3.4　测试管理工具

1. FitNesse

FitNesse 是一套软件开发协作工具，是帮助大家加强软件开发过程中的协作的工具。能够让客户、测试人员和开发人员了解软件要做成什么样，帮助给出建议，看软件是否达到了设计初衷。

从另外一个角度看，FitNesse 是一个轻量级的、开源的框架，能够帮助开发团队方便地定义验收测试（Acceptance Tests），通过在 Web 页面上简单地输出和预计输出的表格就可实现，并且可以运行这些测试以确定是否通过。

环境要求：Mac、Windows、POSIX。

2．TestLink

TestLink 是基于 Web 的测试用例管理系统，其主要功能是测试用例的创建、管理和执行，并且还提供了一些简单的统计功能。TestLink 用于进行测试过程中的管理，通过使用 TestLink 提供的功能，可以将测试过程从测试需求、测试设计到测试执行完整地管理起来，同时，它还提供了好多种测试结果的统计和分析，使我们能够简单地开始测试工作和分析测试结果。TestLink 是 sourceforge 的开放源代码项目之一。作为基于 Web 的测试管理系统，TestLink 的主要功能包括：

(1) 测试需求管理；

(2) 测试用例管理；

(3) 测试用例对测试需求的覆盖管理；

(4) 测试计划的制定；

(5) 测试用例的执行；

(6) 大量测试数据的度量和统计功能。

目前在 XLS 导入上存在缺陷，但可以使用第三方的 TestLink Convert 工具实现 XLS/TXT/XML 导入导出。

环境要求：Apache、MySQL、PHP。

3．Bugfree

BugFree 是借鉴微软的研发流程和 Bug 管理理念，使用 PHP＋MySQL 独立写出的一个 Bug 管理系统，简单实用、免费并且开放源代码(遵循 GNU GPL)。将之命名为 BugFree 有两层意思：一是希望软件中的缺陷越来越少直到没有；二是表示它是免费且开放源代码的，大家可以自由使用传播。

环境要求：Windows。

4．Bugzilla

Bugzilla 是一个开源的缺陷跟踪系统(Bug-Tracking System)，它可以管理软件开发中缺陷的提交(new)、修复(resolve)、关闭(close)等整个生命周期。

环境要求：TBC。

5．LinkChecker

LinkChecker 是一个网页链接检查程序，可用于检查网页中的问题(检查失效的网络链接)。

6．JIRA

JIRA 是 Atlassian 公司出品的项目与事务跟踪工具，被广泛应用于缺陷跟踪、客户服务、需求收集、流程审批、任务跟踪、项目跟踪和敏捷管理等工作领域。

JIRA 中配置灵活、功能全面、部署简单、扩展丰富，其超过 150 项特性得到了全球 115 个国家超过 19 000 家客户的认可。

课后习题

1. 阐述自动化测试的优缺点以及如何选取合适的自动化工具。
2. 自动化测试技术有哪些？
3. 目前市场上主流的测试工具有哪些？
4. 软件测试工具分为哪几类？请举例说明。

第④篇　软件测试案例

本篇分为 4 章：第 15 章成人教务管理系统、第 16 章图书管理系统、第 17 章人事档案管理系统、第 18 章嵌入式软件系统——俄罗斯方块。本篇从 4 个经典案例出发，介绍设计测试用例的过程，供读者学习。

第15章

成人教务管理系统

15.1 测试计划

1．测试方案

测试方案采用黑盒测试方法。整个过程采用自底向上、逐个集成的办法，依次进行单元测试、组装测试，测试用例的设计应包括合理的和不合理的输入条件。

2．测试项目

测试1

名称：系统登录测试。

目的：测试登录功能。

内容：用户名密码用户类别提交、合理性检查、合法性检查，用户名密码用户类别校验，错误提示信息。

进度：2小时

测试2

名称：密码修改测试。

目的：测试密码修改功能。

内容：密码修改显示控制，原密码新密码及确认新密码提交、合理性检查、合法性检查，原密码校验，数据库新密码更新。

进度：1小时

测试3

名称：学生个人基本信息管理测试。

目的：测试学生个人基本信息操作界面。

内容：学生个人基本信息显示，学生查询，添加学生，编辑学生个人基本信息，删除学生，备份学生个人基本信息。

进度：5小时

测试4

名称：学生成绩管理测试。

目的：测试学生成绩操作功能。

内容：学生个人成绩显示，课程成绩显示，成绩录入，成绩修改，学生个人成绩备份，学生个人成绩打印，课程成绩打印。

进度：5 小时

测试 5

名称：课程信息管理测试。

目的：测试课程信息操作功能。

内容：课程信息显示，课程查询，添加课程，编辑课程，删除课程。

进度：5 小时

测试 6

名称：课程用书管理测试。

目的：课程用书操作功能。

内容：课程用书信息显示，添加课程用书，编辑课程用书，删除课程用书。

进度：5 小时

测试 7

名称：公告管理测试。

目的：公告功能。

内容：公告显示，添加公告，编辑公告，删除公告。

进度：5 小时

3. 测试准备

编写相应的驱动模块，并精心设计测试用例。

4. 测试机构

测试小组：略

测试人员：略

职责：找出程序中的错误。

15.2　测试项目说明

测试 1

名称：系统登录测试。

目的：测试登录功能。

内容：用户名密码用户类别提交、合理性检查、合法性检查，用户名密码用户类别校验，错误提示信息。

条件：无

用户账户表如表 15.1 所示。

表 15.1　用户账户表

ID	用 户 名	密 码	用 户 类 别
1	1051000297	1051000297	Student
2	1051000295	123	Teacher
3	1051000298	888888	manager

测试用例如表 15.2 所示。

表 15.2　系统登录测试用例表

	输　　入	输　　出
测试用例 1		用户名或密码不能为空
测试用例 2	1051000297,123	用户名或密码错误,请您重新登录
测试用例 3	123,1051000297	用户名或密码错误,请您重新登录
测试用例 4	1051000297,1051000297	跳转到学生主页
测试用例 5	1051000295,123	跳转到任课教师主页
测试用例 6	1051000298,888888	跳转到主管教师主页
步骤及操作	操作完毕,提示信息或跳转页面	
允许偏差	不允许有任何偏差	

进度:略

测试资料:需求规格说明书,概要设计说明书,详细设计说明书,用户操作手册。

测试 2

名称:密码修改测试。

目的:测试密码修改功能。

内容:密码修改显示控制,原密码新密码及确认新密码提交、合理性检查、合法性检查、原密码校验,数据库新密码更新。

条件:上述用户账户表。

测试用例如表 15.3 所示。

表 15.3　密码修改测试用例表

	输　　入	输　　出
测试用例 1		原密码不能为空
测试用例 2	1051000297	新密码不能为空
测试用例 3	1051000297,1051000297	确认新密码不能为空
测试用例 4	123,123,123	原密码不正确,请您重新输入
测试用例 5	1051000297,123,111	您两次输入的新密码不一致,请您重新输入
测试用例 6	1051000297,123,123	操作成功
步骤及操作	操作完毕,提示信息	
允许偏差	不允许有任何偏差	

进度:略。

测试资料：需求规格说明书,概要设计说明书,详细设计说明书,用户操作手册。

测试 3

名称：学生个人基本信息管理测试。

目的：测试学生个人基本信息操作界面。

内容：学生个人基本信息显示,学生查询,添加学生,编辑学生个人基本信息,删除学生,备份学生个人基本信息。

条件：学生表如表 15.4 所示。

表 15.4 学生表

学　号	姓名	性别	出生年月日	所属专业	入学年份	联系电话	联系地址	电 子 邮 件	个人主页
1051000297	赵林	男	1987-01-15	软件工程	2005	13488888888	北京	Zhaolinsoul@yahoo. com. cn	

测试用例如表 15.5 所示。

表 15.5 学生个人基本信息管理测试用例表

	输　　入	输　　出
测试用例 1：学生添加、更新		必填项不能为空
测试用例 2：学生添加、更新	1051000297,张晓坤,……	此记录已存在
测试用例 3：学生添加、更新	1051000295,张晓坤,……	操作成功
测试用例 4：学生删除	选中学生列表前的复选框,单击删除	是否要删除××
测试用例 5：学生删除	确认删除单击"确定"按钮	返回学生列表,删除成功
测试用例 6：学生备份	选中学生列表前的复选框,单击"备份"按钮	是否要备份××,备份后将删除相关记录
测试用例 7：学生备份	确认备份单击"确认"按钮	操作成功
测试用例 8：学生查询	1051000298	没有此记录
测试用例 9：学生查询	1051000297/软件工程/2005/空	返回学生列表
测试用例 10：学生查询	单击"相应查看"按钮	
步骤及操作	操作完毕,显示学生列表、个人基本信息、提示信息	
允许偏差	不允许有任何偏差	

进度：略。

测试资料：需求规格说明书,概要设计说明书,详细设计说明书,用户操作手册。

测试 4

名称：学生成绩管理测试。

目的：测试学生成绩操作功能。

内容：学生个人成绩显示,课程成绩显示,成绩录入,成绩修改,学生个人成绩备份,学生个人成绩打印,课程成绩打印。

条件：成绩表如表15.6所示。

表15.6　成绩表

ID	学　号	课程编号	课程名称	所属学期	成　绩
1	1051000297	101	网络工程	2005—2006 春	67

测试用例如表15.7所示。

表15.7　学生成绩管理测试用例表

	输　入	输　出
测试用例1：成绩录入、修改		必填项不能为空
测试用例2：成绩录入、修改	120	输入非法
测试用例3：成绩录入、修改	88	操作成功
测试用例4：成绩查询	单击"查看"按钮	显示成绩单
测试用例5：成绩备份	单击"备份"按钮	是否要备份××，备份后将删除相关记录
测试用例6：成绩备份	确认备份单击"确认"按钮	操作成功
测试用例7：成绩单打印	单击"打印"按钮	生成成绩单(可打印)
测试用例8：成绩单打印	单击"打印"按钮	调用打印
步骤及操作	操作完毕，显示成绩单、提示信息	
允许偏差	不允许有任何偏差	

进度：略。

测试资料：需求规格说明书，概要设计说明书，详细设计说明书，用户操作手册。

测试5

名称：课程信息管理测试。

目的：测试课程信息操作功能。

内容：课程信息显示，课程查询，添加课程，编辑课程，删除课程。

条件：无。

课程表如表15.8所示。

表15.8　课程表

ID	课程编号	课程名称	所属专业	任课教师	所属学期
1	101	网络工程	软件工程	张洪	2005—2006 春
上课周数	上课天数	上课节次	上课节数	学生数	上课校区	上课教学楼	上课教室
1～18 周	1	3	3	100	北二区	教学楼	501

测试用例如表15.9所示。

表15.9　课程信息管理测试用例表

	输　入	输　出
测试用例1：课程添加、更新		必填项不能为空
测试用例2：课程添加、更新	102、软件工程、软件工程、……	操作成功

续表

	输　　入	输　　出
测试用例 3：课程删除	选中课程列表前的复选框，单击"删除"按钮	是否要删除××
测试用例 4：课程删除	确认删除单击"确定"按钮	返回课程列表，删除成功
测试用例 5：课程查询	103	没有此记录
测试用例 6：课程查询	102/软件工程/软件工程/……	返回课程列表
测试用例 7：课程查询	单击"相应查看"按钮	显示课程信息
步骤及操作	操作完毕，显示课程列表、课程信息、提示信息	
允许偏差	不允许有任何偏差	

　　测试资料：需求规格说明书，概要设计说明书，详细设计说明书，用户操作手册。

　　测试 6

　　名称：课程用书管理测试。

　　目的：课程用书操作功能。

　　内容：课程用书信息显示，添加课程用书，编辑课程用书，删除课程用书。

　　条件：课程用书表如表 15.10 所示。

表 15.10　课程用书表

ISBN	书　　名	编　　著	出　版　社	所属课程
7-115-14152-5	JSP 程序设计	Vivek Chopra	人民邮电出版社	网络工程

　　测试用例如表 15.11 所示。

表 15.11　课程用书管理测试用例表

	输　　入	输　　出
测试用例 1：课程用书添加、更新		必填项不能为空
测试用例 2：课程用书添加、更新	7-121-00402-x，软件工程实用教程、冉哲、……	操作成功
测试用例 3：课程用书删除	选中课程用书列表前的复选框，单击"删除"按钮	是否要删除××
测试用例 4：课程用书删除	确认删除单击"确定"按钮	返回课程用书列表，删除成功
测试用例 5：课程用书查询	7-302-03009-x	没有此记录
测试用例 6：课程用书查询	7-121-00402-x /软件工程实用教程/冉哲/……	返回课程用书列表
测试用例 7：课程用书查询	单击"相应查看"按钮	显示课程用书信息
步骤及操作	操作完毕，显示课程用书列表、课程用书信息、提示信息	
允许偏差	不允许有任何偏差	

　　进度：略。

　　测试资料：需求规格说明书，概要设计说明书，详细设计说明书，用户操作手册。

测试 7

名称：公告管理测试。

目的：公告功能。

内容：公告显示，添加公告，编辑公告，删除公告。

条件：测试用例如表 15.12 所示。

表 15.12 公告管理测试用例表

	输　　入	输　　出
测试用例 1：公告添加、更新		必填项不能为空
测试用例 2：公告添加、更新	计算机公共课重修说明、因计算机公共课方案修改，04～06 级有部分同学需要重修，现将重修安排如下……	操作成功
测试用例 3：公告删除	选中公告列表前的复选框，单击"删除"按钮	是否要删除××
测试用例 4：公告删除	确认删除单击"确定"按钮	返回公告列表，删除成功
测试用例 5：公告查询	单击"公告管理"按钮	显示公告列表
测试用例 6：公告查询	单击"相应查看"按钮	显示公告信息
步骤及操作	操作完毕，显示公告列表、公告信息、提示信息	
允许偏差	不允许有任何偏差	

进度：略。

测试资料：需求规格说明书，概要设计说明书，详细设计说明书，用户操作手册。

15.3 评价

1．范　围

此测试计划说明书中的测试用例能基本上包括所有的情况，基本上能反映此软件是否存在错误。

2．准　则

以能发现错误为准则。

3．测试报告

1）测试结果

测试结果体现在以下几个方面。

（1）系统登录测试结果如表 15.13 所示。

表 15.13　系统登录测试结果

测试项目	测试目的	输　　入	预期测试结果	实际测试结果
登录测试	用户名密码用户类别提交、合理性检查、合法性检查,用户名密码用户类别校验,错误提示信息	空,空	用户名或密码不能为空	同预期测试结果
		1051000297,123	用户名或密码错误,请您重新登录	同预期测试结果
		123,1051000297	用户名或密码错误,请您重新登录	同预期测试结果
		1051000297,1051000297	跳转到学生主界面	同预期测试结果
		1051000295,123	跳转到任课教师主界面	同预期测试结果
		1051000298,888888	跳转到主管教师主界面	同预期测试结果

（2）密码修改测试结果如表 15.14 所示。

表 15.14　密码修改测试结果

测试项目	测试目的	输　　入	预期测试结果	实际测试结果
密码修改测试	密码修改显示控制,原密码新密码及确认新密码提交、合理性检查、合法性检查,原密码校验,数据库新密码更新	空,空,空	原密码不能为空	同预期测试结果
		1051000297	新密码不能为空	同预期测试结果
		1051000297,1051000297	确认新密码不能为空	同预期测试结果
		123,123,123	原密码不正确,请您重新输入	同预期测试结果
		1051000297,123,111	您两次输入的新密码不一致,请您重新输入	同预期测试结果
		1051000297,123,123	操作成功	同预期测试结果

（3）学生个人基本信息管理测试结果如表 15.15 所示。

表 15.15　学生个人基本信息管理测试结果

测试项目	测试目的	输　　入	测试操作	预期测试结果	实际测试结果
学生个人基本信息管理测试	学生个人基本信息显示,学生查询,添加学生,编辑学生个人基本信息	全为空	添加、更新	必填项不能为空	同预期测试结果
		1051000297,张晓坤	添加、更新	此记录已存在	同预期测试结果
		1051000295,张晓坤	添加、更新	操作成功	同预期测试结果
		选择学生列表前的选框,单击"删除"按钮	删除	是否要删除××	同预期测试结果
		确认删除单击"确认"按钮	删除	返回学生列表,删除成功	返回后,学生列表没有进行更新
		选中学生列表前的复选框,单击"备份"按钮	备份	是否要备份××,备份后将删除相关记录	同预期测试结果
		确认备份单击"确认"按钮	备份	操作成功	同预期测试结果
		1051000298	查询	没有此记录	同预期测试结果
		1051000297/软件工程/2005/空	查询	返回学生列表	同预期测试结果
		单击"相应查看"按钮	查询	显示学生基本信息	同预期测试结果

（4）学生成绩管理测试结果如表 15.16 所示。

表 15.16　学生成绩管理测试结果

测试项目	测试目的	输　入	测试操作	预期测试结果	实际测试结果
学生成绩管理测试	学生个人成绩显示，课程成绩显示，成绩录入，成绩修改，学生个人成绩备份，学生个人成绩打印，课程成绩打印	空	添加、修改	必填项不能为空	同预期测试结果
		120	添加、修改	输入非法	同预期测试结果
		88	添加、修改	操作成功	同预期测试结果
		单击"查看"按钮	查询	显示成绩单	同预期测试结果
		单击"备份"按钮	备份	是否要备份××，备份后将删除相关记录	同预期测试结果
		确认备份，单击"确认"按钮	备份	操作成功	同预期测试结果
		单击"打印"按钮	打印	生成成绩单（可打印）	同预期测试结果
		单击"打印"按钮	打印	调用打印	同预期测试结果

注意：成绩录入界面不易使用，需改进。

（5）课程信息管理测试结果如表 15.17 所示。

表 15.17　课程信息管理测试结果

测试项目	测试目的	输　入	测试操作	预期测试结果	实际测试结果
课程信息管理测试	课程信息显示，课程查询，添加课程，编辑课程，删除课程	全空	添加、更新	必填项不能为空	同预期测试结果
		102、软件工程、软件工程	添加、更新	操作成功	同预期测试结果
		选中课程列表前的复选框，单击"删除"按钮	删除	是否要删除××	同预期测试结果
		确认删除单击"确定"按钮	删除	返回课程列表，删除成功	返回后，课程列表没有进行更新
		103	查询	没有此记录	同预期测试结果
		102/软件工程/软件工程	查询	返回课程列表	同预期测试结果
		单击"相应查看"按钮	查询	显示课程信息	同预期测试结果

（6）课程用书管理测试如表 15.18 所示。

表 15.18　课程用书管理测试结果

测试项目	测试目的	输　入	测试操作	预期测试结果	实际测试结果
课程用书管理测试	课程用书信息显示，添加课程用书，编辑课程用书，删除课程用书	全空	添加、更新	必填项不能为空	同预期测试结果
		7-121-00402-x、软件工程实用教程、冉哲	添加、更新	操作成功	同预期测试结果
		选中课程用书列表前的复选框，单击删除	删除	是否要删除××	同预期测试结果
		确认删除，单击"确定"按钮	删除	返回课程用书列表，删除成功	返回后，课程用书列表没有进行更新
		7-302-03009-x	查询	没有此记录	同预期测试结果
		7-121-00402-x /软件工程实用教程/冉哲	查询	返回课程用书列表	同预期测试结果
		单击"相应查看"按钮	查询	显示课程用书信息	同预期测试结果

（7）公告管理测试结果如表 15.19 所示。

表 15.19　公告管理测试结果

测试项目	测试目的	输　入	测试操作	预期测试结果	实际测试结果
公告管理测试	公告显示，添加公告，编辑公告，删除公告	全空	添加、更新	必填项不能为空	同预期测试结果
		计算机公共课重修说明、因计算机公共课方案修改，04～06 级有部分同学需要重修，现将重修安排描述如下	删除	操作成功	同预期测试结果
		选中公告列表前的复选框，单击"删除"按钮	删除	是否要删除××	同预期测试结果
		确认删除，单击"确定"按钮	删除	返回公告列表，删除成功	返回后，公告列表没有进行更新
		单击"公告管理"按钮	查询	显示公告列表	同预期测试结果
		单击"相应查看"按钮	查询	显示公告信息	同预期测试结果

2）文档检查

文档检查结果如表 15.20 所示。

表 15.20　文档检查结果

测　试　项　目		标　准　要　求	测试结果	备注
文档检查	完整性	应提供测试所需的文档，且文档中必须包含规定信息（系统基本信息、功能说明等）	通过	
	正确性	文档中的所有信息应是正确的，不能有歧义和错误的表达	通过	
	一致性	文档的内容相互之间不能有矛盾，每个属性的含义保持一致	通过	
	易理解性	文档对于正常使用的一般用户应是易理解的	通过	
	易浏览性	文档易于浏览，以使关系明确，每个文档应有目录和索引表	通过	

3）功能性测试评价

功能性测试评价结果如表 15.21 所示。

表 15.21　功能性测试评价结果表

测　试　项　目		标　准　要　求	测试结果	备注
功能性	功能表现	文档中提到的所有功能应能执行	通过	
	正确性	程序和数据应与文档中的说明相对应	通过	
	一致性	程序和数据本身不能自相矛盾，也不能同文档中的说明相矛盾，由用户行使的程序操作控制和程序行为应有一致的结构	通过	

4）非功能性评价

非功能性评价测试结果如表 15.22 所示。

表 15.22 非功能性评价测试结果

测 试 项 目		标 准 要 求	测试结果	备注
可靠性	容错性	错误发生时,系统应有提示,并能恢复到正常状态	通过	
	安全保密性	对不同用户所设置的权限设置,应能正常实现	通过	
	运行稳定性	测试期间,系统不应陷入用户无法控制的状态,既不应崩溃,也不应丢失数据	通过	
易用性	易理解性	程序的问题、消息和结果应是易理解的,出错消息应提供解释相应出错产生的原因和纠正措施的详细信息	通过	
	易浏览性	程序使用时,应能够辨别正在被执行的功能,并且应以易观察、易读的形式向用户提供信息,符合程序消息的设计规范,符合屏幕输入格式、表格和其他输入输出的设计规范	通过	
	可操作性	具有验证后果的功能执行应是可逆的,或者程序应给出该后果的明显警告,并且在执行命令前要求确认	通过	
效率	时间特性	在规定条件下,程序执行其功能时,应提供适当的响应和处理时间以及吞吐率	通过	
	资源特性	在规定条件下,程序执行其功能时,应使用合适的资料数量和工作时间	通过	
数据打印		可打印输出用户所需要的表格,具备浏览、打印功能	通过	

5）单元测试结果统计

单元测试结果统计如表 15.23 所示。

表 15.23 单元测试结果统计表

项目名称		成人教务管理系统		项目简码		AEMS	
测试类别		确认测试					
测试用例统计							
测试结果		通过				47	
		不通过				3	
		总计				50	
测试问题统计							
自动生成数据	问题严重性		问题类型		问题状态		
	致命	0	程序逻辑	2	已修复	0	
	死机	0	接口处理	0	重复提交	0	
	功能问题(高中低)	2	数据定义	0	不修改	0	
	界面问题	1	计算	0	不重视	0	
	建议	3	需求	0	无法修改	0	
			设计	1	暂不修改	0	
			其他	0	不是缺陷	0	

6）测试评价

成人教务管理系统的测试评价结果如表 15.24 所示。

表 15.24　测试评价结果表

测试时间	2007.12	
测试人员	4 人	
测试工作量	共 4 人日 其中	
	制定测试计划	1 人日
	编写测试用例	1 人日
	单元测试	4 人日
	集成测试	4 人日
	系统测试	4 人日
实际测试环境	Windows XP Professional SP2	
测试总结	系统通过确认测试,功能符合需求规格说明书的规定,且系统稳定	
测试改进建议	进一步加强对过程的管理和对工具的选择	

第16章

图书管理系统

16.1 软件测试计划

16.1.1 引言

1. 编写目的

根据《需求分析报告》，在仔细考虑并讨论之后，又对"图书管理系统"软件的功能划分、数据结构、软件总体结构有了进一步的认识。软件测试计划报告是为"图书管理系统"运行的健壮性、可靠性提供依据，其预期读者是从事"图书管理系统"开发及测试的相关人员。

2. 项目背景

本项目的名称：图书信息管理系统。
本项目的使用者：读者、图书信息管理员。

3. 定义

黑盒测试：黑盒测试也称功能测试，它是通过测试来检测每个功能是否都能正常使用。在测试中，把程序看作一个不能打开的黑盒子，在完全不考虑程序内部结构和内部特性的情况下，在程序接口进行测试，它只检查程序功能是否能按照需求规格说明书的规定正常使用，程序是否能适当地接收输入数据而产生正确的输出信息。黑盒测试着眼于程序外部结构，不考虑内部逻辑结构，主要针对软件界面和软件功能进行测试。

白盒测试：白盒测试也称结构测试或逻辑驱动测试，它是按照程序内部的结构测试程序，通过测试来检测产品内部动作是否能按照设计规格说明书的规定正常进行，检验程序中的每条通路是否都能按预定要求正确工作。这一方法是把测试对象看作一个打开的盒子，测试人员依据程序内部逻辑结构等相关信息，设计或选择测试用例，对程序所有逻辑路径进行测试，通过在不同点检查程序的状态，确定实际的状态是否与预期的状态一致。

16.1.2 任务概述

1. 目标

软件测试计划的目标是详细描述对图书馆管理系统进行系统测试的测试过程。软件测试计划所测试的功能均来自于需求文档：图书馆管理系统需求规格说明书。

2. 运行环境

软件环境：略；

操作系统：必须为 Windows 系列操作系统；

浏览器：IE 浏览器；

硬件环境：CPU 在 1GHz 以上；至少 256MB 内存。

3. 条件与限制

一个更为完善的图书管理系统应提供更为便捷与强大的信息查询功能，如相应的网络操作及服务，由于开发时间和计算机数量有限，该系统并未提供这一功能。对信息的保护手段仅限于设置用户级别，以及提供数据文件的备份，比较简单，不能防止恶意的破坏，安全性能有待进一步完善。

4. 功能

软件需具有如下主要功能：

(1) 能够存储一定数量的图书信息，并方便、有效地进行相应的书籍数据操作和管理。

(2) 能够对一定数量的读者进行相应的信息存储与管理。

(3) 需要长期保存在数据库的数据有图书信息、读者信息、借阅信息和账号信息。

(4) 系统用户管理。

16.1.3 计划

1. 测试方案

测试方案采用黑盒测试方法，整个过程采用自底向上、逐个集成的办法，依次进行单元测试和组装测试，测试用例的设计应包括合理的和不合理的输入条件。

2. 测试项目

测试 1

名称：出错测试。

目的：测试出借功能。

内容：读者证号输入、合理性检查、合法性检查，借书对话框显示控制，图书书号提交、合理性检查、合法性检查，借书登记。

进度：半天。

测试 2

名称：还书测试。

目的：测试还书功能。

内容：还书对话框显示控制，图书书号提交、合理性检查、合法性检查、还书登记。

进度：半天。

测试 3

名称：系统操作登录测试。

目的：测试系统操作界面。

内容：账号口令输入、合理性检查、合法性检查，系统操作界面显示控制。

进度：半天。

测试 4

名称：更改口令测试。

目的：测试更改当前系统操作员口令功能。

内容：原有口令输入、合理性检查、合法性检查，新口令输入、合理性检查，更新口令。

进度：半天。

测试 5

名称：图书库管理测试。

目的：测试图书库操作功能。

内容：图书库管理界面显示控制，图书库浏览，增加图书记录，删除图书记录，编辑图书记录。

进度：半天。

测试 6

名称：读者库管理测试。

目的：测试读者库操作功能。

内容：读者库管理界面显示控制，读者库浏览，增加读者记录，删除读者记录，编辑读者记录。

进度：半天。

测试 7

名称：图书查询测试。

目的：测试图书查询功能。

内容：图书查询对话框显示控制，输入数据合理性检验、提交，图书查询结果显示。

进度：半天。

3．测试准备

编写相应的驱动模块，并精心设计测试用例。

4．测试机构

测试小组：略；

测试人员：略；

职责：找出程序中的错误。

16.1.4　测试项目说明

测试 1

名称：出错测试。

目的：测试出借功能。

内容：读者证号输入、合理性检查、合法性检查，借书对话框显示控制，图书书号提交、合理性检查、合法性检查，借书登记。表 16.1 为读者表、表 16.2 为图书表、表 16.3 为借书记录表、表 16.4 为测试用例。

条件：无

表 16.1　读者表

读 者 号	读者姓名	读者地址	读者电话	读者邮箱
200101	One	Address1	3012	h@sohu.com
200102	Two	Address2	3014	A@sohu.com
200103	three	Address3	3013	B@sohu.com

表 16.2　图书表

图书编号	图书书名	图书作者	图书出版社	图书单价	图书状态
1	数字通信	章三	邮电版	24	1
2	数据库	李斯	高教版	35	1
3	随机过程	王武	电子版	13	1
4	计算机网络	刘柳	清华版	50	1
5	信息论	吴启	邮电版	25	2
6	电磁场	陈霸	电子版	24	1
7	排队论	田玫	电子版	14	2
8	光纤通信	顾释	邮电版	42	2
9	移动通信	林毅	西电版	20	2
10	数据结构	尹珥	清华版	30	2
11	全光网	黄鲁	邮电版	40	2
12	英语四级	胡娟	外研版	35	2

表 16.3　借书记录表

图 书 编 号	读 者 号	借 书 日 期
6	200101	2005.1.6
7	200101	2005.3.6
8	200101	2005.3.6
9	200102	2005.3.7
10	200102	2005.3.7
11	200103	2005.3.8
12	200103	2005.3.8

表 16.4　测试用例

测试用例	输　入	输　出
1	200104,1	该读者证号不存在
2	200101,1	已借图书 3 本,达到最大限度
3	200102,1	借阅成功
4	200102,2	借阅成功
5	200102,3	借阅成功
6	200102,15	该图书不存在或不在库
7	200102,4	借阅成功
8	200102,5	该图书不存在或不在库
9	200103,14	已借图书 3 本,达到最大限度
10	D	读者号不合法

步骤及操作：操作完毕,打开图书信息库直接查看结果。

允许偏差：不允许有任何偏差。

进度：半天。

测试资料：需求分析报告,系统分析设计报告。

测试 2

名称：还书测试。

目的：测试还书功能。

内容：还书对话框显示控制,图书书号提交、合理性检查、合法性检查,还书登记。
表 16.5 所示为测试用例。

条件：借书测试之后。

表 16.5　测试用例

测试用例	输　入	输　出
1	1(图书书号)	提示还书成功
2	5(图书书号)	提示图书超期
3	3(图书书号)	提示还书成功
4	3(图书书号)	该记录不存在
5	4(图书书号)	提示还书成功
6	4(图书书号)	该记录不存在
7	6(图书书号)	提示还书成功
8	7(图书书号)	提示还书成功
9	8(图书书号)	提示还书成功
10	A(图书书号)	不合理的书号
11	9(图书书号)	提示还书成功
12	10(图书书号)	提示还书成功

步骤及操作：操作完毕,打开图书信息库直接查看结果。

允许偏差：不允许有任何偏差。

进度：半天。

测试资料：需求分析报告,系统分析设计报告。

测试 3

名称：系统操作登录测试。

目的：测试系统操作界面。

内容：账号口令输入、合理性检查、合法性检查，系统操作界面显示控制。表 16.6 所示为系统操作员表，表 16.7 所示为测试用例表。

条件：系统操作员表。

表 16.6　系统操作员表

管理员名称	管理员密码
管理员 1	2001
管理员 2	2002
管理员 3	2003
管理员 4	2004
管理员 5	2005
管理员 6	2006
管理员 7	2007
管理员 8	2008

表 16.7　测试用例

测试用例	输　入	输　出
1	管理员 1,2001	登录成功,跳转到主页面
2	管理员 2,2001	非法的账号或口令
3	管理员 3,2003	登录成功,跳转到主页面
4	管理员 99,2003	非法的账号或口令
5	@@@@,2007	不合理的输入
6	管理员 7,2007	登录成功,跳转到主页面

步骤及操作：操作完毕，打开图书信息库直接查看结果。

允许偏差：不允许有任何偏差。

进度：半天。

测试资料：需求分析报告，系统分析设计报告。

测试 4

名称：更改口令测试。

目的：测试更改当前系统操作员口令功能。

内容：原有口令输入、合理性检查、合法性检查，新口令输入、合理性检查，更新口令。表 16.8 所示为测试用例。

条件：系统操作员表。

表 16.8　测试用例

测试用例	输　入	输　出
1	2020,2020	口令更改成功
2	2222,2221	两次输入的密码不一致

步骤及操作：操作完毕，打开图书信息库直接查看结果。

允许偏差：不允许有任何偏差。

进度：半天。

测试资料：需求分析报告，系统分析设计报告。

测试5

名称：图书库管理测试。

目的：测试图书库操作功能。

内容：图书库管理界面显示控制，图书库浏览，增加图书记录，删除图书记录，编辑图书记录。表16.9所示为测试用例。

条件：前面的图书表。

表 16.9　测试用例

	输　　入	输　　出
测试用例1图书添加	19(图书编号)，组成原理(图书名称)，王侯(图书作者)，清华版(图书出版社)，24(图书单价)，计算机组成及原理(图书摘要)，A(图书分类)	图书添加成功
测试用例2图书添加	1(图书编号)，组成原理(图书名称)，王飞(图书作者)，清华版(图书出版社)，24(图书单价)，计算机组成及原理(图书摘要)，A(图书分类)	图书编号已存在
测试用例3图书添加	空(图书编号)，组成原理(图书名称)，王飞(图书作者)，清华版(图书出版社)，24(图书单价)，计算机组成及原理(图书摘要)，A(图书分类)	图书编号为必填项
测试用例4图书添加	1(图书编号)，空(图书名称)，王飞(图书作者)，清华版(图书出版社)，24(图书单价)，计算机组成及原理(图书摘要)，A(图书分类)	图书书名为必填项
测试用例5图书添加	Kkk(图书编号)，空(图书名称)，王飞(图书作者)，清华版(图书出版社)，24(图书单价)，计算机组成及原理(图书摘要)，A(图书分类)	图书编号输入不合理
测试用例6图书添加	1(图书编号)，组成原理(图书名称)，空(图书作者)，清华版(图书出版社)，24(图书单价)，计算机组成及原理(图书摘要)，A(图书分类)	图书作者为必填项
测试用例7图书添加	1(图书编号)，组成原理(图书名称)，王飞(图书作者)，空(图书出版社)，24(图书单价)，计算机组成及原理(图书摘要)，A(图书分类)	图书出版社为必填项
测试用例8图书添加	1(图书编号)，组成原理(图书名称)，王飞(图书作者)，清华版(图书出版社)，空(图书单价)，计算机组成及原理(图书摘要)，A(图书分类)	图书单价为必填项
测试用例9图书添加	1(图书编号)，组成原理(图书名称)，王飞(图书作者)，清华版(图书出版社)，24(图书单价)，空(图书摘要)，A(图书分类)	图书编号已存在

	输　　入	输　出
测试用例 10 图书添加	1(图书编号),组成原理(图书名称),王飞(图书作者),清华版(图书出版社),24(图书单价),计算机组成及原理(图书摘要),空(图书分类)	图书分类已存在
测试用例 11 图书添加	1(图书编号),组成原理(图书名称),王飞(图书作者),清华版(图书出版社),24(图书单价),空(图书摘要),A(图书分类)	图书编号已存在
测试用例 12 图书添加	20(图书编号),组成原理(图书名称),王侯(图书作者),清华版(图书出版社),24(图书单价),空(图书摘要),A(图书分类)	图书添加成功
测试用例 13 图书删除	选择图书信息列表前的复选框,单击"删除"按钮	弹出"删除确认"对话框
测试用例 14 图书更新	选择图书信息列表前的复选框,单击"更新"按钮	跳转到修改界面
测试用例 15 图书更新	在修改界面中输入修改的信息,把图书价格修改成 aaa	提示图书价格不合理
测试用例 16 图书更新	在修改界面中输入修改的信息,把图书价格修改成 24	提示修改成功

步骤及操作:操作完毕,打开图书信息库直接查看结果。

允许偏差:不允许有任何偏差。

进度:半天。

测试资料:需求分析报告,系统分析设计报告。

测试 6

名称:读者库管理测试。

目的:测试读者库操作功能。

内容:读者库管理界面显示控制,读者库浏览,增加读者记录,删除读者记录,编辑读者记录。如表 16.10 所示为测试用例。

条件:前面的读者表。

表 16.10　测试用例

	输　　入	输　出
测试用例 1 读者添加	200105(借书证号),李力(读者姓名),女生公寓 222(联系地址),010-222222(电话号码),www@.cc.cc(电子邮件)	读者添加成功
测试用例 2 读者添加	200101(借书证号),李力(读者姓名),女生公寓 222(联系地址),010-222222(电话号码),www@.cc.cc(电子邮件)	借阅证号已存在
测试用例 3 读者添加	空(借书证号),李力(读者姓名),女生公寓 222(联系地址),010-222222(电话号码),www@.cc.cc(电子邮件)	借阅证号为必填项
测试用例 4 读者添加	200101(借书证号),空(读者姓名),女生公寓 222(联系地址),010-222222(电话号码),www@.cc.cc(电子邮件)	读者姓名为必填项
测试用例 5 读者添加	AAA(借书证号),李力(读者姓名),女生公寓 222(联系地址),010-222222(电话号码),www@.cc.cc(电子邮件)	借阅证号输入不合理
测试用例 6 读者添加	200106(借书证号),李力(读者姓名),女生公寓 222(联系地址),010-222222(电话号码),www@.cc.cc(电子邮件)	读者添加成功

续表

	输　　入	输　　出
测试用例 7 读者添加	200106(借书证号),李力(读者姓名),女生公寓 222(联系地址),010-222222(电话号码),www.cc.cc(电子邮件)	电子邮件输入不合理
测试用例 8 读者添加	200106(借书证号),李力(读者姓名),女生公寓 222(联系地址),010-222222(电话号码),hello.cc.cc(电子邮件)	读者添加成功
测试用例 9 读者查询	200106(借书证号),单击"查看"按钮	返回图书编号为 200106 的读者信息
测试用例 10 读者查询	AAA(借书证号),单击"查看"按钮	借书证号输入不合理
测试用例 11 读者查询	40(借书证号),单击"查看"按钮	不存在该借书证号
测试用例 12 读者查询	200105(借书证号),单击"查看"按钮	返回图书编号为 200105 的读者信息
测试用例 13 读者删除	选择读者信息列表前的复选框,单击"删除"按钮	弹出"删除确认"对话框
测试用例 14 读者更新	选择读者信息列表前的复选框,单击"更新"按钮	跳转到修改界面
测试用例 15 读者更新	在修改界面中输入修改的信息,把读者邮件修改成 aaa	提示读者邮件不合理
测试用例 16 读者更新	在修改界面中输入修改的信息,把读者邮件修改成 aaa@hotmail.com	提示修改成功

步骤及操作:操作完毕,打开图书信息库直接查看结果。

允许偏差:不允许有任何偏差。

进度:半天。

测试资料:需求分析报告,系统分析设计报告。

测试 7

名称:图书查询测试。

目的:测试图书查询功能。

内容:图书查询对话框显示控制,输入数据合理性检验、提交,图书查询结果显示。表 16.11 所示为测试用例。

条件:图书表。

表 16.11　测试用例

	输　　入	输　　出
测试用例 1 图书查询	20(图书编号),单击"查看"按钮	返回图书编号为 20 的图书信息
测试用例 2 图书查询	AAA(图书编号),单击"查看"按钮	图书编号输入不合理
测试用例 3 图书查询	40(图书编号),单击"查看"按钮	不存在该图书
测试用例 4 图书查询	19(图书编号),单击"查看"按钮	返回图书编号为 19 的图书信息
测试用例 5 图书查询	计算机(图书编号),单击"查看"按钮	返回图书书名包含"计算机"的图书信息列表

步骤及操作：操作完毕，打开图书信息库直接查看结果。

允许偏差：不允许有任何偏差。

进度：半天。

测试资料：需求分析报告，系统分析设计报告。

16.2   软件测试分析报告

16.2.1   测试结果

测试结果如表 16.12～表 16.17 所示。

表 16.12   出借功能测试结果

测试项目	测试目的	测试输入	预期测试结果	实际测试结果
出错测试	读者证号输入，合理性检查、合法性检查，借书对话框显示控制，图书号提交、合法性检查	200104,1	报错："该读者证号不存在"停留在原界面	同预期测试结果
		200101,1	提示：已借图书 5 本，达到最大限度	同预期测试结果
		200102,1	借阅成功	同预期测试结果
		200102,2	借阅成功	同预期测试结果
		D	报错："该读者证号不存在"停留在原界面	同预期测试结果

表 16.13   还书功能测试结果

测试项目	测试目的	测试输入	预期测试结果	实际测试结果
还书测试	图书书号的合法性检查，还书登记	1(图书书号)	提示还书成功	同预期测试结果
		5(图书书号)	提示图书超期	同预期测试结果
		3(图书书号)	该记录不存在	同预期测试结果
		A(图书书号)	不合理的图书书号	同预期测试结果
		10(图书书号)	提示还书成功	同预期测试结果
		9(图书书号)	提示还书成功	同预期测试结果

表 16.14   系统登录功能测试结果

测试项目	测试目的	测试输入	预期测试结果	实际测试结果
系统操作登录	账号口令输入、合法性检查	管理员 1,2001	登录成功，跳转到主界面	同预期测试结果
		管理员 2,2001	非法的账号或口令	同预期测试结果
		管理员 99,2003	非法的账号或口令	同预期测试结果
		@@@@,2007	不正确的输入	同预期测试结果

表 16.15   系统登录功能测试结果

测试项目	测试目的	测试输入	预期测试结果	实际测试结果
更改口令	原有口令输入合法性检查，新口令合法性检查	2020,2020	口令更改成功	同预期测试结果
		2222,2221	两次输入的密码不一致	同预期测试结果

表 16.16　图书管理功能测试结果

测试项目	测试目的	测 试 输 入	预期测试结果	实际测试结果
图书库管理	图书库操作功能	19(图书编号),组成原理(图书书名),王侯(图书作者),清华版(图书出版社),24(图书单价),计算机组成及原理(图书摘要),A(图书分类)	图书添加成功	同预期测试结果
		1(图书编号),组成原理(图书书名),王飞(图书作者),清华版(图书出版社),24(图书单价),计算机组成及原理(图书摘要),A(图书分类)	图书编号已存在	同预期测试结果
		空(图书编号),组成原理(图书书名),王飞(图书作者),清华版(图书出版社),24(图书单价),计算机组成及原理(图书摘要),A(图书分类)	图书编号为必填项	同预期测试结果
		1(图书编号),空(图书书名),王飞(图书作者),清华版(图书出版社),24(图书单价),计算机组成及原理(图书摘要),A(图书分类)	图书书名为必填项	同预期测试结果
		kkk(图书编号),空(图书书名),王飞(图书作者),清华版(图书出版社),24(图书单价),计算机组成及原理(图书摘要),A(图书分类)	图书编号输入不合理	同预期测试结果
		1(图书编号),组成原理(图书书名),空(图书作者),清华版(图书出版社),24(图书单价),计算机组成及原理(图书摘要),A(图书分类)	图书作者为必填项	同预期测试结果
		1(图书编号),空(图书书名),王飞(图书作者),空(图书出版社),24(图书单价),计算机组成及原理(图书摘要),A(图书分类)	图书书名为必填项	同预期测试结果
		1(图书编号),组成原理(图书书名),王飞(图书作者),清华版(图书出版社),空(图书单价),计算机组成及原理(图书摘要),A(图书分类)	图书单价为必填项	同预期测试结果
		1(图书编号),组成原理(图书书名),王飞(图书作者),清华版(图书出版社),24(图书单价),空(图书摘要),A(图书分类)	图书分类已存在	同预期测试结果
		1(图书编号),组成原理(图书书名),王侯(图书作者),清华版(图书出版社),24(图书单价),计算机组成及原理(图书摘要),A(图书分类)	图书编号已存在	同预期测试结果
		20(图书编号),组成原理(图书书名),王侯(图书作者),清华版(图书出版社),24(图书单价),空(图书摘要),A(图书分类)	图书添加成功	同预期测试结果
		选择图书信息列表前的选框,单击"删除"按钮	弹出"删除确认"对话框	同预期测试结果
		选择图书信息列表前的选框,单击"更新"按钮	跳转到修改界面	同预期测试结果
		在修改界面中输入修改的信息,把图书价格修改成 aaa	提示图书价格不合法	同预期测试结果
		在修改界面中输入修改的信息,把图书价格修改成 24	提示修改成功	

表 16.17　读者库管理功能测试结果

测试项目	测试目的	测 试 输 入	预期测试结果	实际测试结果
读者库管理	读者信息管理	200105(借书证号),李力(读者姓名),女生公寓222(联系地址),010-222222(电话号码),www@.cc.cc(电子邮件)	读者添加成功	同预期测试结果
		200101(借书证号),李力(读者姓名),女生公寓222(联系地址),010-222222(电话号码),www@.cc.cc(电子邮件)	借阅证号已存在,返回初始界面	没有返回初始界面
		空(借书证号),李力(读者姓名),首都师范大学女生公寓222(联系地址),010-222222(电话号码),www@.cc.cc(电子邮件)	借阅证号为必填项	同预期测试结果
		空(借书证号),李力(读者姓名),女生公寓222(联系地址),010-222222(电话号码),www@cc.cc(电子邮件)	借阅证号为必填项	同预期测试结果
		200101(借书证号),空(读者姓名),女生公寓222(联系地址),010-222222(电话号码),www@.cc.cc(电子邮件)	读者姓名为必填项	同预期测试结果
		AAAA(借书证号),李力(读者姓名),女生公寓222(联系地址),010-222222(电话号码),www@.cc.cc(电子邮件)	借阅证号输入不合法	同预期测试结果
		200106(借书证号),李力(读者姓名),女生公寓222(联系地址),010-222222(电话号码),www@.cc.cc(电子邮件)	读者添加成功	同预期测试结果
		200106(借书证号),李力(读者姓名),女生公寓222(联系地址),010-222222(电话号码),www.cc.cc(电子邮件)	电子邮件输入不合法	同预期测试结果
		200106(借书证号),李力(读者姓名),女生公寓222(联系地址),010-222222(电话号码),HELLO@.cc.cc(电子邮件)	读者添加成功	同预期测试结果
		200106(借书证号),单击"查看"按钮	返回图书编号为200106的读者信息	同预期测试结果
		AAA(借书证号),单击"查看"按钮	借书证号输入不合法	同预期测试结果
		40(借书证号),单击"查看"按钮	不存在该借书证号	同预期测试结果
		200105(借书证号),单击"查看"按钮	返回图书编号为200105的读者信息	同预期测试结果
		选择读者信息列表前的选框,单击"删除"按钮	弹出"删除确认"对话框	同预期测试结果
		选择读者信息列表前的对话框,单击"更新"按钮	跳转到修改界面	同预期测试结果

续表

测试项目	测试目的	测 试 输 入	预期测试结果	实际测试结果
读者库管理	读者信息管理	在修改界面中输入修改的信息,把读者邮件修改成 aaa	提示读者邮件不合理	同预期测试结果
		20(图书编号),单击"查看"按钮	返回图书编号为 20 的图书信息	没有返回初始界面
		AAA(图书编号),单击"查看"按钮	图书编号输入不合理	同预期测试结果
		40(图书编号),单击"查看"按钮	不存在该图书	同预期测试结果
		19(图书编号),单击"查看"按钮	返回图书编号为 19 的图书信息	同预期测试结果
		计算机(图书书名),单击"查看"按钮	返回图书书名包含计算机的图书信息列表	同预期测试结果

16.2.2 文档检查

文档检查结果如表 16.18 所示。

表 16.18 文档检查结果

项 目	标 准 要 求	结 果	备 注
完整性	应提供测试所需的文档	通过	
正确性	文档中的所有信息应是正确的,不能有歧义和错误的表达	通过	
一致性	文档的内容相互之间不能矛盾,含义要保持一致	通过	
易理解性	文档对于正常使用的一般用户应是易理解的	通过	
易浏览性	文档易于浏览,以使关系明确,每个文档应有目录和索引表	通过	

16.2.3 功能性测试定性评价

功能性测试定性评价结果如表 16.19 所示。

表 16.19 功能性测试定性评价结果

项 目	标 准 要 求	结 果	备 注
功能表现	文档中提到的所有功能应能执行	通过	
正确性	程序和数据应与文档中的说明相对应	通过	
一致性	程序和数据本身不能自相矛盾,也不能同文档中的说明矛盾,由用户行使的程序操作控制和程序行为应有一致的结构	通过	

16.2.4 非功能性评价

非功能性评价结果如表 16.20 所示。

表 16.20 非功能性评价结果

项　目	标　准　要　求	结　果	备　注
容错性	错误发生时,系统应有提示,并能恢复到正常	通过	
安全保密性	对不同用户所设置的权限设置,应能正常实现	通过	
运行稳定性	测试时期,系统不应陷入用户无法控制的状态,即不应丢失数据	通过	

第17章

人事档案管理系统

17.1 实验环境

1. 能够安装 JUnit 4.3 的计算机。
2. 开源测试软件 JUnit 4.3。

17.2 实验任务

（1）根据应用系统的功能要求及性能需求，采用以黑盒为主、白盒为辅的测试方法，检查"人事档案管理系统"各模块的输入、输出、系统性能等是否符合需求分析和系统设计的要求，检查系统对异常情况的处理能力。

（2）通过 JUnit 测试软件实现命令模式下的简单类测试和集成测试下的自动测试。

17.3 实验内容与步骤

1. 功能测试

根据"人事档案管理系统"的需求分析和设计上的要求，设计 10 个功能测试，具体如下：

（1）建立并维护员工基本信息的测试；

（2）建立并维护部门信息的测试；

（3）管理员工与部门之间对应关系的测试；

（4）员工统计功能的测试；

（5）部门统计功能的测试；

（6）关键词查询功能的测试；

（7）条件查询和模糊查询的测试；

（8）管理用户、密码功能的测试；

（9）数据报表功能的测试；

（10）系统基本信息维护的测试。

下面给出第(8)个功能测试用例的模板，其他测试用例类似，如表 17.1 所示。

表 17.1 测试用例模板

模块功能	Login	程序员	×××	日期时间	
用例编号	Login_1	相关用例	无	前提条件	无
功能	用户身份验证	测试用例	验证是否输入合法的数据,允许合法登录,阻止非法登录		
参考条件	无	测试数据	用户名:USERNAME;密码:password		
操作步骤	操作描述	数据	期望结果	实际结果	测试状态
1	输入用户名称,按"登录"按钮	用户名="user",密码为空	显示警告信息"请输入用户名和密码!"		
2	输入密码,按"登录"按钮	用户名为空,密码="1"	显示警告信息"请输入用户名和密码!"		
3	输入用户名和密码,按"登录"按钮	用户名="username",密码="2"	显示警告信息"请输入用户名和密码!"		
4	输入用户名和密码,按"登录"按钮	用户名="×××",密码="1"	显示警告信息"请输入用户名和密码!"		
5	输入用户名和密码,按"登录"按钮	用户名="username",密码="password"	进入系统主页面		
6	输入用户名和密码,按"登录"按钮	用户名="Admin",密码="admin"	进入系统管理页面		

2. 性能测试

根据"人事档案管理系统"的需求分析和设计上的要求,设计 4 个性能测试,如下:

(1) 检查数据约束条件的测试;

(2) 数据录入、修改、删除的测试;

(3) 数据查询的测试;

(4) 数据输出测试。

3. JUnit 类测试

在 JUnit 命令模式下,假设有一个类,具体如下:

```
public class Salary{
private int fAmount;                          //货币类型
public Salary( int amount, String currency){
fAmount = amount;
fCurrency = currency;
}
```

```
public int amount(){
    Return fAmount;
}
public String currency(){
return fCurrency;
}
public Salary add(Salary m){                          //加工资
return new Salary(amount() + m.amount(),currency());
}
public boolean equals(Object anObject){               //判断工资金额是否相等
if(anObject instanceof Money){
    Salary aSalary = (Money)anObject;
    Return aSalary.currency().equals(currency())
&&amount() == aSalary.amount();
}
Return false;
}
}
```

利用 TestCase 定义一个子类,在这个子类中生成一个被测试的对象,编写代码检测某个方法被调用后对象的状态与预期的状态是否一致,进而断言程序代码有没有 bug。

当测试这个子类中多个方法的实现代码时,可以先建立一个基本测试,让这些测试在同一个基本测试上运行,一方面可以减少每个测试的初始化,同时还可以测试这些不同方法之间的联系。

测试 Salary 的 Add 方法如下:

```
public class SalaryTest extends TestCase{              //TestCase 的子类
    public void testAdd(){                             //把测试代码放在 testAdd 中
    Salary m12CHF = new Money(12,"CHF");               //本行和下一行进行一些初始化
    Salary m14CHF = new Money(14,"CHF");
    Salary expected = new Money(26,"CHF");             //预期的结果
    Salary result = m12CHF.add(m14CHF);                //运行被测试的方法
    Assert.assertTrue(expected.equals(result));        //判断运行结果是否与预期的相同
}
}
```

测试 equals 方法用类似的方法,代码如下:

```
public class Salary Test extends TestCase{             //TestCase 的子类
    public void testEquals(){                          //把测试代码放在 testEquals 中
    Salary m12 CHF = new Money(12,"CHF");              //本行和下一行进行一些初始化
    Salary m14CHF = new Money(14,"CHF");
Assert.assertTrue(!m12CHF.equals(null));               //进行不同情况的测试
Assert.assertEquals(m12CHF,m12CHF);
Assert.assertEquals(m12CHF,new Salary(12,"CHF"));
Assert.assertTrue(!m12CHF.equals(m14CHF));
}
```

当要同时进行测试 Add 和 equals 方法时,可以将它们各自的初始化工作合并到一起进行,形成测试基础。用 setUp 初始化,用 tearDown 清除。如下:

```
public class Salary Test extends TestCase{              //TestCase 的子类
    private Salary f12CHF;                              //提取公用的对象
private Salary f14CHF;
    protected void setup(){                             //初始化公用对象
    f12CHF = new Salary(12,"CHF");
f14CHF = new Salary(14,"CHF");
}
public void testEquals(){                               //测试 equals 方法的正确性
Assert.assertTrue(!f12CHF.equals(null));
    Assert.assertEquals(f12CHF,f12CHF);
    Assert.assertEquals(f12CHF,new Salary(12,"CHF"));
    Assert.assertTrue(!f12CHF.equals(f14CHF));
    }
    public void testSimpleAdd(){                        //测试 add 方法的正确性
      Salary expected = new Salary(26,"CHF");
      Salary result = f12CHF.add(f14CHF);
    Assert.assertTrue(expected.equals(result));
    }
}
```

将以上 3 个中的任一个 TestCase 子类代码保存到名为 SalaryTest.java 的文件里,并在文件首行增加 import junit.framework.*,都是可以运行的。

4. 自动测试

在集成模式下,利用 TestSuite 可以将一个 TestCase 子类中所有 test***()方法包含进来一起运行,也可将 TestSuite 子类也包含进来,从而形成一种等级关系。可以把 TestSuite 视为一个容器,盛放 TestCase 中的 test***()方法,它自己也可以嵌套。这种体系架构非常类似于实际工作中程序一步步开发和一步步集成的做法。

对上面的例子,有代码如下:

```
public class SalaryTest extends TestCase{               //TestCase 的子类
…
  public static Test suite(){                           //静态 Test
    TestSuite suite = new TestSuite();                  //生成一个 TestSuite
    suite.addTest(new SalaryTest("testEquals"));        //加入测试方法
    suite.addTest(new SalaryTest("testSimpleAdd"));
    return suite;
    }
}
```

命令模式与集成模式的本质区别是:前者一次只运行一个测试,后者一次可以运行多个测试。

第18章

嵌入式软件系统——俄罗斯方块

18.1 项目简介

（1）测试方法：单元测试。

（2）子模块名称：排行榜。

（3）源代码：

```
private void _gameOver()                          //游戏结束
{
// Display game over.
string s = "您的得分为：";
string a1 = "";
char[] A = { };
int i = 1;
_blockSurface.FontStyle = new Font(FontFace, BigFont);  //设置基本格式
_blockSurface.FontFormat.Alignment = StringAlignment.Near;
_blockSurface.DisplayText = "GAME OVER!!";
string sc = Convert.ToString(_score);             //得到当前玩家的分数
//write into file;
string path = "D:\\test1.txt";                    //文件路径
try
{
FileStream fs = new FileStream(path, FileMode.OpenOrCreate, FileAccess.ReadWrite);
StreamReader strmreader = new StreamReader(fs);   //建立读文件流
String[] str = new String[5];
String[] split = new String[5];
while (strmreader.Peek()!= -1)                    //从文件中读取数据不为空时
{
for (i = 0; i < 5; i++)
{
str[i] = strmreader.ReadLine();                   //以行为单位进行读取,赋予数组 str[i]
split[i] = str[i].Split(': ')[1];                 //按照":"将文字分开,赋予数组 split[i]
}
}
person1 = Convert.ToInt32(split[0]);              // split[0]的值赋予第一名
person2 = Convert.ToInt32(split[1]);              // split[1]的值赋予第二名
person3 = Convert.ToInt32(split[2]);              // split[2]的值赋予第三名
```

```
person4 = Convert.ToInt32(split[3]);              // split[3]的值赋予第四名
person5 = Convert.ToInt32(split[4]);              // split[4]的值赋予第五名
strmreader.Close();                               //关闭流
fs.Close();
FileStream ffs = new FileStream(path, FileMode.OpenOrCreate, FileAccess.ReadWrite);
StreamWriter sw = new StreamWriter(ffs);          //建立写文件流
if (_score > person1) { person5 = person4; person4 = person3; person3 = person2; person2 =
person1; person1 = _score; }                      //如果当前分数大于第一名,排序
else if (_score > person2) {person5 = person4; person4 = person3; person3 = person2;person2 =
_score; }                                         //如果当前分数大于第二名,排序
//如果当前分数大于第三名,排序
else if (_score > person3) { person5 = person4; person4 = person3;person3 = _score; }
//如果当前分数大于第四名,排序
else if (_score > person4) { person5 = person4; person4 = _score; }
//如果当前分数大于第五名,排序
else if (_score > person5) { person5 = _score; }
    //在文件中的文件内容
string pp1 = "第一名: " + Convert.ToString(person1);
string pp2 = "第二名: " + Convert.ToString(person2);
string pp3 = "第三名: " + Convert.ToString(person3);
string pp4 = "第四名: " + Convert.ToString(person4);
string pp5 = "第五名: " + Convert.ToString(person5);
string ppR = pp1 + "\r\n" + pp2 + "\r\n" + pp3 + "\r\n" + pp4 + "\r\n" + pp5 + "\r\n";
byte[] info = new UTF8Encoding(true).GetBytes(ppR);
//将内容写入文件
sw.Write(ppR);
sw.Close();
ffs.Close();
}
catch (Exception ex)                              //异常处理
{
Console.WriteLine(ex.ToString());
}
s = s + " " + sc;
// Draw surface to display text.
//Draw();
MessageBox.Show(s);                               //在界面中显示排行榜内容
```

18.2 单元测试设计

18.2.1 静态测试: 代码走查

代码走查报告如表18.1所示。

表 18.1 代码走查报告

序号	项 目	发 现 的 问 题
1	程序结构	1. 有代码的结构清晰,具有良好的结构外观 2. 函数定义清晰 3. 结构设计能够满足机能变更 4. 整个函数组合合理 5. 所有主要的数据构造描述清楚、合理 6. 模块中所有的数据结构都定义为局部的 7. 为外部定义了良好的函数接口
2	函数组织	8. 函数都有一个标准的函数头声明 9. 函数组织:头,函数名,参数,函数体 10. 函数都能够在最多 2 页纸可以打印 11. 所有的变量声明每行只声明一个 12. 函数名小于 64 个字符
3	代码结构	13. 每行代码都小于 80 字符 14. 所有的变量名都小于 32 字符 15. 所有的行每行最多只有一句代码或一个表达式 16. 复杂的表达式具备可读性 17. 续行缩进 18. 括号在合适的位置 19. 注解在代码上方,注释的位置不太好
4	函数	20. 函数头清楚地描述函数和它的功能 21. 代码中几乎没有相关注解 22. 函数的名字清晰地定义了它的目标以及函数所做的事情 23. 函数的功能清晰定义 24. 函数高内聚只做一件事情,并做好 25. 参数遵循一个明显的顺序 26. 所有的参数都被调用 27. 函数的参数个数小于 7 个 28. 使用的算法说明清楚
5	数据类型与变量	29. 数据类型不存在数据类型解释 30. 数据结构简单以便降低复杂性 31. 每一种变量没有明确分配正确的长度、类型和存储空间 32. 每一个变量都初始化了,但并不是每一个变量都在接近使用它的地方才初始化 33. 每一个变量都在最开始的时候初始化 34. 变量的命名不能完全、明确地描述该变量代表什么 35. 命名不与标准库中的命名相冲突 36. 程序没有使用特别的、易误解的、发音相似的命名 37. 所有的变量都用到了

序号	项　　目	发　现　的　问　题
6	条件判断	38. 条件检查和结果在代码中清晰 39. if/else 使用正确 40. 普通的情况在 if 下处理而不是 else 41. 判断的次数降到最小 42. 判断的次数不大于 6 次,无嵌套的 if 链 43. 数字、字符、指针和 0/NULL/FLASE 判断明确 44. 所有的情况都考虑 45. 判断体足够短,以使得一次可以看清楚 46. 嵌套层次小于 3 次
7	循环	47. 循环体不为空 48. 循环之前做好初始化代码 49. 循环体能够一次看清楚 50. 代码中不存在无穷次循环 51. 循环的头部进行循环控制 52. 循环索引没有有意义的命名 53. 循环设计得很好,它只完成一件事情 54. 循环终止的条件清晰 55. 循环体内的循环变量起到指示作用 56. 循环嵌套的次数小于 3 次
8	输入输出	57. 所有文件的属性描述清楚 58. 所有 OPEN/CLOSE 调用描述清楚 59. 文件结束的条件进行检查 60. 显示的文本无拼写和语法错误
9	注释	61. 注释不清楚,主要的语句没有注释 62. 注释过于简单 63. 看到代码不一定能明确其意义

18.2.2　动态测试

（1）应用白盒测试基本路径覆盖法进行测试。

程序模块如图 18.1 所示。

第 1 步,画出流程图,如图 18.2 所示;

第 2 步,计算圈复杂度;

$V(G)=P+1=5+1=6$

第 3 步,导出独立路径;

路径 1：1-2-11

路径 2：1-3-4-11

路径 3：1-3-5-6-11

路径 4：1-3-5-7-8-11

路径 5：1-3-5-7-9-10-11

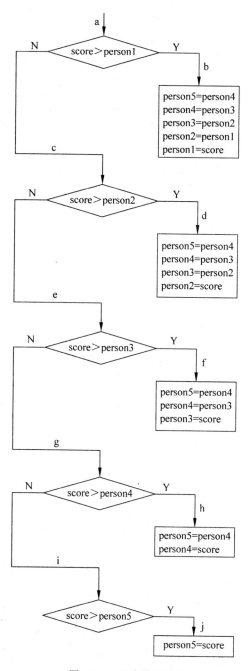

图 18.1 程序模块图

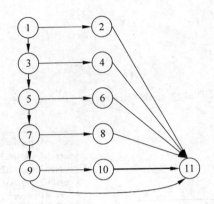

图 18.2　流程图

路径 6：1-3-5-7-9-11

第 4 步,设计测试用例(令 person1＝23,person2＝20,person3＝10,person4＝6, person5＝4),如表 18.2 所示。

表 18.2　测试用例

编号	输入数据	输 出 数 据					路径覆盖	判定覆盖
	score	person1	person2	person3	person4	person5		
1	24	24	23	20	10	6	1-2-11	T
2	21	23	21	20	10	6	1-3-4-11	FT
3	15	23	20	15	10	6	1-3-5-6-11	FFT
4	8	23	20	10	8	6	1-3-5-7-8-11	FFFT
5	5	23	20	10	6	5	1-3-5-7-9-10-11	FFFFT
6	0	23	20	10	6	4	1-3-5-7-9-11	FFFFF

(2) 黑盒测试(边界值法)。

由于输入的只会是数据,且数据均大于 0,因此令 person1＝23,person2＝20,person3＝ 10,person4＝6,person5＝4,采用边界值法设计测试用例如表 18.3 所示。

表 18.3　采用边界值法设计测试用例

序号	测试内容	测试数据	期 望 结 果
		score	
1	从大到小排序	23	person1＝23 person2＝23 person3＝20 person4＝10 person5＝6
2	从大到小排序	24	person1＝24 person2＝23 person3＝20 person4＝10 person5＝6
3	从大到小排序	4	person1＝23 person2＝20 person3＝10 person4＝6　person5＝4
4	从大到小排序	3	person1＝23 person2＝20 person3＝10 person4＝6　person5＝4

18.2.3　驱动模块

源代码如下:

```
import java.io.BufferedReader;
```

```java
import java.io.IOException;
import java.io.InputStreamReader;
/**
 *
 * @author WXR
 */
public class Main {
/**
 * @param args the command line arguments
 */
public static void main(String[] args) throws IOException {
// TODO code application logic here
int person1 = 23, person2 = 20, person3 = 10, person4 = 6, person5 = 4;
int score;
String s;
BufferedReader bf = new BufferedReader(new InputStreamReader(System.in));
s = bf.readLine();
score = Integer.valueOf(s);
if (score > person1) {person5 = person4; person4 = person3; person3 = person2; person2 =
person1; person1 = score;}
else if (score > person2) {person5 = person4; person4 = person3; person3 = person2; person2 =
score;}
else if (score > person3) {person5 = person4; person4 = person3; person3 = score;}
else if (score > person4) {person5 = person4; person4 = score;}
else if (score > person5) {person5 = score;}
System.out.println("第一名: " + person1 + "\n" + "第二名: " + person2 + "\n" + "第三名: " +
person3 + "\n" + "第四名: " + person4 + "\n" + "第五名: " + person5 + "\n");
}
}
```

18.2.4　单元测试的 Bug 列表

单元测试 Bug 列表如表 18.4 所示。

表 18.4　Bug 列表

编　　号	Bug
1	注释过于简单

附录 A

软件测试文档

A.1 概述

1. 软件测试文档的定义

软件测试文档就是为将软件测试当作一个项目一样实施计划和管理而引入的,它为测试项目的组织、规划和管理提供了一个规范化的架构。

2. 软件测试文档的内容

软件测试文档包括测试计划、测试用例、测试方案、测试报告、性能测试报告、用户操作手册等。测试文档中所规定的内容可以作为对测试过程完备性的对照检查表,有助于提高测试工程每个阶段的能见度,极大地提高了测试工作的可管理性。

为了统一测试文档的书写标准,IEEE/ANSI 制定了 829—1983 标准,还有其他的一些也用于指导软件测试文档的编写,如我国制定的《计算机软件测试文件百年之规范(GB/T 9386—1988)》。

3. 测试文档编写规范(GB/T 9386—1988)简介

1) 引用标准

该规范的引用标准为:GB/T 11457 软件工程术语、GB 8566 计算机软件开发规范、GB 8567 计算机软件产品开发文件编制指南。

2) 关键术语定义

设计层:软件项的设计分解(如系统、子系统、程序、模块)。

通过准则:一个软件项或软件特性的测试是否通过的判别依据。

软件特性:软件项的显著特性(如功能、性能或可移植性)。

软件项:源代码、目标代码、作业控制代码、控制数据或这些项的集合。

测试项:作为测试对象的软件项。

3) 规范的主要内容

该规范确定了各个测试文件的格式和内容,所提出的文件类型包括测试计划、测试说明和测试报告。

测试计划免除测试活动的范围、方法、资源和进度,它规定被测试的项、被测试的特性、应完成的测试任务、担任各项工作的人员职责及与本计划有关的风险等。

4．测试说明包括哪些内容

（1）测试设计说明：详细描述测试方法，规定该设计及其有关测试所包括的特性，还规定完成测试所需的测试用例和测试规程，并规定特性的通过准则。

（2）测试用例说明：列出用于输入的具体值以及预期的输出结果，并规定在使用具体测试用例时，对测试规程的各种限制。将测试用例与测试设计分开，可以使它们用于多个设计并能在其他情形下重复使用。

（3）测试规程说明：规定对于运行系统和执行指定的测试用例来实现有关测试设计所要求的所有步骤。

5．测试报告包括哪些内容

（1）测试项传递：指明在开发组和测试组独立工作的情况下或者在希望正式开始测试的情况下为进行测试而传递的测试项。

（2）测试日志：测试组用于记录测试执行过程中发生的情况。

（3）测试事件报告：描述在测试执行期间发生并需进一步调查的一切事件。

（4）测试总结报告：总结与测试设计说明有关的测试活动。

6．对规范的实施

使用该规范的每个单位，要规定测试阶段所应有的特性文件，并在测试计划中规定测试完成后所能提交的全部文件。

使用该规范的每个单位应该补充规定对内容的要求和约定，以便反映总结在测试、文件控制、配置管理和质量保证方面所用的特定方法和设备工具。以下是规范中的文件编制实施及使用指南：

1）实施指南

在实施测试文件编制的初始阶段可先编写测试计划于测试报告文件。测试计划将为整个测试过程提供基础。测试报告将鼓励测试单位以良好的方式记录整个测试过程的情况。

2）用法指南

在项目计划及单位标准中，指明在哪些测试活动中需要哪些测试文件，并可在文件中加入一些内容，使各个文件适应一个特定的测试项及一个特定的测试环境。

7．各个测试阶段的输出文档

（1）单元测试计划/设计/执行阶段，需要输出以下文档：

① 单元测试计划。

② 单元测试方案。

③ 单元测试用例。

④ 单元测试日报。

⑤ 单元测试报告。

(2) 集成测试计划/设计/执行阶段,需要输出以下文档:

① 集成测试计划。

② 集成测试方案。

③ 集成测试用例。

④ 集成测试日报。

⑤ 集成测试报告。

(3) 系统测试计划/设计/执行阶段,需要输出以下文档:

① 系统测试计划。

② 系统测试方案。

③ 系统测试用例。

④ 系统测试日报。

⑤ 系统测试报告。

8. 测试计划、测试方案、测试指导书的概念

(1) 测试计划:需要确定测试对象、测试组织、测试任务划分、测试失败/通过的标准、挂起恢复的条件、时间安排、资源安排、风险估计和应急计划等;

(2) 测试方案:侧重于规划测试活动的技术因素。如确定被测特性、测试组网、测试对象关系图、测试原理、测试操作流程、测试需求、工具的设计、测试用例的设计(只是说明用例的设计原则,具体的用例设计应该在用例文档指出)、测试数据的设计等;

(3) 测试指导书:指测试过程文档,用来定义测试过程中的阶段、活动、输入输出、角色职责、模板、工具等。

9. 测试计划与测试方案的区别

(1) 测试计划是组织层面的文档,从组织管理角度对一次测试活动进行规划测试方案是技术层面的文档。

(2) 测试计划:需要确定测试对象、测试组织、测试任务划分、测试失败/通过的标准、挂起恢复的条件、时间安排、资源安排、风险估计和应急计划等;

测试方案:明确策略,细化测试特性、测试用例的规划、测试环境的规划,自动化测试框架的设计、测试工具的设计和选择等。

(3) 测试计划考虑"做什么",测试方案考虑"怎么做"。

(4) 测试计划是对测试全过程的组织、资源、原则等进行规定和约束,并制订测试全过程各个阶段的任务以及时间进度安排,提出对各项任务的评估、风险分析和需求管理。

(5) 测试方案是描述需要测试的特性、测试的方法、测试环境的规划、测试工具的设计和选择、测试用例的设计方法、测试代码的设计方案。

(6) 测试计划是组织管理层面的文件,从组织管理的角度对一次测试活动进行规划。

(7) 测试方案是技术层面的文档,从技术的角度对一次测试活动进行规划。

(8) 测试计划要明确的内容。

① 明确测试组织的组织形式:测试组织和其他部门关系,责任划分;测试组织内的机构和责任安排。

② 明确测试的测试对象(明确测试项,用于后面划分任务、估计工作量等)。

③ 完成测试的需求跟踪。

④ 明确测试中需要遵守的原则:测试通过/失败标准,测试挂起和恢复的必要条件。

⑤ 明确测试工作任务分配是测试计划的核心:进行测试任务划分,进行测试工作量估计,人员资源和物资源分配,明确任务的时间和进度安排,风险的估计和规避措施,明确测试结束后应交付的测试工作产品。

(9) 测试方案的具体内容包括:

① 明确策略;

② 细化测试特性(形成测试子项);

③ 测试用例的规划;

④ 测试环境的规划;

⑤ 自动化测试框架的设计;

⑥ 测试工具的设计和选择。

(10) 测试方案需要在测试计划的指导下进行,测试计划提出"做什么",而测试方案明确"怎么做"。

10.《软件测试文件编制规范》中的内容要求

(1) 测试计划。

① 测试计划名称(该计划的第 1 章)

② 引言(该计划的第 2 章)

③ 测试项

④ 被测试的特性

⑤ 不被测试的特性

⑥ 方法

⑦ 项通过的准则

⑧ 暂停标准和再启动要求

⑨ 应提供的测试文件

⑩ 测试任务

⑪ 环境要求

⑫ 职责

⑬ 人员和训练要求

⑭ 进度

⑮ 风险和应急

⑯ 批准

(2) 测试设计说明。

① 测试设计说明名称

② 被测试的特性

③ 方法详述

④ 测试用例名称

⑤ 特性通过准则

（3）测试用例说明。

① 测试用例说明名称

② 测试项

③ 输人说明

④ 输出说明

⑤ 环境要求

⑥ 特殊的规程要求

⑦ 用例间的依赖关系

（4）测试规程说明。

① 测试规程说明名称

② 目的

③ 特殊要求

④ 规程步骤

（5）测试项传递报告。

① 传递报告名称

② 传递项

③ 位置

④ 状态

⑤ 批准

（6）测试日志。

① 测试日志名称

② 描述

③ 活动和事件条目

（7）测试事件报告名称。

① 测试事件报告取一个专用名称

② 摘要

③ 事件描述

④ 影响

（8）测试总结报告。

规定该报告必须由哪些人（姓名和职务）审批，并为签名和日期留出位置。

 A.2　模板

A.2.1　测试大纲模板

测试大纲在一般情况下是由一位对整个系统设计熟悉的设计人员编写的，他要明确测试的内容和测试通过的准则，能设计出完整合理的测试用例，以便系统实现后进行全面测试。如图 A.1 所示。

```
测试大纲写作模板
1.概述
1.1 编写目的
1.2 术语和缩写词
1.3 参考资料
2.测试环境
2.1 硬件
2.2 软件
3.测试阶段技术
4.测试内容和测试的重点
4.1 测试概述
4.2 测试操作步骤的记录
5.人员和时间
6. 测试进度计划
7. 测试提交文档
```

图 A.1　测试大纲写作模板

测试大纲的主要内容如下：

（1）测试策略；

（2）需要做哪些测试；

（3）测试过程如何组织；

（4）测试人员包括哪些。

测试大纲是测试单位为了获得测试任务，在项目招标阶段编制的文件，它是测试单位参与投标时投标书内容的重要组成部分。

1. 概述

1.1　编写目的

测试大纲文档的编写目的在于为软件测试人员提供详细的测试步骤和测试数据，以保证软件测试的正确性和完整性。

1.2　术语和缩写词

1.3　参考资料

2. 测试环境

2.1　硬件

列出进行本次测试所需的硬件资源的型号、配置和厂家。

2.2　软件

列出进行本次测试所需的软件资源，包括操作系统和支持软件（不含待测软件）的名称、版本、厂家。

3. 测试阶段技术

测试阶段的技术说明如表 A.1 所示。

表 A.1　测试阶段的技术说明

测试阶段技术	是否采用	说　明
自动测试技术	是	核心业务流程采用自动测试技术
评审测试	是	对软件产品功能说明文档和设计说明文档进行检查，在需求与设计阶段进行

测试阶段技术	是否采用	说　明
编写测试用例	是	在产品编码阶段编写测试用例
单元测试	是	由开发人员进行操作
功能测试	是	由开发人员进行操作
集成测试	是	检测模块集成后的系统是否达到需求,对业务流程及数据流的处理是否符合标准,系统对业务流处理是否存在逻辑不严谨及错误,是否存在不合理的标准及要求
性能测试	是	由测试人员进行操作
确认测试	是	在产品发布前,对照特征表进行基本需求的确认,确认产品是否正确实现了功能
系统测试	是	包括性能测试、压力测试和回归测试等
验收测试	是	由建设单位的工程实施人员进行操作

4. 测试内容和测试的重点

4.1　测试概述

对测试做一个总体描述。

4.2　测试操作步骤的记录

对各测试操作按先后顺序进行编号记录。具体测试操作步骤的记录如表 A.2 所示。

表 A.2　具体测试操作步骤的记录表

测试名称		标识符	
测试时间		测试人	
操作序号		错误等级	
测试输入	说明输入的具体数据或动作		
预期输出	说明预期的输出或结果		
实际输出	说明实际的输出或结果		
操作序号		错误等级	
测试输入	说明输入的具体数据或动作		
预期输出	说明预期的输出或结果		
实际输出	说明实际的输出或结果		
……			

5. 人员和时间

需要列出一份清单,用于说明在整个测试期间人员的数量、时间、技术水平的要求,以及项目与人员的职务、姓名、E-mail 和电话。如表 A.3 所示。

表 A.3　人员和时间表

职　务	姓　名	E-mail	电　话
开发工程师			
开发经理			
测试负责人			
测试人员			
……			

6. 测试进度计划

7. 测试提交文档

A.2.2 软件测试计划模板

测试计划说明书是项目经理或者开发项目的负责人编写的，并交给最终用户、系统集成人员、测试人员、软件开发人员、软件管理人员。最终用户用来核实软件开发、测试实施任务和时间人员安排；核实测试需求是否可接受；是否使用了适当的测试策略，反映出系统或应用程序按照预定的用途来进行应用。系统集成人员、测试人员、软件开发人员、软件管理人员用来安排工作进度，为整个测试工作指明方向。

软件测试计划是指导测试过程的纲领性文件，包含了产品概述、测试策略、测试方法、测试区域、测试配置、测试周期、测试资源、测试交流、风险分析等内容。

测试计划的目的是粗略地估计测试大致需要的周期和最终测试报告递交的时间；测试计划是针对测试中的每个环节的，单元测试、集成测试、系统测试等一般都需要编写测试计划，写的重点不同。它为整个测试阶段的管理工作和技术工作提供指南；确定测试的内容和范围，为评价系统提供依据。

软件测试计划模板如图 A.2 所示。

1. 概述

1.1 编写目的

1.2 项目背景

1.3 范围

1.4 测试摘要

1.4.1 重点事项

1.4.2 争议事项

1.4.3 风险评估

1.4.4 测试目标

1.5 提交的测试文档

1.6 名词解释

列出本文件中用到的专门术语的定义和缩写词的原词组。

1.7 参考资料

列出有关资料的作者、标题、编号、发表日期、出版单位或资料来源。

2. 测试任务概述

测试应列出单元测试、集成测试、系统测试、验收测试等任务，主要介绍测试范围，并作概括性描述。这部分内容是测试计划的核心所在。单个模块测试、系统整体测试中的每一项测试的内容(类型)、目的及其名称、标识符、进度安排和测试条件等。

2.1 测试目标

2.2 测试环境

2.2.1 单元测试

2.2.2 集成测试

```
软件测试计划模板
1.概述
1.1 编写目的
1.2 项目背景
1.3 范围
1.4 测试摘要
1.5 提交的测试文档
1.6 名词解释
1.7 参考资料
2. 测试任务概述
2.1 测试目标
2.2 测试环境
2.2.1 单元测试
2.2.2 集成测试
2.2.3 系统测试
2.2.4 功能测试
2.2.5 数据和数据库完整性测试
2.2.6 接口测试
2.2.7 用户界面测试
2.2.8 性能测试
2.2.9 负载测试
2.2.10 强度测试
2.2.11 容量测试
2.2.12 安全性和访问控制测试
2.2.13 故障转移和恢复测试
2.2.14 配置测试
2.2.16 验收测试
2.2.17 文档测试
2.2.18 回归测试
3. 测试计划
3.1 测试方案
3.2 测试项目
3.3 测试准备
3.4 测试进度
3.5 测试机构及人员
4. 测试项目说明
4.1 测试项目名称及测试内容
4.2 测试用例
4.3 测试进度安排
4.4 条件
4.5 测试方法
4.6 测试准则
4.7 测试用例
4.8 测试资料
5. 评价
5.1 评价的范围
5.2 评价的结果
6. 测试数据的记录、整理和分析
7. 测试计划的审核和批准人
```

图 A.2　测试计划模板

主要目的是检测系统是否达到需求,对业务流程及数据流的处理是否符合标准,检测系统对业务流处理是否存在逻辑不严谨及错误的情况,检测需求是否存在不合理的标准及要求。此阶段测试基于功能完成的测试。

2.2.3　系统测试

2.2.4　功能测试

对测试对象的功能测试应侧重于所有可直接追踪到用例或业务功能和业务规则的测试需求。这种测试的目标是核实数据的接收、处理和检索是否正确,以及业务规则的实施是否恰当。此类测试基于黑盒技术,该技术通过图形用户界面(GUI)与应用程序进行交互,并对交互的输出或结果进行分析,以此来核实应用程序及其内部进程。

2.2.5 数据和数据库完整性测试

2.2.6 接口测试

2.2.7 用户界面测试

用户界面(UI)测试用于核实用户与软件之间的交互。UI 测试的目标是确保用户界面会通过测试对象的功能来为用户提供相应的访问或浏览功能。另外,UI 测试还可确保 UI 中的对象按照预期的方式运行,并符合公司或行业的标准。

2.2.8 性能测试

性能测试对响应时间、事务处理速率和其他与时间相关的需求进行测试和评估。性能测试的目标是核实性能需求是否都已满足。

2.2.9 负载测试

2.2.10 强度测试

2.2.11 容量测试

2.2.12 安全性和访问控制测试

安全性和访问控制测试侧重于安全性的两个关键方面:应用程序级别的安全性,包括对数据或业务功能的访问。系统级别的安全性包括对系统的登录或远程访问。

2.2.13 故障转移和恢复测试

故障转移和恢复测试可确保测试对象能成功完成转移,并能从导致意外数据损失或数据完整性破坏的各种硬件、软件或网络故障中恢复。

2.2.14 配置测试

配置测试核实测试对象在不同的软件和硬件配置中的运行情况。

2.2.16 验收测试

2.2.17 文档测试

采用检查文档是否足够、描述是否合理。

2.2.18 回归测试

检查程序修改后有没有引起新的错误、是否能够正常工作以及能否满足系统。

3. 测试计划

测试计划(Testing plan)描述了要进行的测试活动的范围、方法、资源和进度的文档。它确定测试项、被测特性、测试任务、谁执行任务、各种可能的风险。测试计划可以有效预防计划的风险,保障计划的顺利实施。

3.1 测试方案

说明确定测试方法和选取测试用例的原则。

3.2 测试项目

列出每一项测试的内容、名称、目的和进度。

3.3 测试准备

3.4 测试进度

3.5　测试机构及人员

4．测试项目说明

测试项目说明要按测试项目的顺序逐个对测试项目做出说明。

4.1　测试项目名称及测试内容

4.2　测试用例

（1）输入；

（2）输出；

（3）步骤及操作；

（4）允许偏差。

4.3　测试进度安排

4.4　条件

给出项测试对资源的特殊要求，如设备、软件、人员等。

4.5　测试方法

4.6　测试准则

规定各测试项通过测试的标准。

4.7　测试用例

测试用例包括测试用例名称、输入（测试数据）、输出（预期结果）、环境、工具等。

4.8　测试资料

说明项测试所需的资料。

5．评价

5.1　评价的范围

说明所完成的各项测试说明问题的范围及其局限性。

5.2　评价的结果

说明测试评价的结果。

6．测试数据的记录、整理和分析

说明对本次测试得到数据的记录、整理和分析的方法和存档要求。

7．测试计划的审核和批准人

测试计划作为质量的重要文档呈现给管理层审核和批准。

A.2.3　测试任务说明书模板

测试任务说明书是经理或开发项目的负责人写作的，传递给软件测试人员、软件开发人员、软件管理人员。

从用户的角度出发，测试实施任务和时间人员安排；软件测试人员、软件开发人员不能影响测试进度；对软件开发过程中的每个版本完成测试任务。

测试任务说明书模板如图 A.3 所示。

1．概述

在概述部分应对整个测试任务分工进行概要描述。

1.1　编写目的

说明编写这份测试任务说明书的目的。

```
软件任务说明书模板
1.  概述
1.1 编写目的
1.2 项目背景
1.3 编写测试任务说明书需要的文档
2.  测试任务
3.  测试质量
4.  测试范围
4.1 流程测试
4.2 边界值测试
4.3 容错性测试
4.4 异常测试
4.5 安装测试
4.6 易用性测试
4.7 界面测试
4.8  接口测试
4.9 配置测试
4.10 性能测试
4.11 压力测试
4.12 兼容性测试
4.13 升级测试
4.14 功能测试
4.15 单元测试
4.16 集成测试
4.17 系统测试
4.18 回归测试
4.19 验收测试
4.20 文档测试
5.  确定测试进度和管理
5.1 确定测试进度
5.2 管理
6.  测试任务的重点
6.1 单元测试
6.2 集成测试
6.3 系统测试
6.4 验收测试
7.   测试注意事项
```

图 A.3　测试任务说明书模板

1.2　项目背景

1.3　编写测试任务说明书需要的文档

2.　测试任务

从用户的角度出发,测试实施任务和时间人员安排;软件测试人员、软件开发人员不能影响测试进度;对软件的开发过程中每个版本完成测试任务。

3.　测试质量

测试质量应该包括产品的测试质量和测试小组的测试质量,关系到系统的功能或性能是否正常。

4.　测试范围

对测试范围的说明如下:

4.1　流程测试

流程测试采用业务流程、数据流程、逻辑流程来检测软件是否能够按照流程操作时争取处理。

4.2　边界值测试

4.3　容错性测试

容错性测试用于检查系统的容错能力，错误的数据输入不会对功能和系统产生非正常影响，程序对错误的输入有正确的提示信息。

4.4　异常测试

异常测试用于检查系统能否处理异常。

4.5　安装测试

安装测试用于检查系统是否能正确安装、配置。

4.6　易用性测试

易用性测试用于检查系统是否易用、友好。

4.7　界面测试

界面测试用于检查界面是否美观合理。

4.8　接口测试

接口测试用于检查系统是否能与外部接口正常工作。

4.9　配置测试

配置测试用于检查配置是否合理、正常。

4.10　性能测试

性能测试用于提取系统性能的数据，检查系统是否满足在需求中所规定达到的性能。

4.11　压力测试

压力测试用于检查系统是否能承受大压力，测试产品应该能够在高强度条件下正常运行，并不会出现任何错误。

4.12　兼容性测试

兼容性测试对于 C/S 架构的系统来说，需要考虑客户端支持的系统平台；对于 B/S 架构的系统来说，需要考虑用户端浏览器版本。

4.13　升级测试

升级测试用于进行专门的割接测试或升级测试，提供工程升级割接方案。

4.14　功能测试

4.15　单元测试

4.16　集成测试

4.17　系统测试

4.18　回归测试

回归测试用于检查程序修改后有没有引起新的错误；是否能够正常工作及能否满足系统的需求。

4.19　验收测试

4.20　文档测试

文档测试用于检查文档是否足够，描述是否合理。

5. 确定测试进度和管理

在这一部分应对所有的测试需求进行足够详细的描述。详尽程度应以足够测试设计人员进行概要设计和测试人员进行测试计划和测试为准。

5.1 确定测试进度

5.2 管理

6. 测试任务的重点

测试任务的重点是单元测试、集成测试、系统测试、验收测试。

6.1 单元测试

单元测试(又称为模块测试)在设计得好的软件系统中,每个模块完成一个清晰定义的子功能,而且这个子功能和同级其他模块的功能之间没有相互依赖关系。

单元测试的重点测试内容包括源代码测试、命名规范测试、需求完整性测试、页面完整性测试、提示文本测试、页面脚本测试等。

6.2 集成测试

集成测试是在单元测试的基础上将软件的多个模块或者系统前后台合并之后进行的测试,在集成测试中可以弥补单元测试中没有测试到的 Bug,也可以检查出单元测试没法测试的功能,比如前后台集成之后的关联功能,对于这些有关联性功能的测试,单元测试是无能为力的,必须依靠集成测试来保证功能的完整性和正确性。

6.3 系统测试

系统测试是在系统集成测试修改完 Bug 之后进行的测试。

系统测试的重点测试内容包括链接完整性测试、UI 合理性测试、命名规范测试、功能测试、压力测试、页面完整性测试、安装测试、提示文本测试、浏览器测试等。

6.4 验收测试

验收测试是对系统测试后进行的测试。

验收测试把软件系统作为单一的实体进行测试,测试内容与系统测试基本类似,但是它是在用户积极参与下进行的,而且可能主要使用实际数据(系统将来要处理的信息)进行测试。验收测试的目的是验证系统确实能够满足用户的需要,在这个测试步骤中发现的往往是系统需求说明书中的错误。

7. 测试注意事项

根据《软件开发规范》仔细检查:

(1) 软件的界面是否合乎要求。

(2) 小的图标是否合乎要求。

(3) 根据《软件开发规范》《用户需求》及《软件详细设计》来设计测试用例。

(4) 对功能界面要求注意与功能相关的信息显示及显示位置是否正确。

(5) 是否能够正确保存信息。

A.2.4 测试需求说明书模板

测试需求说明书阐述一个测试软件系统必须提供的功能和性能以及它所要考虑的限制条件,它不仅是系统测试和用户文档的基础,也是所有子系列项目规划、设计和编码的基础。它应该尽可能完整地描述系统预期的外部行为和用户可视化行为。除了设计和实现上的限制,软件需求规格说明不应该包括设计、构造、测试或工程管理的细节。

测试需求说明书模板如图 A.4 所示。

```
测试需求说明书模板
1. 概述
1.1 编写目的
1.2 项目背景
1.3 术语定义
1.4 文档约定
1.5 产品的测试范围
1.6 参考资料
2. 测试任务概述
2.1 测试目标
2.2 运行环境
2.3 条件与限制
3. 系统特性
4. 数据的一致性、正确性测试
5. 用例描述
6. 功能测试要求
7. 性能需求测试要求
8. 运行测试要求
8.1 运行测试要求
8.2 硬件接口
8.3 软件接口
8.4 通信接口
8.5 设备
8.6 故障处理
9. 安全测试需求
9.1 安全设施测试需求
9.2 安全性测试需求
10. 文件传输
11. 数据导入导出测试
12. 测试约束
13. 回归测试需求功能
14. 用户文档测试
15. 其他专门要求
```

图 A.4 测试需求说明书模板

1. 概述

在概述部分应对软件测试需求规格说明进行概要描述,通常还包括目的、范围、术语定义等。有助于读者理解文档如何编写并且如何阅读和解释。

1.1 编写目的

1.2 项目背景

1.3 术语定义

定义本文档中所使用的术语,列出外文首字母组词的原词组、缩写词和符号。对于易混淆的客户常用语要有明确规定定义。例如,"用户"是指客户的雇员而非软件的最终购买者等。

1.4 文档约定

1.5 产品的测试范围

简述产品的测试范围。

1.6 参考资料

参考文献

2. 测试任务概述

测试任务概述定义产品以及它所运行的环境、使用产品的用户、已知的限制和依赖。

2.1 测试目标

2.2 运行环境

(1) 测试需要的硬件环境。

(2) 测试需要的软件环境。

描述软件测试的运行环境,包括硬件平台、操作系统和版本,还有其他的软件组件或与其共存的应用程序。

2.3 条件与限制

3. 系统特性

(1) 说明和优先级。

(2) 评价。

(3) 响应序列。

4. 数据的一致性、正确性测试

在此部分对数据的一致性、正确性进行测试。

5. 用例描述

6. 功能测试要求

详细列出与该特性相关的详细的功能需求。这些是必须提交给用户的软件功能,让用户可以使用所提供的特性执行服务或者使用所指定的使用实例执行任务。描述产品如何响应可预知的出错条件或者非法输入或动作。

7. 性能需求测试要求

在这一部分进行性能需求测试,一般需求包括:

(1) 测试精度;

(2) 测试时间特性要求;

(3) 适应性。

8. 运行测试要求

这一部分在功能测试的基础上运行测试。

8.1 运行测试要求

8.2 硬件接口

描述系统中软件和硬件每一接口的特征。这种描述可能包括支持的硬件类型、软硬件之间交流的数据和控制信息的性质以及所使用的通信协议。

8.3 软件接口

8.4 通信接口

8.5 设备

列出运行该软件所需要的硬件设备,说明其专门功能。

8.6 故障处理

列出可能的软件、硬件故障以及对各项性能所产生的后果和对故障处理的要求。

9. 安全测试需求

这一部分详细描写安全测试需求说明。

9.1　安全设施测试需求

详尽陈述与产品使用过程中可能发生的损失、破坏或危害相关的需求。

9.2　安全性测试需求

详尽陈述与系统安全性、完整性或与私人问题相关的需求,这些问题将会影响到产品的使用和产品所创建或使用的数据的保护。

10.文件传输

11.数据导入导出测试

12.测试约束

13.回归测试需求功能

14.用户文档测试

列举将与软件一同发行的用户文档部分,例如用户手册、在线帮助和教程。明确所有已知的用户文档的交付格式或标准。

15.其他专门要求

用户单位对使用方便的要求,对可维护性、可补充性、易读性、可靠性、异常处理要求、运行环境可转换性的特殊要求等。

A.2.5　单元测试模板

单元测试又称为模块测试,主要步骤为程序语法检查和程序逻辑检查等。其目的在于发现各模块内部可能存在的各种差错。单元测试需要从程序的内部结构出发设计测试用例。多个模块可以平行地独立进行单元测试。

单元测试模板如图 A.5 所示。

```
单元测试模板
1. 概述
1.1 单元测试的目的
1.2 测试的背景
1.3 单元测试所需文档
2. 主要步骤
2.1 程序语法检查
2.2 程序逻辑检查
2.3 桩模块检查
3. 单元测试项目
3.1 模块接口测试
3.2 局部数据结果测试
3.3 路径测试
3.4 边界条件测试
3.5 错误处理测试
3.6 代码书写规范测试
4. 单元测试报告
4.1 单元测试报告的写作目的
4.2 单元测试报告内容
4.3 单元结构
4.4 测试过程
4.5 测试
4.6 提交 Bug测试
4.7 单元评估
4.8 填写表格
5. 小结
```

图 A.5　单元测试模板

1. 概述

单元测试又称模块测试,是从内部结构来测试,可在多个模块中平行独立完成测试。单元测试主要来检验软件设计中最小的单位——模块。模块内聚程度高,每一个模块只能完成一种功能,因此模块测试的程序规模小,易检查出错误,并且易于确定错误的位置。

1.1 单元测试的目的

1.2 测试的背景

1.3 单元测试所需文档

2. 主要步骤

2.1 程序语法检查

检查程序中语法错误。

2.2 程序逻辑检查

(1)数据满足设计上要求的上下限及循环次数;

(2)数据满足程序中的各种检验要求的错误数据;

(3)数据适用于人工对程序的检查工作。

2.3 桩模块检查

3. 单元测试项目

3.1 模块接口测试

3.2 局部数据结果测试

3.3 路径测试

3.4 边界条件测试

3.5 错误处理测试

3.6 代码书写规范测试

4. 单元测试报告

4.1 单元测试报告的写作目的

4.2 单元测试报告内容

(1)软件单元描述

(2)单元结构

(3)单元控制

(4)测试过程

(5)测试

4.3 单元结构

4.4 测试过程

4.5 测试

4.6 提交 Bug 测试

4.7 单元评估

4.8 填写表格

5. 小结

(1)单元测试可将每一项都进行测试,以保证其正确性;

(2)单元测试具有回归性,它避免了代码出现回归的可能性,编写完成后可以随时随地

地快速运行测试;

（3）单元测试具有保证性。它能够保证代码质量和代码可维护性及可扩展性;

（4）测试之后,要对每一个程序写一份程序测试说明书,以备今后修改。

A.2.6 代码检查模板

代码检查是静态测试的主要方法,代码检查包括代码走查、桌面检查、流程图审查等。代码检查模板如图 A.6 所示。

```
代码检查模板
1. 概述
1.1 代码检查的模块
1.2 编写目的
1.3 代码检查需要的文档
2. 代码检查方式
2.1 桌面检查
2.2 走查
2.3 代码审查
3. 代码检查项目
3.1 目录文件组织
3.2 检查函数
3.3 数据类型及变量
3.4 检查条件判断语句
3.5 检查循环体制
3.6 检查代码注释
3.7 桌面检查
3.8 其他检查
4. 静态结构分析
5. 静态质量
6. 质量度量
6.1 质量因素（Factors）
6.2 分类标准（Criteria）
6.3 度量规则（Metrics）
7. 代码检查的分析与评价
7.1 能力
7.2 缺陷和限制
7.3 评价
```

图 A.6 代码检查模板

1. 概述

代码检查主要检查代码和流程图设计的一致性、代码结构的合理性、代码编写的标准性、可读性、代码的逻辑表达的正确性等方面,包括变量检查、命名和类型审查、程序逻辑审查、程序语法检查和程序结构检查等内容。

1.1 代码检查的模块

1.2 编写目的

1.3 代码检查需要的文档

在进行代码检查前应准备好需求文档、程序设计文档、程序的源代码清单、代码编码标准、代码缺陷检查表和流程图等。

2. 代码检查方式

2.1 桌面检查

2.2 走查

2.3 代码审查

3. 代码检查项目

3.1 目录文件组织

3.2 检查函数

3.3 数据类型及变量

3.4 检查条件判断语句

3.5 检查循环体制

3.6 检查代码注释

3.7 桌面检查

3.8 其他检查

4. 静态结构分析

静态结构分析主要是以图形的方式表现程序的内部结构,例如函数调用关系图、函数内部控制流图。

5. 静态质量

6. 质量度量

6.1 质量因素(Factors)

6.2 分类标准(Criteria)

6.3 度量规则(Metrics)

7. 代码检查的分析与评价

7.1 能力

7.2 缺陷和限制

7.3 评价

通过对代码检查结果的分析,需标明遗留缺陷、局限性和软件的约束限制等,说明该代码是否已达到预定的结果,判定代码能否交付使用。审查小组必须做出审查结果的书面总结报告,并且做出的报告便于开发小组的成员使用。

A.2.7 程序错误报告模板

程序错误将会导致系统功能和性能与需求说明不相符。程序错误报告模板如图 A.7 所示。

1. 程序错误报告目的

2. 程序错误的描述

2.1 功能类错误描述

2.2 界面类错误描述

2.3 数据处理类错误描述

2.4 流程类错误描述

2.5 提示信息类错误描述

3. 程序错误报告表

```
程序错误报告模板
1. 程序错误报告目的
2. 程序错误的描述
2.1 功能类错误描述
2.2 界面类错误描述
2.3 数据处理类错误描述
2.4 流程类错误描述
2.5 提示信息类错误描述
3. 程序错误报告表
```

图 A.7　程序错误报告模板

A.2.8　程序设计模板

程序设计(Programming)是指设计、编制、调试程序的方法和过程。程序设计的基本概念有程序、数据、子程序、子例程、协同例程、模块以及顺序性、并发性、并行性、分布性等。程序是程序设计中最为基本的概念,子程序和例程都是为了便于进行程序设计而建立的程序设计基本单位,顺序性、并发性、并行性和分布性反映程序的内在特性。

程序设计模板如图 A.8 所示。

1. 引言

1.1　目的

1.2　定义和缩写词

1.3　参考资料

2. 编码风格

2.1　程序编码要采用缩进风格编写

2.2　编写子程序一定要做注释

2.3　相对独立的程序块之间、变量说明之后必须加空行

2.4　较长的语句要分成多行书写

2.5　循环、判断等语句中有较长的表达式或语句,要在低优先级操作符处划分新行,操作符放在新行之首

2.6　若函数或过程中参数较长,则要进行适当的划分

2.7　一行只写一条语句

2.8　if、for、do、while、switch 等语句只占一行,执行语句部分要加括号

2.9　对齐只使用空格键,不使用 Tab 键

2.10　程序块的分界符应独占一行

3. 注释

注释的原则是有助于对程序的阅读理解,注释语言必须准确、易懂、简洁。

3.1　源程序有效注释量必须在 20% 以上

3.2　说明性文件头部应进行注释

3.3　源文件头部应进行注释

```
程序设计模板
1.  引言
    1.1  目的
    1.2  定义和缩写词
    1.3  参考资料
2.  编码风格
    2.1  程序编码要采用缩进风格编写
    2.2  编写子程序一定要做注释
    2.3  相对独立的程序块之间、变量说明之后必须加空行
    2.4  较长的语句要分成多行书写
    2.5  循环、判断等语句中有较长的表达式或语句，要在低优先级操作符处划分新行，
         操作符放在新行之首
    2.6  若函数或过程中的参数较长，则要进行适当的划分
    2.7  一行只写一条语句
    2.8  if、for、do、while、switch等语句自占一行，执行语句部分要另加括号
    2.9  对齐只使用空格键，不使用TAB键
    2.10 程序块的分界符应独占一行
3.  注释
    3.1  源程序有效注释量必须在20%以上
    3.2  说明性文件头部应进行注释
    3.3  源文件头部应进行注释
    3.4  函数头部进行注释
    3.5  编写代码要给出注释
    3.6  注释的内容要清楚、明了，含义准确，防止注释二义性
    3.7  对数据结构声明
    3.8  全局变量要有较详细的注释
    3.9  将注释与其上面的代码用空行隔开
    3.10 对变量的定义和分支语句必须注释
4.  标识符命名
    4.1  标识符的命名要清晰、明了，有明确含义
    4.2  命名中若使用特殊约定或缩写，则要有注释说明
    4.3  命名规范必须与所使用的系统风格保持一致
5.  可读性
    5.1  注意运算符的优先级
6.  变量、结构
    6.1  去掉不必要的公共变量
    6.2  仔细定义并明确公共变量的含义、作用、取值范围及公共变量间的关系
    6.3  明确公共变量与操作此公共变量的函数或过程的关系
    6.4  当向公共变量传递数据时，防止赋与不合理的值或越界等现象发生
    6.5  防止局部变量与公共变量同名
    6.6  严禁使用未经初始化的变量作为右值
    6.7  结构的设计要尽量考虑向前兼容和以后的版本升级
    6.8  要注意数据类型的强制转换
    6.9  对自定义数据类型恰当命名
7.  函数、过程
    7.1  对所调用函数的错误返回码要仔细、全面地处理
    7.2  明确函数功能
    7.3  编写可重入函数时，应注意局部变量的使用
    7.4  明确规定对接口函数参数的合法性检查
    7.5  避免使用无意义或含义不清的动词为函数命名
    7.6  函数的返回值要清楚、明了，让使用者不容易忽视错误情况
    7.7  函数本身不要递归调用
8.  可测性
    8.1  在同一项目组或产品组内，要有一套统一的打印函数
9.  程序效率
    9.1  编程时要经常注意代码的效率
    9.2  提高代码效率
    9.3  循环体内工作量要最小化
    9.4  尽量减少循环被套层次
10. 质量保证
    10.1  代码质量保证原则
    10.2  只引用属于自己的存储空间
    10.3  过程/函数中分配的内存，在过程/函数退出之前要释放
    10.4  防止内存操作越界
    10.5  初始化有关变量和运行环境
    10.6  不能随意改变与其他模块的接口
    10.7  要注意易混淆的操作符
    10.8  要注意程序机器码大小
11. 代码编辑、编译、审查
    11.1  打开编译器的所有告警开关对程序进行编译
    11.2  在产品软件（项目组）中，要统一编译开关选项
    11.3  通过代码走读及审查方式对代码进行检查
12. 代码测试、维护
    12.1  单元测试要求覆盖语句
    12.2  单元测试开始要跟踪每一条语句，并观察数据流及变量的变化
    12.3  清理、整理或优化后的代码要经过审查及测试
    12.4  代码版本升级要经过严格测试
    12.5  使用工具软件对代码版本进行维护
    12.6  软件的任何修改都应有详细的文档记录
13. 宏
    13.1  用宏定义表达式时，要使用完备的括号
    13.2  将宏所定义的多条表达式放在大括号中
    13.3  使用宏时，不允许参数发生变化
```

图 A.8　程序设计模板

3.4　函数头部应进行注释

3.5　编写代码要给出注释

3.6　注释的内容要清楚、明了,含义准确,防止注释二义性

3.7　对数据结构声明

3.8　全局变量要有较详细的注释

3.9　将注释与其上面的代码用空行隔开

3.10　对变量的定义和分支语句必须注释

4.　标识符命名

4.1　标识符的命名要清晰、明了,有明确含义

4.2　命名中若使用特殊约定或缩写,则要有注释说明

4.3　命名规范必须与所使用的系统风格保持一致

5.　可读性

6.　变量、结构

6.1　去掉不必要的公共变量

6.2　仔细定义并明确公共变量的含义、作用、取值范围及公共变量间的关系

6.3　明确公共变量与操作此公共变量的函数或过程的关系

6.4　当向公共变量传递数据时,防止赋予不合理的值或越界等现象发生

6.5　防止局部变量与公共变量同名

6.6　严禁使用未经初始化的变量作为初值

6.7　结构的设计要尽量考虑向前兼容和以后的版本升级

6.8　要注意数据类型的强制转换

6.9　对自定义数据类型进行恰当命名

7.　函数、过程

7.1　对所调用函数的错误返回码要仔细、全面地处理。

7.2　明确函数功能

7.3　编写可重入函数时,应注意局部变量的使用

7.4　明确规定对接口函数参数的合法性检查

7.5　避免使用无意义或含义不清动词为函数命名

7.6　函数的返回值要清楚、明了,让使用者不容易忽视错误情况

7.7　函数本身不递归调用

8.　可测性

9.　程序效率

9.1　编程时要经常注意代码的效率

9.2　提高代码效率

9.3　循环体内工作量最小化

9.4　尽量减少循环嵌套层次

10.　质量保证

10.1　代码质量保证原则

10.2　只引用属于自己的存储空间

10.3　过程/函数中分配的内存,在过程/函数退出之前要释放

10.4　防止内存操作越界

10.5　初始化有关变量和运行环境

10.6　不能随意改变与其他模块的接口

10.7　要注意易混淆的操作符

10.8　要注意程序机器码大小

11. 代码编辑、编译、审查

11.1　打开编译器的所有告警开关对程序进行编译

11.2　在产品软件(项目组)中,要统一编译开关选项

11.3　通过代码走读及审查方式对代码进行检查

12. 代码测试、维护

12.1　单元测试要求覆盖语句

12.2　单元测试开始要跟踪每一条语句,并观察数据流及变量的变化

12.3　清理、整理或优化后的代码要经过审查及测试

12.4　代码版本升级要经过审查及测试

12.5　使用工具软件对代码版本进行维护

12.6　软件的任何修改都应有详细的文档记录

13. 宏

13.1　用宏定义表达式时,要使用完备的括号

13.2　将宏所定义的多条表达式放在大括号中

13.3　使用宏时,不允许参数发生变化

A.2.9　测试用例模板

测试用例是软件测试的核心,测试用例的设计和编写是软件测试活动中最重要的。

测试用例目前没有经典的定义,比较通常的说法是:“指对一项特定的软件产品进行测试任务的描述,体现测试方案、方法、技术和策略;内容包括测试目标、测试环境、输入数据、测试步骤、预期结果、测试脚本等,并形成文档。”

测试用例模板如图 A.9 所示。

1. 概述

1.1　编写目的

1.2　术语和缩写词

1.3　参考资料

2. 一般测试用例写作模板

3. 接口测试用例编写方法

4. 需求测试用例写作模板

5. 路径测试用例模板

6. 功能测试模板

7. 恢复能力测试用例写作模板

8. 容错能力测试用例写作模板

```
测试用例模板
1. 概述
2. 一般测试用例写作模板
3. 接口测试用例编写方法
4. 需求测试用例写作模板
5. 路径测试用例模板
6. 功能测试模板
7. 恢复能力测试用例写作模板
8. 容错能力测试用例写作模板
9. 性能测试用例写作模板
10. 界面测试用例写作模板
11. 信息安全测试用例写作模板
12. 压力测试用例模板
13. 可靠性测试用例模板
14. 安装/反安装测试用例模板
```

图 A.9　测试用例模板

9. 性能测试用例写作模板

10. 界面测试用例写作模板

界面是软件与用户交互的最直接的层,界面的好坏决定用户对软件的第一印象。设计合理的界面能给用户带来轻松愉悦的感受和成功的感觉,相反由于界面设计不好,会让用户产生反感。

11. 信息安全测试用例写作模板

12. 压力测试用例模板

13. 可靠性测试用例模板

14. 安装/反安装测试用例模板

A.2.10　软件测评模板

软件测评是以测试项目为对象,保证软件产品的性能和质量而制定的。软件测评是被测评软件的开发者填写测评登录表、适用程度测评表(适用程度测评的主要目的是确认被测评软件在实测中具备的功能与该软件产品推广范围内所应具备的基本功能的吻合程度)、数据管理测评表、整理编目测评表、检索查询测评表、辅助实体管理测评表、安全保密测评表、系统维护测评表、兼容性测评表、速度测评表、易用性测评表、容错性测评表、安全可靠性测评表、软件资料测评表、总体测评结果表。

软件测评模拟如图 A.10 所示。

1. 软件测评登录表

被测评软件的开发者填写测评登录表是向测评责任单位提供测评规定的技术资料和软件载体。技术资料包括软件安装使用手册、软件适用的技术环境说明等,并附相关的机读数据和数据集逻辑结构及物理结构的说明。

2. 适用程度测评表

3. 数据管理测评

4. 整理编目测评

```
软件测评模板
1. 软件测评登录表
2. 适用程度测评表
3. 数据管理测评
4. 整理编目测评
5. 检索查询测评
6. 辅助实体管理
7. 安全保密
8. 系统维护
9. 兼容性测评
10. 信息处理速度
11. 易用性
12. 容错性
13. 安全可靠性
14. 软件资料
15. 软件总体测评结论
```

图 A.10　软件测评模板

整理编目测评内容有数据采集、类目设置、分类排序、数据校验、目录生成、数据统计、打印输出及自动标引等。

5. 检索查询测评

6. 辅助实体管理

7. 安全保密

8. 系统维护

9. 兼容性测评

10. 信息处理速度

11. 易用性

12. 容错性

13. 安全可靠性

14. 软件资料

15. 软件总体测评结论

A.2.11　功能测试模板

功能测试是对产品的功能进行验证,各个功能模块是否正确,逻辑是否正确。对测试应侧重于业务功能和业务规则的测试。检查产品是否达到用户的功能要求。对于功能测试,针对不同的应用系统,其测试内容的差异很大,但一般都可归为界面、数据、操作、逻辑、接口等方面。

功能测试模块如图 A.11 所示。

1. 概述

1.1　编写目的

1.2　项目背景

1.3　测试方法和策略

```
功能测试模板
1. 概述
1.1 编写目的
1.2 项目背景
1.3 测试方法和策略
1.4 测试依据
2. 功能测试的方式与环境
2.1 测试方式
2.2 硬件设备
2.3 软件设备
3. 功能测试内容
3.1 功能测试的功能点
3.2 界面
3.3 数据
3.4 操作
3.5 翻页功能测试
3.6 搜索功能测试
3.7 功能逻辑
3.8 功能接口
3.9 功能约束条件（或测试边界）
4. 功能测试结果
4.1 功能测试统计
4.2 功能测试详细结果
5. 功能的安全性
6. 功能的易用性
7. 功能的总体分析
8. 功能测试的结论
```

图 A.11　功能测试模板

1.4　测试依据

2. 功能测试的方式与环境

2.1　测试方式

2.2　硬件设备

2.3　软件设备

3. 功能测试内容

3.1　功能测试的功能点

3.2　界面

3.3　数据

3.4　操作

3.5　翻页功能测试

3.6　搜索功能测试

3.7　功能逻辑

3.8　功能接口

3.9　功能约束条件（或测试边界）

4. 功能测试结果

4.1　功能测试统计

4.2　功能测试详细结果

5. 功能的安全性

6．功能的易用性

7．功能的总体分析

8．功能测试的结论

A.2.12　性能测试模板

性能测试主要是响应时间、事务处理速率、资源占用率测试、兼容性、易用性、用户文档、效率、可扩充性进行的测试。

性能测试模板如图 A.12 所示。

```
性能测试模板
1. 概述
1.1 编写目的
1.2 项目背景
1.3 测试方法和策略
1.4 参考资料
2. 性能测试方式和环境
2.1 测试方式
2.2 硬件设备
2.3 软件设备
2.4 测试配置
3. 性能测试内容
3.1 基本性能测试
3.2 高级性能测试
3.3 大数据量测试（压力测试）
4. 性能测试的结果统计
4.1　应用软件的测试指标
4.2　网络环境的测试指标
4.3　操作系统环境的测试指标
4.4　数据库环境的测试指标
5. 性能测试结论
6. 测试工作清单
7. 性能测试的审批
8. 性能测试的报告
```

图 A.12　性能测试模板

1．概述

1.1　编写目的

1.2　项目背景

1.3　测试方法和策略

1.4　参考资料

2．性能测试的方式和环境

2.1　测试方式

2.2　硬件设备

2.3　软件设备

2.4　测试配置

3．性能测试内容

3.1　基本性能测试

3.2　高级性能测试

3.2.1　并发性能测试

3.2.2　并发测试

3.2.3　系统资源监控测试

3.2.4　速度测试

3.2.5　疲劳测试

3.3　大数据量测试(压力测试)

4. 性能测试的结果统计

4.1　应用软件的测试指标

4.2　网络环境的测试指标

4.3　操作系统环境的测试指标

4.4　数据库环境的测试指标

5. 性能测试结论

(1) 是否成功地执行了测试计划;

(2) 是否完成了测试目标;

(3) 是否修正了发现的错误;

(4) 测试是否通过;

(5) 是否通过了审评。

6. 测试工作清单

7. 性能测试的审批

8. 性能测试的报告

A.2.13　可靠性测试模板

可靠性测试是为了满足软件可靠性要求,进行一系列设计、分析、测试等工作。其中确定软件可靠性要求是软件可靠性测试中需要解决的首要问题。可靠性要求可以包括定性及定量要求等。

可靠性测试也是评估软件可靠性水平、验证软件产品是不是达到软件可靠性要求的重要且有效的途径。

可靠性测试模板如图 A.13 所示。

1. 概述

1.1　软件可靠性测试概念

1.2　软件可靠性测试过程

2. 成熟性测试规定

2.1　成熟性测试规定目的

2.2　成熟性测试规定实施细则

3. 容错性测试规定

3.1　容错性测试规定目的

3.2　容错性测试规定实施细则

4. 易恢复性测试规定

4.1　易恢复性测试规定目的

```
可靠性测试模板
1. 概述
1.1 软件可靠性测试概念
1.2 软件可靠性测试过程
2. 成熟性测试规定
2.1 成熟性测试规定目的
2.2 成熟性测试规定实施细则
3. 容错性测试规定
3.1 容错性测试规定目的
3.2 容错性测试规定实施细则
4. 易恢复性测试规定
4.1 易恢复性测试规定目的
4.2 易恢复性测试规定实施细则
5. 容错性测试规定
5.1 容错性测试规定目的
5.2 容错性测试规定实施细则
6. 易恢复性测试规定
6.1 易恢复性测试规定目的
6.2 易恢复性测试规定实施细则
```

图 A.13 可靠性测试模板

4.2 易恢复性测试规定实施细则

5. 容错性测试规定

5.1 容错性测试规定目的

5.2 容错性测试规定实施细则

6. 易恢复性测试规定

6.1 易恢复性测试规定目的

6.2 易恢复性测试规定实施细则

A.2.14 集成测试模板

集成测试的检测重点包括子系统功能的关联性测试、链接完整性测试、数据和数据库完整性测试、功能测试、页面完整性测试等。

集成测试模板如图 A.14 所示。

集成测试可以划分成 3 个级别:

(1) 模块内集成测试;

(2) 子系统内集成测试;

(3) 子系统间集成测试。

1. 引言

1.1 编写目的

1.2 背景

1.3 定义

1.4 集成测试任务

1.5 集成测试范围

1.6 集成测试进度

```
集成测试模板
1.  引言
1.1 编写目的
1.2 背景
1.3 定义
1.4 集成测试任务
1.5  集成测试范围
1.6  集成测试进度
1.7 集成测试风险和应急计划
1.8  参考资料
2.  计划集成测试
2.1 制定集成测试计划
2.2 确定测试进度和管理
2.3  集成测试具体内容
2.4 设计集成测试用例
3.  实施集成测试
4.  测试结果评估
5.  集成测试的工作清单
6.  审批
7.  填写集成测试报告表格
8.  集成测试提供的文件
```

图 A.14　集成测试模板

1.7　集成测试风险和应急计划

1.8　参考资料

2. 计划集成测试

2.1　制定集成测试计划

2.2　确定测试进度和管理

2.3　集成测试具体内容

2.3.1　功能性测试

2.3.2　可靠性测试

2.3.3　易用性测试

2.3.4　性能测试

2.3.5　维护性测试

2.3.6　可移植性测试

2.3.7　操作性测试

2.3.8　疲劳性测试

2.4　设计集成测试用例

3. 实施集成测试

4. 测试结果评估

5. 集成测试的工作清单

6. 审批

7. 填写集成测试报告表格

8. 集成测试提供的文件：

(1) 测试计划书

（2）测试用例

（3）测试报告

（4）测试总结

A.2.15 系统测试模板

完成集成测试后，还需要进行系统测试。系统测试是将已经通过集成测试的软件、计算机硬件、外设和网络等其他因素结合在一起，与系统需求说明书、系统方案说明书相比较，发现系统与用户需求不符或矛盾的地方，所以在系统实施运行前要进行系统测试。

系统测试模板如图 A.15 所示。

```
系统测试模板
1. 概述
1.1 编写目的
1.2 项目背景
1.3 系统简介
1.4 术语和缩写词
1.5 系统测试工具
1.6 参考资料
2. 系统测试环境与配置
3. 系统测试的主要内容和测试类型
3.1 系统测试的主要内容
3.2 系统测试的测试类型
4. 系统测试的测试方法
5. 系统测试的结果分析
5.1 系统反应时间的测试
5.2 CPU 测试
6. 系统测试总结
6.1 测试时间、地点、人员
6.2 测试范围
6.3 工作组织
6.4 系统测试分析
6.5 系统残留缺陷与未解决问题
7. 系统测试结论
8. 系统使用说明书和维护手册的编写
9. 系统测试结果的评价和结论
10. 系统测试文档资料
11. 建议
12. 测试人员名单
13. 附件
```

图 A.15 系统测试模板

1. 概述

1.1 编写目的

1.2 项目背景

1.3 系统简介

1.4 术语和缩写词

1.5 系统测试工具

1.6 参考资料

2. 系统测试环境与配置

3. 系统测试的主要内容和测试类型

3.1　系统测试的主要内容

3.2　系统测试的测试类型

4.　系统测试的测试方法

5.　系统测试的结果分析

5.1　系统反应时间的测试

5.2　CPU 测试

6.　系统测试总结

6.1　测试时间、地点、人员

6.2　测试范围

6.3　工作组织

6.4　系统测试分析

6.4.1　系统测试统计

6.4.2　系统测试发现的问题汇总

6.4.3　系统测试结果分析

6.5　系统残留缺陷与未解决问题

6.5.1　系统残留缺陷

6.5.2　系统未解决问题

7.　系统测试结论

7.1　系统功能性

7.2　系统易用性

7.3　系统可靠性

7.4　系统兼容性

7.5　系统安全性

8.　系统使用说明书和维护手册的编写

9.　系统测试结果的评价和结论

9.1　系统测试结果的评价

9.2　系统测试结果的结论

10.　系统测试文档资料

11.　建议

12.　测试人员名单

13.　附件

A.2.16　验收测试模板

验收测试是依据软件开发商和用户之间的合同、软件需求说明书以及相关行业标准、国家标准、法律法规等对软件的功能、性能、可靠性、易用性、可维护性、可移植性等特性进行严格的测试，验证软件的功能和性能及其他特性是否与业务需求一致。

验收测试模板如图 A.16 所示。

```
验收模板
1. 概述
1.1 验收测试目的
1.2 项目基本情况
1.3 验收测试范围
根据系统需求说明书、功能说明书和测试
大纲所描述的各项功能进行测试。
2. 验收测试组织方案
2.1 验收测试时间
2.2 测试地点
2.3 验收测试环境
3. 项目进度审核
4. 验收测试计划
5. 项目验收情况汇总
5.1 项目验收情况汇总表
5.2 项目验收附件明细
5.3 专家组验收意见
6. 项目验收结论
6.1 开发单位结论
6.2 建设单位结论
7. 验收结果汇总
8. 附件
```

图 A.16　验收测试模板

1. 概述

1.1　验收测试目的

1.2　项目基本情况

1.3　验收测试范围

根据系统需求说明书、功能说明书和测试大纲所描述的各项功能进行测试。

2. 验收测试组织方案

2.1　验收测试时间

2.2　测试地点

2.3　验收测试环境

2.3.1　硬件

2.3.2　软件

2.3.3　网络

2.3.4　测试工具

2.4　人员安排

3. 项目进度审核

3.1　项目实施进度情况

3.2　项目合同变更情况

3.3　项目需求变更情况

3.4　项目投资结算情况

4. 验收测试计划

4.1　验收测试原则

4.2 验收测试方式

4.3 验收测试内容

4.4 测试结果及缺陷分析

4.5 文档测试

4.5.1 文档主要测试内容

4.5.2 测试过程涉及的一些文档

5. 项目验收情况汇总

5.1 项目验收情况汇总表

5.2 项目验收附件明细

5.3 专家组验收意见

6. 项目验收结论

6.1 开发单位结论

6.2 建设单位结论

7. 验收结果汇总

8. 附件

8.1 附件一：软件平台验收单

8.2 附件二：功能模块验收单

8.3 附件三：项目文档验收单

8.4 附件四：硬件设备验收单

A.2.17　测试分析报告模板

测试分析报告是测试主要报告之一。测试分析报告是建立在正确的、足够的测试结果的基础之上，不仅要提供必要的测试结果的实际数据，同时要对结果进行分析，对产品质量进行准确的评估。测试分析报告模板如图 A.17 所示。

1. 概述

1.1 项目简介

1.2 编写目的

1.3 术语定义

1.4 测试环境

1.5 测试人员安排和分工

1.6 参考资料

2. 测试内容

根据测试计划中编写的测试用例，用表格的形式列出每一项测试的标识符及其测试内容，并指明实际进行的测试工作内容与测试计划中预先设计的内容之间的差别，说明作出这种改变的原因。

2.1 系统用户使用

2.2 系统功能需求

2.3 系统性能需求

2.4 系统接口需求

```
测试分析报告模板
1. 概述
1.6  参考资料
2. 测试内容
3. 测试发现的问题
3.1 功能测试不符合项列表
3.2 性能测试不符合项列表
3.3 接口测试不符合项列表
4. 测试结果分析
4.1 覆盖分析
4.1.1 需求覆盖
4.1.2 测试覆盖
4.2 缺陷的统计与分析
4.2.1 缺陷汇总
4.2.2 缺陷分析
4.2.3 残留缺陷与未解决问题
5. 测试资源消耗
6. 分析与评价
7. 测试结论与建议
```

图 A.17 测试分析报告模板

2.5 用户界面测试报告

2.6 功能测试报告

按照系统用户功能需求,设计测试用例(输入/输出)内容,进行现场测试,记录测试数据、评定测试结果,测试活动的记录格式。

2.7 性能测试报告

2.8 接口测试报告

2.9 数据库测试

2.10 安装、卸载测试

3. 测试发现的问题

3.1 功能测试不符合项列表

3.2 性能测试不符合项列表

3.3 接口测试不符合项列表

4. 测试结果分析

4.1 覆盖分析

4.1.1 需求覆盖

4.1.2 测试覆盖

4.2 缺陷的统计与分析

4.2.1 缺陷汇总

4.2.2 缺陷分析

4.2.3 残留缺陷与未解决问题

5. 测试资源消耗

5.1 测试组织和人员

5.2 测试时间

5.3 资源的总投入

6. 分析与评价

6.1 能力

6.2 缺陷和限制

6.3 评价

7. 测试结论与建议

7.1 测试结论

7.2 建议

(1) 对系统存在问题的说明,描述测试所揭露的软件缺陷和不足,以及可能给软件实施和运行带来的影响;

(2) 可能存在的潜在缺陷和后续工作;

(3) 对缺陷修改和产品设计的建议;

(4) 对过程改进方面的建议。

A.2.18 测试总结模板

软件测试总结的就是对整个测试流程进行科学和系统的总结,并根据这些结果对测试进行评价。这种报告是测试人员对测试工作进行总结。测试总结模板如图 A.18 所示。

```
测试总结模板
1. 概述
1.1 编写目的
1.2 项目背景
1.3 系统简介
1.4 术语和缩写词
1.5 测试工具
1.6 参考资料
2. 测试环境与配置
3. 测试方法
4. 测试总结
4.1 测试时间、地点、人员
4.2 测试范围
4.3 工作组织
4.4 测试分析
4.5 残留缺陷与未解决问题
4.6 测试资源消耗情况
4.7 测试结论
4.8 测试文档
```

图 A.18 测试总结模板

1. 概述

1.1 编写目的

1.2 项目背景

1.3 系统简介

1.4 术语和缩写词

1.5 测试工具

1.6 参考资料

2. 测试环境与配置

3. 测试方法

4. 测试总结

4.1 测试时间、地点、人员

4.2 测试范围

4.3 工作组织

4.4 测试分析

4.4.1 测试统计

4.4.2 测试发现的问题汇总

4.4.3 测试结果分析

4.5 残留缺陷与未解决问题

4.5.1 残留缺陷

4.5.2 未解决问题

4.6 测试资源消耗情况

4.7 测试结论

4.7.1 功能性

4.7.2 易用性

4.7.3 可靠性

4.7.4 兼容性

4.7.5 安全性

4.8 测试文档

5. 建议

(1) 对系统存在问题的说明,描述测试所揭露的软件缺陷和不足,以及可能给软件实施和运行带来的影响;

(2) 可能存在的潜在缺陷和后续工作;

(3) 对缺陷修改和产品设计的建议;

(4) 对过程改进方面的建议。

6. 附件

(1) 附件1测试用例清单;

(2) 附件2缺陷清单。

A.2.19 Web 测试模板

Web 测试与一般应用系统的测试不同,链接的吻合性是 Web 应用系统的一个主要特征,需要检查和验证系统是否按照设计的要求运行,而且要测试系统在不同用户的浏览器上显示是否合适。更重要的是,还要从最终用户的角度进行 Web 的功能测试、Web 的性能测试(包括负载/压力测试)、Web 的用户界面测试、Web 的兼容性测试、Web 的安全性测试、Web 的接口测试、安全性测试和可用性测试。Web 测试模板如图 A.19 所示。

```
Web 测试模板
1.   概述
2.   Web 测试的重点及测试的主要内容
2.1    Web 的功能测试
2.2    Web 的性能测试（包括负载/压力测试）
2.3    稳定性测试
2.4    压力测试
3.   Web 的用户界面测试
4.   Web 兼容性测试
5.   Web 的安全性测试
5.1    目录设置测试
5.2    SSL 测试
5.3    登录测试
5.4    日志文件测试
6.   Web 的接口测试
6.1    服务器接口测试
6.2    外部接口测试
7.   硬件/软件平台描述
```

图 A.19　Web 测试模板

1. 概述

1.1　编写目的

Web 测试模板的编写目的在于为 Web 测试人员提供详细的测试步骤和测试数据，以保证测试人员对软件测试的正确性和完整性。

1.2　术语和缩写词

1.3　参考资料

2. Web 测试的重点及测试的主要内容

2.1　Web 的功能测试

2.1.1　链接测试

2.1.2　表单测试

2.1.3　数据校验测试

2.1.4　Cookie 测试

2.1.5　数据库测试

2.1.6　权限测试

2.1.7　应用程序特定的功能需求测试

2.2　Web 的性能测试（包括负载/压力测试）

2.2.1　基准性能测试

2.2.2　负载测试

2.3　稳定性测试

2.4　压力测试

3.　Web 的用户界面测试

3.1　Web 的用户界面页面、页面元素和容错性

3.1.1　页面清单是否完整

3.1.2　页面在窗口中的显示是否正确、美观

3.1.3　页面特殊效果

3.1.4 页面特殊效果显示是否正确

3.2 页面元素应注意的内容

3.2.1 Web的功能需要列出按钮、单选框、复选框、列表框、超链接、输入框

3.2.2 页面元素的文字、图形、签章

3.2.3 页面元素的按钮、列表框、核选框、输入框、超链接等外形、摆放位置

3.2.4 页面元素基本功能文字特效、动画特效、按钮、超链接

3.3 容错性应注意的内容

3.4 Web用户界面测试的内容

4. Web兼容性测试

Web的兼容性包括操作系统兼容和应用软件兼容,可能还包括硬件兼容。

4.1 系统平台测试

最常见的有Windows、UNIX、Macintosh、Linux操作系统等。

4.2 浏览器测试

浏览器是Web客户端最核心的构件,不同厂商的浏览器对Java、HTML规格有不同的支持,框架和层次结构风格在不同的浏览器中也有不同的显示,浏览器需要测试兼容性。

4.3 分辨率测试

5. Web的安全性测试

Web的安全性测试主要讨论目录设置、SSL、登录、日志文件。

5.1 目录设置测试

5.2 SSL测试

5.3 登录测试

5.4 日志文件测试

6. Web的接口测试

6.1 服务器接口测试

6.2 外部接口测试

7. 硬件/软件平台描述

A.2.20 软件安全性测试模板

安全性测试是软件生命周期中保证软件安全性的一个重要环节。软件安全性测试包括用户认证安全、系统网络安全、数据库安全性测试。软件安全性测试模板如图A.20所示。

```
软件安全性测试模板
1.  概述
1.1  编写目的
1.2  术语和缩写词
1.3  参考资料
2.  用户认证安全性测试
3.  系统网络安全性测试
4.  数据库安全性测试
5.  软件安全性记录
```

图A.20 软件安全性测试模板

1. 概述

1.1　编写目的

软件安全性测试模板的编写，主要目的是"确保软件不会去完成没有预先设计的功能"。为软件安全性测试人员提供测试步骤，以保证测试人员对软件进行安全性测试。

1.2　术语和缩写词

1.3　参考资料

2. 用户认证安全性测试

3. 系统网络安全性测试

4. 数据库安全性测试

（1）数据库数据是否机密；

（2）数据库数据可管理性；

（3）数据库数据的独立性；

（4）数据库数据是否可备份；

（5）数据库数据的恢复能力。

5. 软件安全性记录

软件测试习题及答案

第一部分　软件测试习题

一、选择题

1. 用黑盒技术设计测试用例的方法之一为(　　　)。
   A. 因果图　　　　　B. 逻辑覆盖　　　　C. 循环覆盖　　　　D. 基本路径测试

2. 软件测试的目的是(　　　)。
   A. 避免软件开发中出现的错误
   B. 发现软件开发中出现的错误
   C. 尽可能发现并排除软件中潜藏的错误,提高软件的可靠性
   D. 修改软件中出现的错误

3. 下列软件属性中,软件产品首要满足的应该是(　　　)。
   A. 功能需求　　　　　　　　　　　B. 性能需求
   C. 可扩展性和灵活性　　　　　　　D. 容错纠错能力

4. 坚持在软件的各个阶段实施下列哪种质量保障措施,才能在开发过程中尽早发现和预防错误,把出现的错误克服在早期?(　　　)
   A. 技术评审　　　　B. 程序测试　　　　C. 改正程序错误　　D. 管理评审

5. 以程序的内部结构为基础的测试用例技术属于(　　　)。
   A. 灰盒测试　　　　B. 数据测试　　　　C. 黑盒测试　　　　D. 白盒测试

6. 为了提高测试的效率,正确的做法是(　　　)。
   A. 选择发现错误可能性大的数据作为测试用例
   B. 在完成程序的编码之后再制定软件的测试计划
   C. 随机选取测试用例
   D. 使用测试用例测试是为了检查程序是否做了应该做的事

7. 在进行单元测试时,常用的方法是(　　　)。
   A. 采用白盒测试,辅之以黑盒测试　　　B. 采用黑盒测试,辅之以白盒测试
   C. 只使用白盒测试　　　　　　　　　　D. 只使用黑盒测试

8. 以下哪一种选项不属于软件缺陷?(　　　)
   A. 软件没有实现产品规格说明所要求的功能

B. 软件中出现了产品规格说明不应该出现的功能

C. 软件实现了产品规格没有提到的功能

D. 软件实现了产品规格说明所要求的功能,但因受性能限制而未考虑可移植性问题

9. 软件生存周期过程中,修改错误最多的阶段是( )。

    A. 需求阶段　　　　　B. 设计阶段　　　　　C. 编程阶段　　　　　D. 发布运行阶段

10. 在边界值分析中,下列数据通常不是用来做数据测试的是( )。

    A. 正好等于边界的值　　　　　　　　B. 等价类中的等价值

    C. 刚刚大于边界的值　　　　　　　　D. 刚刚小于边界的值

11. 单元测试中设计测试用例的依据是( )。

    A. 概要设计规格说明书　　　　　　　B. 用户需求规格说明书

    C. 项目计划说明书　　　　　　　　　D. 详细设计规格说明书

12. 通常可分为白盒测试和黑盒测试。白盒测试是根据程序的( )来设计测试用例,黑盒测试是根据软件的规格说明书来设计测试用例。

    A. 功能　　　　　B. 性能　　　　　C. 内部逻辑　　　　　D. 内部数据

13. 如果一个判定中的复合条件表达式为 $(A > 1)$ or $(B <= 3)$,则为了达到 100% 的条件覆盖率,至少需要设计( )个测试用例。

    A. 1　　　　　B. 2　　　　　C. 3　　　　　D. 4

14. 经验表明,在程序测试中,某模块与其他模块相比,若该模块已发现并改正的错误较多,则该模块中残存的错误数目与其他模块相比,通常应该( )。

    A. 较少　　　　　B. 较多　　　　　C. 相似　　　　　D. 不确定

15. 下面有关软件缺陷的说法中错误的是( )。

    A. 缺陷就是软件产品在开发中存在的错误

    B. 缺陷就是软件维护过程中存在的错误、毛病等各种问题

    C. 缺陷就是导致系统程序崩溃的错误

    D. 缺陷就是系统所需要实现某种功能的实效和违背

16. 在某大学学籍管理信息系统中,假设学生年龄的输入范围为 $16\sim40$,则根据黑盒测试中的等价类划分技术,下面划分正确的是( )。

    A. 可划分为 2 个有效等价类,2 个无效等价类

    B. 可划分为 1 个有效等价类,2 个无效等价类

    C. 可划分为 2 个有效等价类,1 个无效等价类

    D. 可划分为 1 个有效等价类,1 个无效等价类

17. 根据软件需求规格说明书,在开发环境下对已经集成的软件系统进行的测试是( )。

    A. 系统测试　　　　　B. 单元测试　　　　　C. 集成测试　　　　　D. 验收测试

18. 下面有关测试原则的说法正确的是( )。

    A. 测试用例应由测试的输入数据和预期的输出结果组成

    B. 测试用例只需选取合理的输入数据

    C. 程序最好由编写该程序的程序员自己来测试

    D. 使用测试用例进行测试是为了检查程序是否做了它该做的事

19. 集成测试对系统内部的交互以及集成后系统功能检验了何种质量特性？（　　　）

    A. 正确性   B. 可靠性   C. 可使用性   D. 可维护性

20. 软件设计阶段的测试主要采取的方式是（　　　）。

    A. 评审   B. 白盒测试   C. 黑盒测试   D. 动态测试

21. 下列关于测试方法的叙述中不正确的是（　　　）。

    A. 从某种角度上讲，白盒测试与黑盒测试都属于动态测试

    B. 功能测试属于黑盒测试

    C. 对功能的测试通常是要考虑程序的内部结构

    D. 结构测试属于白盒测试

22. 在覆盖准则中，最常用的是（　　　）。

    A. 语句覆盖   B. 条件覆盖   C. 分支覆盖   D. 以上全部

23. 大多数实际情况下，性能测试的实现方法是（　　　）。

    A. 黑盒测试   B. 白盒测试   C. 静态分析   D. 可靠性测试

24. 下列方法中，不属于黑盒测试的是（　　　）。

    A. 基本路径测试法   B. 等价类测试法

    C. 边界值分析法   D. 基于场景的测试方法

25. 测试程序时，不可能遍历所有可能的输入数据，而只能是选择一个子集进行测试，那么最好的选择方法是（　　　）。

    A. 随机选择   B. 划分等价类

    C. 根据接口进行选择   D. 根据数据大小进行选择

26. 下列可以作为软件测试对象的是（　　　）。

    A. 需求规格说明书   B. 软件设计规格说明

    C. 源程序   D. 以上全部

27. 数据流覆盖关注的是程序中某个变量从其声明、赋值到引用的变化情况，它是下列哪一种覆盖的变种？（　　　）

    A. 语句覆盖   B. 控制覆盖   C. 分支覆盖   D. 路径覆盖

28. 在Web应用软件的分层测试策略中，下列哪个不是测试关注的层次？（　　　）

    A. 数据层   B. 业务层   C. 服务层   D. 表示层

29. 软件测试规范规定，软件测试的类别可分为单元测试、集成测试以及（　　　）。

    A. 系统测试   B. 验收测试

    C. 系统测试和验收测试   D. 配置项测试、系统测试和验收测试

二、填空题

1. 软件质量工程包括（　　　）、（　　　）和（　　　）三大方面。

2. McCall模型产品修改纬度的质量因素有（　　　）、（　　　）、（　　　）。

3. 面向对象模型不同于其他模型的主要特征是（　　　）。

4. 有两种同行评审方法学：（　　　）和（　　　）。

5. RMA可以划分成三组类别：（　　　）、（　　　）、（　　　）。

6. 支持性质量手段有（　　　）和（　　　）。

7. 依据软件系统的生命周期和其他阶段,软件质量度量划分为(　　　)和(　　　)。

8. 软件配置发布的版本有(　　)、(　　　)、(　　　)。

9. SQA 标准被划分成(　　　)和(　　)两类。

10. 软件缺陷的固有特征有(　　　)、(　　　)、(　　　)。

11. McCall 模型划分了(　　)、(　　　)、(　　　)三个维度的 11 个软件质量因素。

12. 螺旋模型任何一次迭代都可划分为(　　　)、(　　　)、(　　)和(　　)四个象限。

13. 依据合同评审的目标对合同评审主题进行分类为(　　　)和(　　)两种类型。

14. 典型的版本方针包括(　　　)、(　　　)。

15. 软件对属于各种质量因素的需求的符合性是由(　　　)来测量的。

16. CAPA 过程的成功运行包含如下活动:(　　　)、(　　　)、(　　　)、改进方法的执行、跟踪。

17. 常见的软件配置演化模型有(　　　)和(　　　)。

18. 软件更改的质量保证工作需要(　　　)和(　　　)。

19. 从内容和重点上,我们可以把质量管理标准划分成(　　　)和(　　)两种类型。

20. (　　　)、(　　)是 SQA 专职人员。

21. CMM 内容包含(　　)、(　　　)、(　　　)、(　　　)和(　　　)五个等级。

22. 软件质量保证的目标包括(　　　)和(　　)两大方面。

23. 开发生命周期阶段 SQA 部件可以划分成:(　　　)、(　　　)、(　　　)、(　　　)和(　　　)。

24. (　　)和(　　　)是维护方针的主要组成。

25. 外部参与方可被分类为(　　)、(　　)和(　　)三组。

26. 在任何机构中,CAPA 要正确发挥作用,需要在(　　　)、(　　)和(　　)三个方面进行跟踪。

27. 软件更改的质量保证工作需要每个更改的 SCI 的质量保证和(　　　)两个级别的活动。

28. 软件过程度量可以进一步划分为(　　　)、(　　)和(　　　)。

29. 通常,软件质量的管理部件有(　　　)、(　　)、(　　　)和可用于控制软件维护的工具 SQA 管理工具。

30. 软件测试过程包含的测试活动有测试计划、(　　)、(　　)、(　　)和测试评估。

31. 软件测试策略的确定过程通常经历(　　)、(　　)、(　　　)三个阶段。

32. 变异测试的理论基础是(　　)假设和(　　)假设。

33. (　　)、(　　)、(　　)是常用的软件缺陷跟踪图表。

34. 软件测试规范可以分为(　　)规范和(　　)规范。

35. 通常,由人工进行的静态测试方法包括(　　)、(　　)、(　　)和(　　)。

36. 典型的测试设计活动包括(　　)、(　　)、(　　)和稳定的桩。

37. 按照测试的层次和策略,软件测试可以分为(　　)、(　　)、(　　)和(　　)。

38. 为了考察测试用例的重要性,可以从(　　)、(　　)、(　　)、(　　)、(　　)五方面理解。

39. 面向对象集成测试常见方法包括（　　）、正交矩阵（阵列）测试。

40. 面向对象测试充分性三个常用标准是（　　）、（　　）和（　　）。

41. 常见的程序分析视角有（　　）、（　　）、（　　）和计算流视角。

42. 按照测试用例的设计方法，软件测试可以分为（　　）、（　　）和（　　）。

43. 我们可以按照（　　）过程、（　　）过程和（　　）过程三个维度对测试用例属性进行归类。

44. 单元测试内容包含如下方面：（　　）、（　　）、（　　）、（　　）和重要路径测试。

45. 软件测试的目的是尽可能多地发现软件中存在的（　　），将测试（　　）作为纠错的依据。

46. 测试阶段的基本任务是根据软件开发各阶段的（　　）和程序的（　　），精心设计一组（　　），利用这些实例执行（　　），找出软件中潜在的各种（　　）和（　　）。

47. 测试用例由（　　）和预期的（　　）两部分组成。

48. 软件测试方法一般分为两大类：（　　）方法和（　　）方法。

49. 动态测试通过（　　）发现错误。根据（　　）的设计方法不同，动态测试又分为（　　）与（　　）两类。

50. 静态测试采用（　　）和（　　）的手段对程序进行检测。

51. 人工审查程序偏重于（　　）的检验，而软件审查除了审查（　　）还要对各阶段（　　）进行检验。

52. 计算机辅助静态分析利用（　　）工具对测试程序进行（　　）分析。

53. 黑盒法只在软件的（　　）处进行测试，依据（　　）说明书，检查程序是否满足（　　）要求。

54. 白盒法必须考虑程序的（　　）和（　　），以检查（　　）的细节为基础，对程序中尽可能多的逻辑路径进行（　　）。

55. 白盒测试是（　　）测试，被测对象是（　　），以程序的（　　）为基础设计测试用例。

56. 逻辑覆盖是对程序内部有（　　）存在的逻辑结构设计测试用例，根据程序内部的逻辑覆盖程度又可分为（　　）、（　　）、（　　）、（　　）、（　　）、（　　）6种覆盖技术。

57. 实际的逻辑覆盖测试中，一般以（　　）覆盖为主设计测试用例，然后再补充部分用例，以达到（　　）覆盖测试标准。

58. 循环覆盖是对程序内部有（　　）存在的逻辑结构设计测试用例，它通过限制（　　）来测试。

59. 基本路径测试是在程序（　　）基础上，通过分析控制构造的（　　）复杂性，导出（　　）集合，从而设计测试用例。

60. 黑盒测试是（　　）测试，用黑盒技术设计测试用例有4种方法：（　　）、（　　）、（　　）、（　　）。

61. 等价类划分从程序的（　　）说明，找出一个输入条件（通常是（　　）或（　　）），然后将每个输入条件划分成两个或多个（　　）。

62. 边界值分析是将测试（　　）情况作为重点目标，选取正好等于、刚刚大于或刚刚小于（　　）的测试数据。如果输入或输出域是一个有序集合，则应选取集合的第一个元素和

（　　）元素作为测试用例。

63. 在测试程序时,根据经验或直觉推测程序中可能存在的各种错误,称为（　　）。

64. 因果图的基本原理是通过画（　　）图,把用自然语言描述的（　　）转换为（　　）,最后为判定表每一列设计一个测试用例。

65. 测试的综合策略是在测试中,联合使用各种（　　）方法。通常先用（　　）法设计基本的测试用例,再用（　　）法补充一些必要的测试用例。

66. 软件测试过程中需要 3 类信息:（　　）、（　　）和（　　）。

67. （　　）指对源程序中每一个程序单元进行测试,检查各个模块是否正确实现规定的功能,从而发现模块在编码中或算法中的错误,它涉及（　　）和（　　）的文档。

68. 单元测试主要测试模块的 5 个基本特征:（　　）、（　　）、（　　）、（　　）、（　　）。

69. 在单元测试中,需要为被测模块设计（　　）模块和（　　）模块。（　　）用来模拟被测模块的上级调用模块,（　　）用来代替被测模块所调用的模块。

70. 集成测试指在（　　）测试基础上,将所有模块按照设计要求组装成一个完整的系统进行的测试,也称（　　）测试或（　　）测试。

71. 集成测试的方法有两种:（　　）、（　　）。

三、判断题

1. 软件测试的唯一目的就是为了发现软件的错误。

2. 在进行黑盒测试时,主要的测试依据是软件需求。

3. 功能测试的主要目的是测试软件防止非法入侵能力。

4. 软件测试人员可以对概要设计说明书进行白盒测试。

5. 验收测试只由开发公司的测试人员来实施的。

6. 自动化测试工具可以部分代替手工测试。

7. 软件错误是指软件产品中存在的导致期望的运行结果和实际运行结果间出现差异的一系列问题。

8. 负载测试的目的是为了测试软件系统的最大负载。

9. 软件测试必须等到所有缺陷均修复才能结束。

10. 软件测试人员必须对需求规格说明书进行白盒测试。

11. 项目编码前,软件测试人员不需要介入项目测试。

12. 从是否关注软件内部结构与算法,可以将软件测试分为静态测试和动态测试。

13. 软件测试人员一旦发现软件缺陷,主要以口头方式通知软件开发人员。

14. 性能测试的目的是保证软件的功能符合软件需求。

15. 发现错误多的模块,残留在模块中的错误也多。

16. 软件测试就是为了验证软件功能实现的是否正确,是否完成既定目标的活动,所以软件测试在软件工程的后期才开始具体的工作。

17. 软件测试只能发现错误,但不能保证测试后的软件没有错误。

18. 测试只要做到语句覆盖和分支覆盖,就可以发现程序中的所有错误。

19. 所有软件必须进行某种程度的兼容性测试。

20. 所有软件都有一个用户界面,因此必须测试易用性。

四、名词解释

1. 软件测试
2. 静态测试
3. 动态测试
4. 黑盒测试
5. 白盒测试
6. 语句覆盖
7. 判定覆盖
8. 条件覆盖
9. 判定/条件覆盖
10. 条件组合覆盖
11. 路径覆盖
12. 测试用例
13. 驱动模块
14. 桩模块
15. 单元测试
16. 集成测试
17. 确认测试
18. 渐增式测试
19. 非渐增式测试
20. 调试
21. 人的因素的含义
22. 基线
23. 软件配置管理
24. 软件配置项
25. 软件质量

五、简答题

1. 为什么说软件测试是软件开发中不可缺少的重要一环,但不是软件质量保证的安全网?
2. 软件测试的目的是什么? 为什么把软件测试的目的定义为只是发现错误?
3. 软件测试应当遵循什么原则? 为什么要遵循这些原则?
4. 软件测试的步骤是什么? 这些测试与软件开发各阶段之间的关系?
5. 软件测试的过程是什么?
6. 单元测试、集成测试和确认测试各自主要目标是什么? 它们之间有什么不同? 相互有什么关系?
7. 什么是黑盒测试与白盒测试? 它们都适应哪些测试?
8. 简述软件测试与软件调试的区别。

9. 软件配置管理的任务。

10. 试述第三代界面的优点。

11. 试述人机界面的设计过程。

12. SQA 策略主要分哪三个阶段？

13. 测试计划应包括哪些内容？

14. 软件测试阶段是如何划分的？

15. 简述软件测试过程。

六、综合题

1. 按自顶向下深度优先集成测试方法，画出下图集成测试过程。

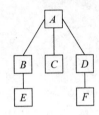

2. 根据下面给出的规格说明，利用等价类划分的方法，给出足够的测试用例。一个程序读入三个整数，把此三个数值看成是一个三角形的三个边。这个程序要打印出信息，说明这个三角形是三边不等的，是等腰的，还是等边的。

3. 有一个处理单价为 1 元 5 角钱的盒装饮料的自动售货机软件。若投入 1 元 5 角钱，按下"可乐""雪碧"或"红茶"按钮，相应的饮料就送出来，若投入的是 2 元硬币，再送出饮料的同时退还 5 角硬币。请用因果图法设计测试用例。

4. 某工厂公开招工，规定报名者年龄应在 16～35 周岁之间（到 1995 年 6 月 30 日为止），即出生年月不早于 1960 年 7 月，不晚于 1979 年 6 月，报名程序具有自动检验输入数据的功能。如出生年月不在上述范围内。将拒绝接受，并显示"年龄不合格"等出错信息。

试用等价类划分法，设计出年月的等价类表。

5. 请用基本路径法对下图找出独立路径。

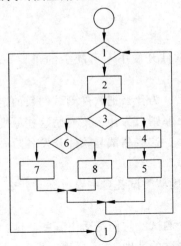

6. 画出下列伪码程序的程序流程图。

```
START
IF THEN
    WHILE n DO
      A
      B
END DO
ELSE
    BLOCK
        C
        D
    END BLOCK
END IF
STOP
```

7. 某一种 8 位计算机，其十六进制常数的定义是以 0x 或 0X 开头的十六进制整数，其取值范围为 7f～7F(不区分大小写字母)，如 0x13、0x6A、－0x3c，请采用等价类划分的方法设计测试用例。

第二部分　习题答案

一、选择题

1. A　2. B　3. A　4. A　5. D　6. A　7. C　8. D　9. D　10. B　11. D　12. C　13. B　14. B　15. C　16. B　17. A　18. A　19. A　20. A　21. C　22. D　23. A　24. A　25. B　26. D　27. D　28. C　29. D

二、填空题

1. 软件质量保证、软件质量规划和软件质量控制
2. 可维护性、可测试性、灵活性
3. 组件的密集重用
4. 审查和走查
5. 内部风险管理措施，分包风险管理措施，顾客风险管理措施
6. 模板和检查表
7. 软件过程度量和软件产品度量
8. 基线版本、中间版本、修订版本
9. 软件质量管理标准和软件项目过程标准
10. 软件缺陷的固有性、软件缺陷的敏感性、软件缺陷的感染性
11. 软件运行、软件转移、软件修改
12. 制定计划、风险分析和化解、工程和顾客评估
13. 建议草案评审主题、合同草案评审主题
14. 单一活动版本方针、多版本方针

15. 软件质量度量

16. 信息收集、信息分析、解决方案和改进方法的建立

17. 线性演化模型、树演化模型

18. 每个更改的 SCI 的质量保证、整个新软件系统版本的质量保证

19. 认证标准、评估标准

20. 测试人员、SQA 单位

21. 初始级、可重复级、已定义级、已管理级、可优化级

22. 面向产品的软件开发、面向过程的软件维护

23. 评审、专家观点、软件测试、软件维护 SQA 部件和由第三方/分包商使用的 SQA 部件

24. 版本方针、更改方针

25. 分包商、COTS 软件和重用软件模块的供货商、顾客自身

26. CAPA 记录流的跟踪、CAPA 执行的跟踪、CAPA 执行结果的跟踪

27. 整个新软件系统版本的质量保证

28. 软件过程质量度量、软件过程进度度量、软件过程生产率度量

29. 项目进展控制、软件质量度量、软件质量费用

30. 测试设计、测试实施、测试执行、缺陷跟踪

31. 确定测试需求、评估风险、确定测试策略

32. 程序员能力、组合效应

33. 软件缺陷打开/关闭图表、根本原因图表、软件缺陷关闭周期表

34. 行业、操作

35. 桌面检查、代码审查、代码走查和技术评审

36. 测试用例设计、测试过程设计、设计驱动程序

37. 单元测试、集成测试、确认测试、系统测试

38. 有效性、可重用性、易组织性、可评估性、可管理性

39. 抽样测试

40. 基于状态的覆盖率、基于约束的覆盖率和基于代码的覆盖率

41. 句法视角、功能视角、文本视角

42. 白盒测试、黑盒测试、灰盒测试

43. 编写、执行、组织

44. 模块接口测试、边界条件测试、错误处理测试、局部数据结构测试

45. 错误、测试结果

46. 文档资料、内部结构、测试用例、程序、错误、缺陷

47. 输入数据、输出数据

48. 动态测试、静态测试

49. 运行程序、测试用例、黑盒测试、白盒测试

50. 人工检测、计算机辅助静态分析

51. 编码质量、编码、软件产品

52. 静态分析、特性

53．接口、需求规格、功能

54．内部结构、处理过程、处理过程、测试

55．结构、源程序、内部逻辑

56．判定、语句覆盖、判定覆盖、条件覆盖、判定/条件覆盖、条件组合覆盖、路径覆盖

57．条件组合、路径

58．循环、循环次数

59．控制流程图、环路、基本路径

60．功能、等价类划分、边界值分析、错误推测、因果图

61．功能、一句话、一个短语、等价类

62．边界、边界值、最后一个

63．错误推测法

64．因果、功能说明、判定表

65．测试、黑盒、白盒

66．软件配置、测试配置和测试工具

67．单元测试、编码、详细设计

68．模块接口、局部数据结构、重要的执行路径、错误处理、边界条件

69．驱动、桩、驱动模块、桩模块

70．单元、组装、联合

71．非渐增式测试、渐增式测试

三、判断题

1．错　2．对　3．错　4．错　5．错　6．对　7．对　8．错　9．错　10．错　11．错
12．错　13．错　14．错　15．对　16．错　17．对　18．错　19．对　20．错

四、名词解释

1．软件测试：软件测试指为了发现软件中的错误而执行软件的过程。它的目标是尽可能多地发现软件中存在的错误，将测试结果作为纠错的依据。

2．静态测试：指被测试的程序不在机器上运行，而是采用人工检测和计算机辅助静态分析的手段对程序进行检测。

3．动态测试：指通过运行程序发现错误。

4．黑盒测试：指把测试对象看成一个黑盒子，测试人员完全不考虑程序的内部结构和处理过程，只在软件的接口处进行测试，依据需求规格说明书，检查程序是否满足功能要求，又称为功能测试或数据驱动测试。

5．白盒测试：把测试对象看成一个打开的盒子，测试人员需了解程序的内部结构和处理过程，以检查处理过程的细节为基础，对程序中尽可能多的逻辑路径进行测试，检验内部控制结构和数据结构是否有错，实际的运行状态与预期的状态是否一致。

6．语句覆盖：设计足够的测试用例，使被测程序中每个语句至少执行一次。

7．判定覆盖：指设计足够的测试用例，使被测程序中每个判定表达式至少获得一次"真"值或"假"值，从而使程序的每个分支至少都通过一次，因此判定覆盖又称分支覆盖。

8. 条件覆盖：指设计足够测试用例，使判定表达式中每个条件的各种可能的值至少出现一次。

9. 判定/条件覆盖：设计足够的测试用例，使得判定表达式中每个条件的所有可能取值至少出现一次，并使每个判定表达式所有可能的结果也至少出现一次。

10. 条件组合覆盖：指设计足够的测试用例，使得每个判定表达式中条件的各种可能的值的组合都至少出现一次。

11. 路径覆盖：设计足够的测试用例，覆盖被测程序中所有可能的路径。

12. 测试用例：指为寻找程序中的错误而精心设计的一组测试数据。

13. 驱动模块：指用来模拟被测模块的上级调用模块，其功能比真正的上级模块简单得多，它只完成接受测试数据，以上级模块调用被测模块的格式驱动被测模块，接收被测模块的测试结果并输出。

14. 桩模块指用来代替被测试模块所调用的模块，其作用是返回被测试模块所需的信息。

15. 单元测试指对源程序中每一个程序单元进行测试，检查各个模块是否正确实现规定的功能，从而发现模块在编码中或算法中的错误。

16. 集成测试指在单元测试基础上，将所有模块按照设计要求组装成一个完整的系统进行的测试。也称组装测试或联合测试。

17. 确认测试指检查软件的功能与性能是否与需求规格说明书中确定的指标相符合，又称有效性测试。

18. 渐增式测试指逐个把未经过测试的模块组装到已经过测试的模块上去，进行集成测试。每加入一个新模块进行一次集成测试，重复此过程直到程序组装完毕。

19. 非渐增式测试指首先对每个模块分别进行单元测试，然后把所有的模块按设计要求组装在一起进行测试。

20. 调试指确定错误的原因和位置，并改正错误的过程，也称纠错。

21.

(1) 人对感知过程的认识，包括视觉、阅读时的认知心理、记忆、归纳与演绎推理等；

(2) 用户已有的技能和行为方式；

(3) 用户所要求的完成的整个任务以及用户对人机交互部分的特殊要求。

22. 已经通过正式复审和批准的某规约或产品，它因此可以作为进一步开发的基础，并且只能遵循正式的变化控制过程得到改变。

23. 软件配置管理，简称 SCM，它用于整个软件工程过程。其主要目标是：标识变更、控制变更、确保变更正确地实现、报告有关变更。SCM 是一组管理整个软件生存期各阶段中变更的活动。

24. 软件配置项是软件工程中产生的信息项，它是配置管理的基本单位，对已成为基线的 SCI，虽然可以修改，但必须按照一个特殊的正确的过程进行评估，确认每一处的修改。

25. 软件产品具有满足规定的或隐含要求能力要求有关的特征与特征总和（ISO 8492）。

五、简答题

1. ①软件测试是软件开发中不可缺少的重要一环,原因是:测试的工作量约占整个项目开发工作量的 40% 左右,几乎一半。如果是关系到人的生命安全的软件,测试的工作量还要成倍增加。软件测试代表了需求分析、设计、编码的最终复审。

② 软件测试不是软件质量保证的安全网,因为软件测试只能发现错误,不能保证没有错误。

2. 软件测试的目的有:

① 软件测试是为了发现错误而执行程序的过程。

② 一个好的测试用例能够发现至今尚未发现的错误。

③ 一个成功的测试是发现了至今尚未发现的错误。

软件测试的目标定义为只是发现错误,原因是软件测试可以有两个目标,一个是预防错误,另一个是发现错误。由于软件开发是人的创造性劳动,人的活动不可能完美无缺,错误可能发生在任何一个阶段,因此预防错误这一目标几乎是不可实现的,所以软件测试的目标定义为只是发现错误。

3. 软件测试应当遵循原则如下:

① 用例由输入数据和预期的输出数据两部分组成,因为这样便于对照检查,做到有的放矢。

② 用例不仅选用合理的输入数据,还要选择不合理的输入数据。因为当以特殊方式使用程序时,会突然发现程序中有许多错误,故使用预期的不合理的输入数据进行程序测试,比用合理的输入数据收获要大,从而能更多地发现错误,提高程序可靠性。

③ 除了检查程序是否做了它应该做的事,还应该检查程序是否做了它不应该做的事,因为如果程序做了它不应该做的事,即使程序能做它应该做的事,程序也是错误的。

④ 应制定测试计划并严格执行,因为这样可以排除随意性。

⑤ 长期保留测试用例,因为测试用例的设计耗费很大的工作量,而修改后的程序可能有新的错误,需要进行回归测试,故必须将测试用例作为文档保存,使测试具有可重复性,同时测试用例是将来系统维护测试与确认的依据,保存测试用例也为以后的维护提供方便。

⑥ 对发现错误较多的程序段,应进行更深入的测试,因为发现错误较多的程序段,其质量较差,同时在修改错误过程中又容易引入新的错误。

⑦ 程序员避免测试自己设计的程序,因为测试目的是找错。从心理学角度讲,程序员大多对自己的程序存有偏见,总认为没有错误或错误不大,另外程序员对需求规格说明的理解而引入的错误则更难发现,应该由别人或另外的机构来测试会更客观、更有效。

4. ①软件测试的步骤如下图所示。

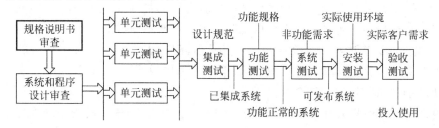

② 这些测试与软件开发各阶段之间的关系如图所示。因为系统测试已经超出了软件工程的范围,所以图中的系统测试不包括在内。

5. 软件测试是一个规则的过程,包括测试设计、测试执行以及测试结果比较等。

① 测试设计:根据软件开发各阶段的文档资料和程序的内部结构,利用各种设计测试用例技术精心设计测试用例。

② 测试执行:利用这些测试用例执行程序,得到测试结果。

③ 测试结果比较:将预期的结果与实际测试结果进行比较,如果二者不符合,对于出现的错误进行纠错,并修改相应文档。修改后的程序还要进行再次测试,直到满意为止。如果测试发现不了错误,可能由于测试配置考虑不周到,应考虑重新制定测试方案,设计测试用例。

6. 单元测试、集成测试和确认测试各自主要目标是:

① 单元测试的主要目标是检查各个模块是否正确实现规定的功能,从而发现模块在编码中或算法中的错误。

② 集成测试的主要目标是检查与设计相关的软件体系结构的有关问题。

③ 确认测试的主要目标是检查已实现的软件是否满足需求规格说明书中确定的各种需求。

单元测试、集成测试和确认测试之间的不同如下:

① 测试内容不同:单元测试集中于单个模块的功能和结构检验,其测试内容主要包括模块接口、局部数据结构、重要的执行路径、错误处理和边界测试;集成测试集中于模块组合的功能和软件结构检验,其测试内容主要包括模块组装中可能出现的问题,即数据穿过接口可能丢失、一个模块可能破坏另一个模块的内容、子功能组装可能不等于主功能、全程数据结构问题、误差累积问题;确认测试集中于论证软件需求的可追溯性,主要包括测试软件功能和性能是否与软件需求一致、测试软件配置的所有程序与文档是否正确完整而且一致。

② 测试的方法不同:单元测试总是使用白盒测试法,为被测模块设计驱动模块和桩模块;集成测试使用渐增式测试和非渐增式测试,渐增式测试又有分为自顶向下结合法和自底向上结合法;确认测试总是使用黑盒测试法。

③ 发现的错误不同:单元测试发现的错误主要是在编码阶段产生的错误,集成测试发现的错误主要是在设计阶段产生的错误,确认测试发现的错误主要是在需求分析阶段产生的错误。

④ 涉及的文档不同:单元测试涉及编码和详细设计文档,集成测试涉及详细设计文档和概要设计文档,确认测试涉及软件需求规格说明书和用户手册。

三者相互关系是:单元测试、集成测试和确认测试是顺序实现的。首先单元测试对各个模块进行测试,然后集成测试以单元测试为基础,将所有已测模块按照设计要求组装成一个完整的系统,对模块组合的功能和软件结构检验进行测试,最后确认测试是以集成测试为基础,测试集成的软件是否满足需求规格说明书中确定的各种需求。

7. ① 黑盒测试指把测试对象看成一个黑盒子,测试人员完全不考虑程序的内部结构和处理过程,只在软件的接口处进行测试,依据需求规格说明书,检查程序是否满足功能要求,又称为功能测试或数据驱动测试。

② 白盒测试指把测试对象看成一个打开的盒子,测试人员需了解程序的内部结构和处

理过程,以检查处理过程的细节为基础,对程序中尽可能多的逻辑路径进行测试,检验内部控制结构和数据结构是否有错,实际的运行状态与预期的状态是否一致。

③ 白盒测试适应的测试有单元测试、逻辑覆盖(按逻辑覆盖程度不同,有语句覆盖、判定覆盖、条件覆盖、判定/条件覆盖、条件组合覆盖和路径覆盖)、循环覆盖(限制循环次数,有单循环和嵌套循环)和基本路径测试。

④ 黑盒测试适应的测试有:确认测试、等价类划分、边界值分析、错误推测和因果图。

8. 软件测试与软件调试在目的、技术和方法等方面存在很大的区别,主要表现在:

① 测试从一个侧面证明程序员的失败,而调试是为了证明程序员的正确。

② 测试从已知条件开始,使用预先定义的程序,且有预知的结果,不可预见的只是程序是否通过测试。调试一般以不可知的内部条件开始,除统计性调试外,结果是不可预见的。

③ 测试是有计划的,并要进行测试设计,而调试是不受时间约束的。

④ 测试是一个发现错误、改正错误、重新测试的过程,而调试是一个推理过程。

⑤ 测试的执行是有规程的,而调试的执行往往要求程序员进行必要的推理及知觉的飞跃。

⑥ 测试经常由独立的测试组在不了解软件设计的前提下完成,而调试必须由了解详细设计的程序员完成。

⑦ 大多数测试的执行和设计可由工具支持,而调试时,程序员能利用的工具主要是调试器。

9.

(1) 软件配置管理的标志;

(2) 版本控制;

(3) 变更控制;

(4) 软件配置状态报告;

(5) 配置审核。

10.

(1) 能同时显示不同种类的信息,使用户可在几个工作环境中切换而不丢失几个工作之间的联系,窗口使用户能自如地执行许多通信型和认知型任务。

(2) 用户通过下拉式菜单可方便地执行控制型和对话型任务。

(3) 引入图标、下拉式菜单、按钮和滚动条技术,可大大减少键盘输入,这对那些不精于打字的用户无疑提高了交互效率,极大地推动了计算机应用。

11.

(1) 创建系统功能的外部模型;

(2) 确定为完成此系统功能,人和计算机应分别完成的任务;

(3) 思考界面设计中的典型问题;

(4) 借助 Case 工具构造界面原型;

(5) 实现设计模型;

(6) 评估界面质量。

12. 以检测为重:产品制成之后进行检测,只能判断产品质量,不能提高产品质量。以过程管理为重:把质量的保证工作重点放在过程管理上,对制造过程中的每一道工序都要进行质量控制。以新产品开发为重：在新产品的开发设计阶段，采取强有力的措施来消灭由于设计原因而产生的质量隐患。

13. 一个测试计划应包括：产品基本情况、测试需求说明、测试策略和记录、测试资源配置计划表、问题跟踪报告、测试计划的评审、结果等。

14. 软件测试的阶段划分为：规格说明书审查；系统和程序设计审查；单元测试；集成测试；确认测试；系统测试；验收测试。

15. 软件测试过程主要包括如下 6 个活动：测试计划；测试需求分析；测试设计；测试规程实现；测试执行；总结生成报告。

六、综合题

1. 按自顶向下深度优先集成测试方法，画出集成测试过程。

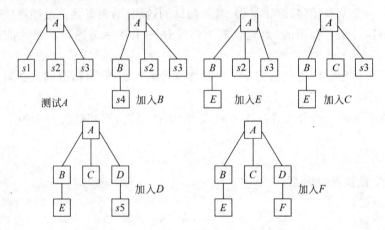

2. 设三角形的三条边分别为 A,B,C。如果它们能够构成三角形的三条边，必须满足：A>0,B>0,C>0,且 A+B>C,B+C>A,A+C>B。如果是等腰的，还要判断是否 A=B,或 B=C,或 A=C。对于等边的，则需判断是否 A=B,且 B=C,且 A=C。

列出等价类表：

输 入 条 件	有效等价类	无效等价类
是否三角形的三条边	(A>0)(1),(B>0)(2),(C>0)(3),(A+B>C),(4)(B+C>A)(5),(A+C>B)(6)	A≤0(7),B≤0(8),C≤0(9),A+B≤C(10),A+C≤B(11),B+C≤A(12)
是否等腰三角形	(A=B)(13),(B=C)(14),(A=C)(15)	(A≠B)and(B≠C)and(A≠C)(16)
是否等边三角形	(A=B)and(B=C)and(A=C)(17)	(A≠B)(18),(B≠C)(19),(A≠C)(20)

设计测试用例：输入顺序是[A,B,C]

[3,4,5]覆盖等价类(1),(2),(3),(4),(5),(6)。

[0,1,2]覆盖等价类(7)。不能构成三角形。

[1,0,2]覆盖等价类(8)。同上。

[1.2.0]覆盖等价类(9)。同上。

[1,2,3]覆盖等价类(10)。同上。

[1,3,2]覆盖等价类(11)。同上。

[3,1,2]覆盖等价类(12)。同上。

[3,3,4]覆盖等价类(1),(2),(3),(4),(5),(6),(13)。

[3,4,4]覆盖等价类(1),(2),(3),(4),(5),(6),(14)。

[3,4,3]覆盖等价类(1),(2),(3),(4),(5),(6),(15)。

[3,4,5]覆盖等价类(1),(2),(3),(4),(5),(6),(16)。

[3,3,3]覆盖等价类(1),(2),(3),(4),(5),(6),(17)。

[3,4,4]覆盖等价类(1),(2),(3),(4),(5),(6),(14),(18)。

[3,4,3]覆盖等价类(1),(2),(3),(4),(5),(6),(15),(19)。

{3,3,4}覆盖等价类(1),(2),(3),(4),(5),(6),(13),(20)。

3.

原因:

(1) 投入1元5角硬币;

(2) 投入2元硬币;

(3) 按"可乐"按钮;

(4) 按"雪碧"按钮;

(5) 按"红茶"按钮。

中间状态:(1)已投币;(2)已按钮。

结果:(1)退还5角硬币;(2)送出"可乐";(3)送出"雪碧";(4)送出"红茶"。

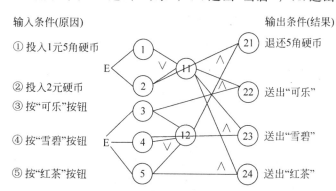

			1	2	3	4	5	6	7	8	9	10	11
输入	投入1元5角硬币	(1)	1	1	1	1	0	0	0	0	0	0	0
	投入2元硬币	(2)	0	0	0	0	1	1	1	1	0	0	0
	按"可乐"按钮	(3)	1	0	0	0	1	0	0	0	1	0	0
	按"雪碧"按钮	(4)	0	1	0	0	0	1	0	0	0	1	0
	按"红茶"按钮	(5)	0	0	1	0	0	0	1	0	0	0	1
中间节点	已投币	(11)	1	1	1	1	1	1	1	1	0	0	0
	已按钮	(12)	1	1	1	0	1	1	1	0	1	1	1
输出	退还5角硬币	(21)	0	0	0	0	1	1	1	0	0	0	0
	送出"可乐"	(22)	1	0	0	0	1	0	0	0	0	0	0
	送出"雪碧"	(23)	0	1	0	0	0	1	0	0	0	0	0
	送出"红茶"	(24)	0	0	1	0	0	0	1	0	0	0	0

4.

（1）划分出生年月等价类表

假定已知出生年月是由 6 位数字字符表示，前 4 位代表年，后 2 位代表月，则可以划分为 3 个有效等价类和 7 个无效等价类。

输入数据	有效等价类	无效等价类
出生年月	①6 位有效数字字符	②有非数字字符 ③少于 6 个数字字符 ④多于 6 个数字字符
对应数值	⑤196007-197906	⑥＜196007 ⑦＞197906
月份对应数值	⑧在 1～12 之间	⑨等于"0" ⑩＞12

（2）设计有效等价类需要的测试用例

197011

（3）为每一个无效等价类至少设计一个测试用例

MAY，70；19705；1968011；196005；197222

5.

（1）画出控制流图如下：

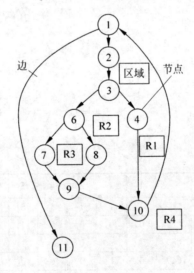

（2）独立路径：

Path1：1=11；

Path2：1-2-3-4-10-1-11；

Path3：1-2-3-6-8-9-10-1-11；

Path4：1-2-3-6-7-9-10-1-11。

6.

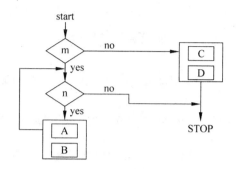

7.

输入条件	有效等价类		无效等价类	
开头字符	由 0x 或 0X 开关	(1)	以字母开头,以非 0 数字开关	(2)(3)
数值字符	数字或 A~F 的字母	(4)	A~F 以外的字母	(5)
数值字符个数	≥1 个	(6)	0 个	(7)
数值	≥−7f 且≤7f	(8)	<−7f >7f	(9)(10)

用例 1：0x7F,覆盖等价类(1)(4)(6)(8)

用例 2：−0xb,覆盖等价类(1)(4)(6)(8)

用例 3：0x0,覆盖等价类(1)(4)(6)(8)

用例 4：0x,覆盖等价类(1)(7)

用例 5：A7,覆盖等价类(2)

用例 6：−1A,覆盖等价类(3)

用例 7：0x8h,覆盖等价类(1)(5)

用例 8：0x80,覆盖等价类(1)(4)(10)

用例 9：−0XaB,覆盖等价类(1)(4)(9)

参 考 文 献

[1] （英）格雷·福斯特.自动化测试最佳实践[M].朱少民,张秋华,赵亚男,译.北京:机械工业出版社,2013.

[2] （美）Norman Matloff,Peter Jay Salzman.软件调试的艺术[M].张云,译.北京：人民邮电出版社,2009.

[3] 范勇,兰景英,李绘卓.软件测试技术[M].西安：西安电子科技大学出版社,2009.

[4] 贺平.软件测试教材[M].北京：电子工业出版社,2010.

[5] 程宝雷,徐丽,金海东.软件测试工具实用教程[M].北京：清华大学出版社,2009.

[6] 接卉,兰雨晴,骆沛.一种关键字驱动的自动化测试框架.北京航空航天大学软件工程研究所.计算机应用研究,2009,3.

[7] 古乐,史九林.软件测试案例与实践教程[M].北京：清华大学出版社,2007.

[8] （爱尔兰）布朗,等.软件测试原理与实践(英文版).北京：机械工业出版社.2012.

[9] 孙海英.软件测试方法与应用[M].北京：中国铁道出版社.2009.

[10] 朱少民.全称软件测试[M].北京：电子工业出版社,2007.

[11] http://www.hp.com/us/en/home.html

[12] http://www.51testing.net/

[13] http://www.advancedqtp.com

[14] http://www.knowledgeinbox.com/

[15] http://www.learnqtp.com/